수산물품질 관리사

기출문제 정복하기

1차 필기

수산물품질관리사 기출문제 정복하기 1차 필기

초판 발행 2020년 1월 15일
개정 3판 1쇄 발행 2023년 1월 2일

편 저 자 | 자격시험연구소
발 행 처 | ㈜서원각
등록번호 | 1999-1A-107호
주 소 | 경기도 고양시 일산서구 덕산로 88-45(가좌동)
대표번호 | 031-923-2051 / 070-4233-2507
팩 스 | 031-923-3815
교재문의 | 카카오톡 플러스 친구[서원각]
영상문의 | 070-4233-2505
홈페이지 | www.goseowon.com
책임편집 | 성지현
디 자 인 | 김한울

▷ ISBN과 가격은 표지 뒷면에 있습니다.
▷ 파본은 구입하신 곳에서 교환해드립니다.

Preface

이 책의 머리말

우리나라에서 농산물의 경우 2000년 이후부터 농산물품질관리사라는 전문자격시험이 시행되면서 농산물품질에 대한 전반적인 관리와 유지가 체계적으로 이루어졌지만 수산물은 그 수요에 비하여 자격증과 관리 체계가 턱없이 빈약하였습니다.

특히 일본의 후쿠시마 원전 사태와 원산지 및 유통기한 속임 등과 같은 행위들로 국민들의 수산물 먹거리에 대한 우려가 날로 커지면서 수산물의 안전과 품질관리를 위한 제도 마련이 시급하였습니다.

이에 정부는 2015년부터 수산물품질관리사 자격시험 제도를 실시하게 되었으며 수산물품질관리사는 수산물의 적절한 품질관리를 통하여 안정성을 확보하고, 상품성을 향상하며 공정하고, 투명한 거래를 유도하기 위한 전문 인력을 확보하기 위하여 도입되었습니다.

본서는 최근 8개년(2015~2022) 동안 시행된 기출문제를 수산물품질관리사 시험 과목인 수산물 품질관리 관련 법령, 수산물 유통론, 수확 후 품질관리론 및 수산 일반으로 분류하여 상세한 해설과 함께 수록하였습니다. 이를 통해 문제의 난이도와 유형을 파악할 수 있도록 하였으며 해설과 함께 한 권으로 시험을 완벽히 마무리 할 수 있도록 하였습니다.

본서와 함께 수산물품질관리사 합격을 이루시길 서원각이 응원합니다.

Structure

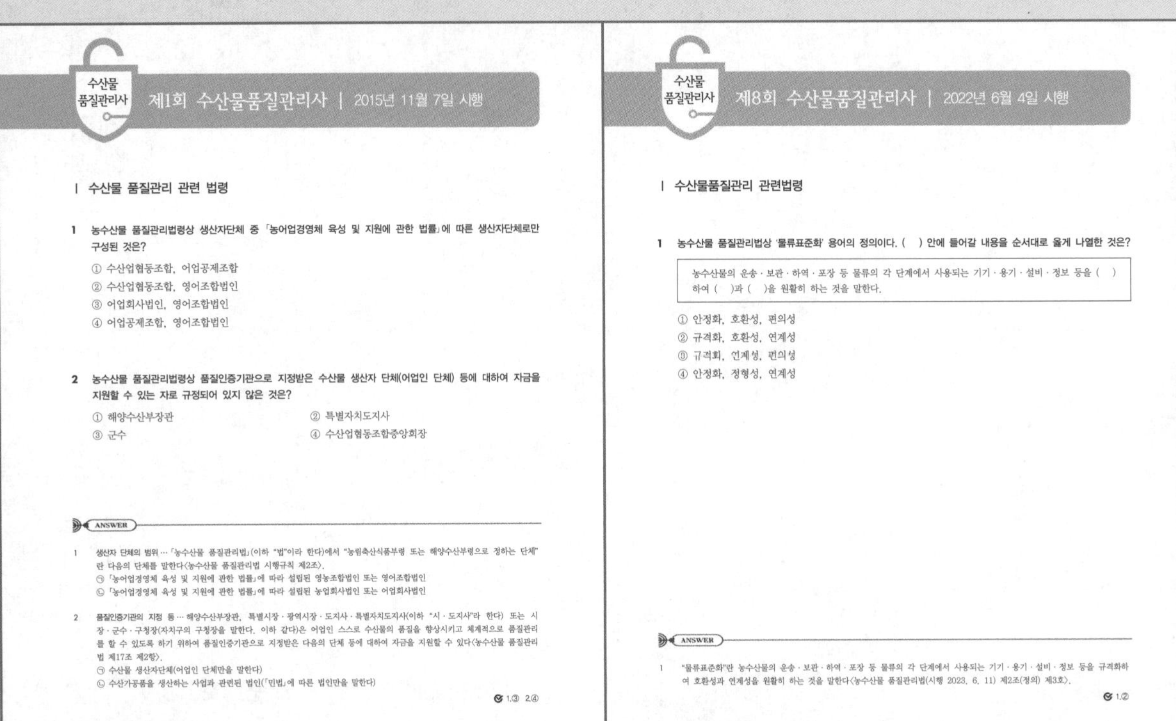

수산물 품질관리사

제1회 수산물품질관리사 | 2015년 11월 7일 시행

| 수산물 품질관리 관련 법령

1 농수산물 품질관리법령상 생산자단체 중 「농어업경영체 육성 및 지원에 관한 법률」에 따른 생산자단체로만 구성된 것은?

① 수산업협동조합, 어업공제조합
② 수산업협동조합, 영어조합법인
③ 어업회사법인, 영어조합법인
④ 어업공제조합, 영어조합법인

2 농수산물 품질관리법령상 품질인증기관으로 지정받은 수산물 생산자 단체(어업인 단체) 등에 대하여 자금을 지원할 수 있는 자로 규정되어 있지 않은 것은?

① 해양수산부장관
② 특별자치도지사
③ 군수
④ 수산업협동조합중앙회장

ANSWER

1 생산자 단체의 범위 … 「농수산물 품질관리법」(이하 "법"이라 한다)에서 "농림축산식품부령 또는 해양수산부령으로 정하는 단체"란 다음의 단체를 말한다〈농수산물 품질관리법 시행규칙 제2조〉.
㉠ 「농어업경영체 육성 및 지원에 관한 법률」에 따라 설립된 영농조합법인 또는 영어조합법인
㉡ 「농어업경영체 육성 및 지원에 관한 법률」에 따라 설립된 농업회사법인 또는 어업회사법인

2 품질인증기관의 지정 등 … 해양수산부장관, 특별시장 · 광역시장 · 도지사 · 특별자치도지사(이하 "시 · 도지사"라 한다) 또는 시장 · 군수 · 구청장(자치구의 구청장을 말한다. 이하 같다)은 어업인 스스로 수산물의 품질을 향상시키고 체계적으로 품질관리를 할 수 있도록 하기 위하여 품질인증기관으로 지정받은 다음의 단체 등에 대하여 자금을 지원할 수 있다〈농수산물 품질관리법 제17조 제2항〉.
㉠ 수산물 생산자단체(어업인 단체만을 말한다)
㉡ 수산가공품을 생산하는 사업과 관련된 법인(「민법」에 따른 법인만을 말한다)

1.③ 2.④

14 _ 수산물품질관리사 기출문제 정복하기

수산물 품질관리사

제8회 수산물품질관리사 | 2022년 6월 4일 시행

| 수산물품질관리 관련법령

1 농수산물 품질관리법상 '물류표준화' 용어의 정의이다. ( ) 안에 들어갈 내용을 순서대로 옳게 나열한 것은?

> 농수산물의 운송 · 보관 · 하역 · 포장 등 물류의 각 단계에서 사용되는 기기 · 용기 · 설비 · 정보 등을 ( ) 하여 ( )과 ( )을 원활히 하는 것을 말한다.

① 안정화, 호환성, 편의성
② 규격화, 호환성, 연계성
③ 규격화, 연계성, 편의성
④ 안정화, 정형성, 연계성

ANSWER

1 "물류표준화"란 농수산물의 운송 · 보관 · 하역 · 포장 등 물류의 각 단계에서 사용되는 기기 · 용기 · 설비 · 정보 등을 규격화하여 호환성과 연계성을 원활히 하는 것을 말한다〈농수산물 품질관리법(시행 2023. 6. 11) 제2조(정의) 제3호〉.

1.②

320 _ 수산물품질관리사 기출문제 정복하기

기출문제 분석

최신 기출문제를 비롯하여 그동안 시행된 기출문제(2015년 ~ 2022년)를 수록하여 출제경향을 파악할 수 있도록 하였습니다. 기출문제를 풀어봄으로써 실전에 보다 철저하게 대비할 수 있습니다.

상세한 해설

매 문제 법령 및 이론 등 상세한 해설을 달아 문제 풀이만으로도 학습이 가능하도록 하였습니다. 문제풀이와 함께 이론정리를 함으로써 완벽하게 학습할 수 있습니다.

Contents

이 책의 차례

Information

개요

수산물의 적절한 품질관리를 통하여 안정성을 확보하고, 상품성을 향상하며 공정하고, 투명한 거래를 유도하기 위한 전문 인력을 확보하기 위하여 도입되었다.

변천과정

- 2015. 04. 02 : 수산물품질관리사 자격시험 위탁 및 고시(해양수산부)
- 2015 ~ 현재 : 한국산업인력공단 시행

수행직무

- 수산물의 등급판정
- 수산물의 생산 및 수확 후 품질관리 기술지도
- 수산물의 출하 시기 조절 및 품질관리 기술지도
- 수산물의 선별 저장 및 포장시설 등의 운영관리

응시자격

제한 없음[농수산물품질관리법 시행령 제40조의4]

※ 단, 수산물품질관리사의 자격이 취소된 날부터 2년이 지나지 아니한 자는 응시할 수 없음 [농수산물 품질관리법 제107조]

시험과목 및 방법

교시	시험과목	문항수	입실완료	시험시간
1교시	1. 수산물품질관리 관련법령 2. 수산물유통론 3. 수확후 품질관리론 4. 수산일반	과목별 25문항 (총 100문항)	09:00	09:30~11:30 (120분)

※ 시험과 관련하여 법령·규정 등을 적용하여 정답을 구하여야 하는 문제는 「시험시행일」 기준으로 시행 중인 법률·기준 등을 적용하여 그 정답을 구하여야 함

합격자 결정(농수산물품질관리법 시행령 제40조의4)

- **제1차 시험** : 각 과목 100점을 만점으로 하여 각 과목 40점 이상의 점수를 획득한 사람 중 평균 점수가 60점 이상인 사람을 합격자로 결정
- **제2차 시험** : 제1차 시험에 합격한 사람을 대상으로 100점 만점으로 하여 60점 이상인 사람을 합격자로 결정

시험의 일부면제

제2차 시험에 합격하지 못한 사람에 대해서는 다음 회에 실시하는 시험에 한정하여 제1차 시험을 면제
(별도 서류제출 없음)

제1차 시험 수험자 유의사항

- 답안카드에 기재된 수험자 유의사항 및 답안카드 작성요령을 준수하시기 바랍니다.
- 답안카드는 반드시 검정색 사인펜으로 작성하여야 합니다.
- 채점은 전산 자동 판독 결과에 따르므로 유의사항을 지키지 않거나(검정색 필기구 미사용) 수험자의 부주의(답안카드 기재 · 마킹착오, 불완전한 수정 등)로 판독불능 등 불이익이 발생할 경우 수험자의 귀책입니다.

※ 답안을 잘못 작성했을 경우, 답안카드 교체 및 수정테이프 사용가능(단, 답안 이외 수험번호 등 인적사항은 수정불가)하며 재작성에 따른 시험시간을 별도로 부여하지 않음

※ 수정테이프 이외 수정액 및 스티커 등은 사용불가

2015 ~ 2022년 1차 필기 합격률

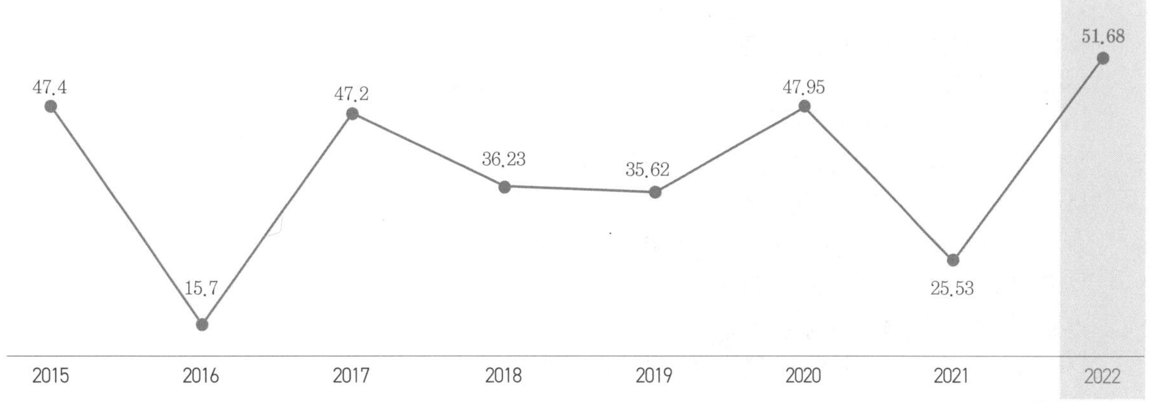

본서는 아래의 법령 개정에 맞춘 해설임을 밝힙니다.

제8회 수산물품질관리사 1차 필기시험 해설은 시험 시행일을 기준으로 시행된 아래의 법률 · 기준 등을 적용한 해설임을 밝힙니다.

- **농수산물 품질관리법**
  [시행 2023. 6. 11.] [법률 제18878호, 2022. 6. 10., 일부개정]
- **농수산물 품질관리법 시행령**
  [시행 2022. 4. 29.] [대통령령 제32608호, 2022. 4. 27., 일부개정]
- **농수산물 품질관리법 시행규칙**
  [시행 2022. 4. 29.] [농림축산식품부령 제529호, 2022. 4. 29., 일부개정]
  [시행 2022. 4. 29.] [해양수산부령 제541호, 2022. 4. 29., 일부개정]
- **농수산물 유통 및 가격안정에 관한 법률**
  [시행 2022. 1. 1.] [법률 제18525호, 2021. 11. 30., 타법개정]
- **농수산물 유통 및 가격안정에 관한 법률 시행령**
  [시행 2021. 1. 5.] [대통령령 제31380호, 2021. 1. 5., 타법개정]
- **농수산물 유통 및 가격안정에 관한 법률 시행규칙**
  [시행 2022. 1. 1.] [농림축산식품부령 제511호, 2021. 12. 31., 타법개정]
  [시행 2022. 1. 1.] [해양수산부령 제524호, 2021. 12. 31., 타법개정]
- **농수산물의 원산지 표시에 관한 법률**
  [시행 2022. 1. 1.] [법률 제18525호, 2021. 11. 30., 일부개정]
- **농수산물의 원산지 표시에 관한 법률 시행령**
  [시행 2022. 9. 16.] [대통령령 제32542호, 2022. 3. 15., 일부개정]
- **농수산물의 원산지 표시에 관한 법률 시행규칙**
  [시행 2022. 1. 1.] [농림축산식품부령 제511호, 2021. 12. 31., 일부개정]
  [시행 2022. 1. 1.] [해양수산부령 제524호, 2021. 12. 31., 일부개정]
- **친환경농어업 육성 및 유기식품 등의 관리 · 지원에 관한 법률**
  [시행 2021. 10. 14.] [법률 제18026호, 2021. 4. 13., 일부개정]
- **친환경농어업 육성 및 유기식품 등의 관리 · 지원에 관한 법률 시행령**
  [시행 2022. 6. 1.] [대통령령 제32657호, 2022. 5. 31., 타법개정]
- **수산물 유통의 관리 및 지원에 관한 법률**
  [시행 2021. 6. 15.] [법률 제18287호, 2021. 6. 15., 일부개정]
- **수산물 유통의 관리 및 지원에 관한 법률 시행령**
  [시행 2022. 4. 29.] [대통령령 제32610호, 2022. 4. 27., 일부개정]
- **수산물 유통의 관리 및 지원에 관한 법률 시행규칙**
  [시행 2022. 2. 24.] [해양수산부령 제536호, 2022. 2. 24., 타법개정

수산물품질관리사 자격제도 Q&A

Q	A
수산물 품질관리사 자격제도 도입 배경은 무엇인가요?	수산물 품질향상 및 유통 효율화를 촉진하기 위하여 자격제도를 운영합니다.
수산물 품질관리사 자격시험은 어떻게 시행되나요?	매년 1회로 실시하고 있습니다. 농림축산식품부장관이 수산물 품질관리사의 수급상 필요하다고 인정되는 경우에는 2년마다 실시할 수 있습니다.
수산물 품질관리사 자격시험 응시자격은 무엇인가요?	응시자격은 학력, 연령, 성별 등 제한이 없습니다. 자격시험은 제1차 시험(객관식)과 제2차 시험(서술형과 단답형 혼합)으로 나뉘는데 제2차 시험에 합격하지 못하는 경우, 다음 회에 한하여 제1차 시험을 면제하고 있습니다.
수산물 품질관리사 자격증 우대조건은 무엇이 있나요?	수산직 공무원 응시 시 3%(약 15점) 가산, 경매사 1차 시험 중복과목(수산물과 계법령, 유통상식 2과목) 면제, 수산분야 사기업 취업 시 우대 등이 있습니다.
수산물 품질관리사 자격증을 취득하면 취업이 보장되나요?	수산물 품질관리사 자격증은 물류관리사 등과 같이 전문성을 인정하는 자격증이며 배타적인 사업권한을 부여받는 자격증에 해당되지 않습니다. 또한, 자격증을 취득하였다고 해서 국가가 취업 보장 또는 공공기관, 민간 기업체 등에 채용을 의무화하는 규정은 없습니다.

수산물품질관리사 1차 시험 출제영역

과목	주요 항목	세부 항목	
수산물 품질관리 관련 법령	농수산물 품질관리 법령	• 총칙 • 지리적 표시 • 지정해역 및 생산가공 시설관리 • 수산물품질관리사 제도	• 수산물의 품질인증 • 유전자변형 수산물표시 및 안전성조사 • 수산물 검사 및 검정
	농수산물 유통 및 가격안정에 관한 법령	• 총칙 • 수산물 도매시장 • 수산물 유통기구	• 수산물 생산조정 및 출하조절 • 수산물 공판장
	농수산물의 원산지 표시 등에 관한 법령	• 총칙	• 원산지 표시
	친환경농어업 육성 및 유기식품 등의 관리 · 지원에 관한 법령	• 총칙 • 유기식품 인증 • 유기어업 자재	• 친환경 어업 및 유기식품 육성지원 • 무농약 농수산물
	수산물 유통의 관리 및 지원에 관한 법령	• 총칙 • 수산물 산지위판장 • 수산물의 품질 및 위생 관리 • 수산물 유통 기반의 조성 등	• 수산물 유통발전계획 등 • 수산물의 이력추적 관리 • 수산물 수급관리
수산물 유통론	수산물 유통개요	• 수산물 유통의 개념과 특징	• 수산물 유통의 기능 및 활동
	수산물 유통기구 및 유통경로	• 수산물의 유통기구 및 조직	• 수산물 유통경로
	주요 수산물 유통경로	• 활어 유통경로 • 냉동수산물 유통경로 • 수입수산물 유통경로	• 선어 유통경로 • 수산가공품 및 건어물 유통경로
	수산물 거래	• 소매시장 및 도매시장, 시장외거래 • 공동판매와 계산제 • 전자상거래	
	수산물 유통수급과 가격	• 수산물 수급이론 • 수산물 유통마진과 비용	• 수산물 가격
	수산물 마케팅	• 수산물 마케팅 전략 • 수산물 가격전략	• 수산물 포장 및 브랜드 • 수산물 광고
	수산물 유통정보와 정책	• 수산물 유통정보	• 수산물 유통정책
수확후 품질관리론	원료품질관리 개요	• 원료품질관리의 개념과 필요성	• 수산물 원료품질관리의 특징
	저장	• 저장의 개념 및 특징	• 저장방식
	선별 및 포장	• 선별	• 포장
	가공	• 제품유형별 가공	• 가공기계
	위생관리	• 위해요소 중점관리제도	• 수산물 독소관리
수산일반	수산업 개요	• 수산업의 개념 및 특성	• 수산업의 현황과 발달
	수산자원관리	• 수산자원의 특징	• 수산자원의 종류
	어구 · 어업	• 어구	• 어법
	수산양식 관리	• 수산양식 개요 • 양식질병 관리	• 양식종묘와 영양관리 • 주요 종의 양식
	수산업관리 제도	• 국내수산업 관리제도	• 국제수산업 관리제도

제8회 수산물품질관리사 기출 키워드

기 출 KEY WORD

CHAPTER 01 수산물품질관리사 관계 법령

1 물류표준화 용어 정의
2 농수산물품질관리 심의회 설치
3 수산물의 품질인증 유효기간
4 지리적표시의 등록거절 사유
5 수산물 및 수산가공품에 대한 관능 검사 대상
6 수산물검사관의 자격 취소 및 정지
7 수산물품질관리사 제도
8 지정해역 지정
9 유전자변형 농수산물의 표시대상 품목
10 지정해역의 지정해제
11 중도매인의 영업
12 주요 수산물의 가격 예시
13 도매시장에서 경매사의 업무
14 민영도매시장 개설 허가신청서
15 농수산물 전자거래소의 거래수수료 및 결제방법
16 수산물 및 그 가공품의 원산지 표시 심의 기관
17 원산지 표시 적정성 확인
18 과징금의 부과·징수
19 식품접객업에서 수산물 조리판매 시 원산지 표시
20 새우양식의 pH 조절 한정 물질
21 친환경어업 육성 계획
22 유기식품 인증 취소 사유
23 수산물 유통의 관리 및 지원에 관한 법률 목적
24 위판장 외의 장소에서의 매매 또는 거래
25 수산물 규격품 표시

CHAPTER 02 수산물 유통론

26 수산물 유통의 거리와 기능 관계
27 수산물 거래 관행
28 수산물 유통경로
29 물적유통 활동
30 유통비용
31 경매방식
32 수산물도매시장의 구성원
33 중도매인 유통비용
34 활어 유통
35 양식산 넙치 유통
36 선어 유통
37 냉동수산물 유통
38 수산가공품 유통
39 수입 연어류 유통
40 수산물 공동판매
41 소비지 도매시장의 기능
42 수산물 전자상거래
43 조기의 수요변화
44 수산물 가격 변동
45 유통마진 계산
46 판매촉진 활동
47 수산물 상표
48 '어식백세 캠페인'
49 수산물 정보 수집
50 수산물 가격 및 수급안정 유통정책

CHAPTER 03 수확 후 품질관리론

51 수분활성도 조절 수산식품
52 어패류 선도 판정법
53 세균농도 계산
54 지질산화 억제 방법
55 접촉식 동결법
56 갈치 어상자 배열방법
57 수산식품의 진공포장 처리
58 수산물 PP대 시험 항목
59 고등어 동결저장 동결률
60 연제품의 탄력
61 최대 빙결정 생성대
62 한천
63 통조림 용기 내면 도료
64 마른간법과 물간법
65 참치통조림의 원료
66 맛살류 제품 형태
67 마른김 기계식 건조방법
68 수산발효식품 제조기간
69 수산물 원료 전처리 기계
70 어묵제조 기계장치
71 터널식 건조기
72 조개류의 독성
73 HACCP의 CCP
74 수산물의 중금속 기준
75 HACCP의 제품설명서 작성

CHAPTER 04 수산일반

76 소금생산업의 생산업
77 수산업·어촌의 공익적 기능
78 수산물 수급현황
79 수산물
80 수산자원관리 수단
81 우리나라 수산업
82 수산 생물 자원
83 갑각류
84 단위 노력당 어획량(CPUE)
85 해역별 주요 어종 및 어업 종류
86 안강망 어업 및 꽃게 자망 어업
87 어군탐지기
88 붉은 대게
89 어획노력량 규제
90 양식생물 및 양식방법
91 조피볼락
92 폐쇄식 양식장의 온도조절장치
93 양식 사료 비용
94 양식 생물의 병원체 감염 질병
95 클로렐라(Chlorella)
96 양식 활어 수송
97 냉수성 양식 패류
98 유엔 식량농업기구의 IUU
99 총허용어획량(TAC)
100 어업관리제도

◊ 과목별 난이도 ◊

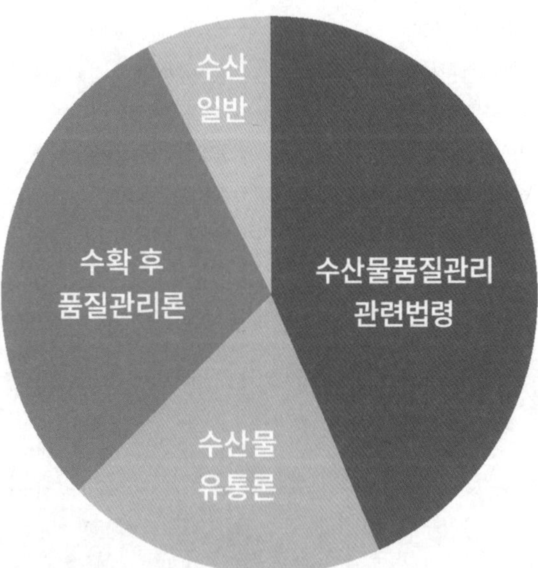

수산물 품질관리사

제1회 2015년 11월 7일 시행

제2회 2016년 9월 3일 시행

제3회 2017년 7월 8일 시행

제4회 2018년 7월 21일 시행

제5회 2019년 7월 20일 시행

제6회 2020년 7월 18일 시행

제7회 2021년 7월 10일 시행

제8회 2022년 6월 4일 시행

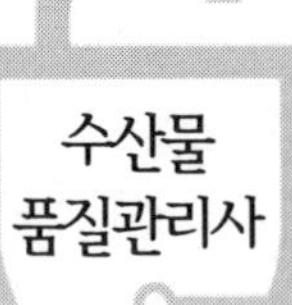

제1회 수산물품질관리사 | 2015년 11월 7일 시행

I 수산물 품질관리 관련 법령

1 **농수산물 품질관리법령상 생산자단체 중 「농어업경영체 육성 및 지원에 관한 법률」에 따른 생산자단체로만 구성된 것은?**

① 수산업협동조합, 어업공제조합
② 수산업협동조합, 영어조합법인
③ 어업회사법인, 영어조합법인
④ 어업공제조합, 영어조합법인

2 **농수산물 품질관리법령상 품질인증기관으로 지정받은 수산물 생산자 단체(어업인 단체) 등에 대하여 자금을 지원할 수 있는 자로 규정되어 있지 않은 것은?**

① 해양수산부장관
② 특별자치도지사
③ 군수
④ 수산업협동조합중앙회장

ANSWER

1 생산자 단체의 범위 … 「농수산물 품질관리법」(이하 "법"이라 한다)에서 "농림축산식품부령 또는 해양수산부령으로 정하는 단체"란 다음의 단체를 말한다〈농수산물 품질관리법 시행규칙 제2조〉.
㉠ 「농어업경영체 육성 및 지원에 관한 법률」에 따라 설립된 영농조합법인 또는 영어조합법인
㉡ 「농어업경영체 육성 및 지원에 관한 법률」에 따라 설립된 농업회사법인 또는 어업회사법인

2 품질인증기관의 지정 등 … 해양수산부장관, 특별시장 · 광역시장 · 도지사 · 특별자치도지사(이하 "시 · 도지사"라 한다) 또는 시장 · 군수 · 구청장(자치구의 구청장을 말한다. 이하 같다)은 어업인 스스로 수산물의 품질을 향상시키고 체계적으로 품질관리를 할 수 있도록 하기 위하여 품질인증기관으로 지정받은 다음의 단체 등에 대하여 자금을 지원할 수 있다〈농수산물 품질관리법 제17조 제2항〉.
㉠ 수산물 생산자단체(어업인 단체만을 말한다)
㉡ 수산가공품을 생산하는 사업과 관련된 법인(「민법」에 따른 법인만을 말한다)

1.③ 2.④

3 **농수산물 품질관리법령상 농수산물품질관리심의회의 심의사항이 아닌 것은?**

① 지리적표시에 관한 사항
② 수산물우수관리인증에 관한 사항
③ 수산물의 위해요소중점관리기준에 관한 사항
④ 수산물품질인증에 관한 사항

4 **농수산물 품질관리법령상 위해요소중점관리기준을 이행하는 시설로 등록된 생산 · 가공시설에서 위해요소중점관리기준을 불성실하게 이행하는 경우로서 2차 위반 시의 행정처분 기준은?**

① 시정명령
② 생산 · 가공 · 출하 · 운반의 제한 · 중지 명령
③ 영업정지 1개월
④ 등록취소

ANSWER

3 심의회의 직무〈농수산물 품질관리법 제4조〉
㉠ 표준규격 및 물류표준화에 관한 사항
㉡ 농산물 우수관리 · 수산물 품질인증 및 이력추적관리에 관한 사항
㉢ 지리적표시에 관한 사항
㉣ 유전자 변형농수산물의 표시에 관한 사항
㉤ 농수산물(축산물은 제외한다)의 안전성조사 및 그 결과에 대한 조치에 관한 사항
㉥ 농수산물(축산물은 제외한다) 및 수산가공품의 검사에 관한 사항
㉦ 농수산물의 안전 및 품질관리에 관한 정보의 제공에 관하여 총리령, 농림축산식품부령 또는 해양수산부령으로 정하는 사항
㉧ 수출을 목적으로 하는 수산물의 생산 · 가공시설 및 해역(海域)의 위생관리기준에 관한 사항
㉨ 수산물 및 수산가공품의 위해요소중점관리기준에 관한 사항
㉩ 지정해역의 지정에 관한 사항
㉪ 다른 법령에서 심의회의 심의사항으로 정하고 있는 사항
㉫ 그 밖에 농수산물 및 수산가공품의 품질관리 등에 관하여 위원장이 심의에 부치는 사항

4 중지 · 개선 · 보수명령 등 및 등록취소의 기준〈농수산물 품질관리법 시행령 별표 2〉

위반행위		행정처분 기준		
		1차 위반	2차 위반	3차 위반
법을 위반하여 위해요소중점관리기준을 이행하지 않거나 불성실하게 이행하는 경우	이행하지 않는 경우	생산 · 가공 · 출하 · 운반의 제한 · 중지 명령	등록취소	
	불성실하게 이행하는 경우	생산 · 가공 · 출하 · 운반의 시정 명령	생산 · 가공 · 출하 · 운반의 제한 · 중지 명령	등록취소

3.② 4.②

5 **농수산물 품질관리법령상 지정해역으로 지정하기 위한 해역이 위생관리기준에 맞는지 조사 · 점검하는 권한을 해양수산부장관으로부터 위임받은 자는?**

① 국립수산과학원장
② 국립수산물품질관리원장
③ 국립해양조사원장
④ 지방해양수산청장

6 **농수산물 품질관리법령상 수산물 및 수산가공품에 대하여 관능검사를 실시할 경우, 포장 제품 500개에 대한 추출 개수와 채점 개수는?**

① 추출 개수 5개, 채점 개수 2개
② 추출 개수 9개, 채점 개수 2개
③ 추출 개수 11개, 채점 개수 3개
④ 추출 개수 13개, 채점 개수 4개

ANSWER

5 국립수산과학원장은 조사 · 점검결과를 종합하여 다음 연도 2월 말일까지 해양수산부장관에게 보고하여야 한다〈농수산물 품질관리법 시행규칙 제90조 제1항〉.

6 수산물 및 수산가공품에 대한 검사의 종류 및 방법(포장제품)〈농수산물 품질관리법 시행규칙 별표 24〉

신청 개수		추출 개수	채점 개수
	4개 이하	1	1
5개 이상	50개 이하	3	1
51개 이상	100개 이하	5	2
101개 이상	200개 이하	7	2
201개 이상	300개 이하	9	3
301개 이상	400개 이하	11	3
401개 이상	500개 이하	13	4
501개 이상	700개 이하	15	5
701개 이상	1,000개 이하	17	5
1,001개 이상		20	6

5.① 6.④

7 **농수산물 품질관리법령상 정부 비축용 및 국내 소비용 수산물에 사용하는 검사 표시의 구분으로 옳지 않은 것은?**

① 등급증인
② 합격증인
③ 검인
④ 봉인

8 **농수산물 품질관리법령상 수산물품질관리사의 직무로 옳은 것을 모두 고른 것은?**

㉠ 수산물의 등급 판정	㉡ 수산물의 수매
㉢ 수산물의 품질관리기술에 관한 조언	㉣ 수산물의 가격 평가

① ㉠㉢
② ㉡㉣
③ ㉠㉢㉣
④ ㉡㉢㉣

ANSWER

7 수산물 및 수산가공품에 대한 검사 결과 표시(정부 비축용 및 국내 소비용)〈농수산물 품질관리법 시행규칙 별표 28〉
㉠ 등급증인
㉡ 합격증인
㉢ 불합격증인
㉣ 검인
㉤ 봉합지

8 수산물품질관리사의 직무〈농수산물 품질관리법 제106조 제2항〉
㉠ 수산물의 등급 판정
㉡ 수산물의 생산 및 수확 후 품질관리기술 지도
㉢ 수산물의 출하 시기 조절, 품질관리기술에 관한 조언
㉣ 그 밖에 수산물의 품질 향상과 유통 효율화에 필요한 업무로서 해양수산부령으로 정하는 업무

7.④ 8.①

9 농수산물 품질관리법령상 수산물 안전성조사에 관한 설명으로 옳은 것은?

① 생산단계 수산물은 해양수산부령으로 정하는 안전기준에의 적합여부를 조사하여야 한다.
② 저장단계 및 출하되어 거래되기 이전 단계 수산물은 「식품위생법」 등 관계 법령에 따른 잔류 허용 기준 등의 초과 여부를 조사하여야 한다.
③ 해양수산부장관은 생산단계 안전기준을 정할 때에는 관계 중앙행정기관의 장과 협의하여야 한다.
④ 시 · 도지사가 안전성조사를 위하여 관계 공무원에게 시료 수거 및 조사 등을 하게 할 경우, 무상으로 시료 수거를 하게 할 수 없다.

10 농수산물 품질관리법령상 포장하지 아니하고 판매하거나 낱개로 판매하는 지리적표시품에 지리적 표시를 할 수 있는 방법으로 옳지 않은 것은?

① 푯말
② 스티커
③ 꼬리표
④ 표지판

ANSWER

9 ① 생산단계 수산물은 총리령으로 정하는 안전기준에의 적합여부를 조사하여야 한다〈농수산물 품질관리법 제61조 제1항〉.
③ 식품의약품안전처장은 생산단계 안전기준을 정할 때에는 관계 중앙행정기관의 장과 협의하여야 한다〈농수산물 품질관리법 제61조 제2항〉.
④ 식품의약품안전처장이나 시 · 도지사는 안전성조사, 위험평가 또는 잔류조사를 위하여 필요하면 관계 공무원에게 시료 수거 및 조사 등을 하게 할 수 있다. 이 경우 무상으로 시료 수거를 하게 할 수 있다〈농수산물 품질관리법 제62조 제1항〉.

10 지리적표시권자가 그 표시를 하려면 지리적표시품의 포장 · 용기의 겉면 등에 등록 명칭을 표시하여야 하며, 지리적표시품의 표시를 하여야 한다. 다만, 포장하지 아니하고 판매하거나 낱개로 판매하는 경우에는 대상품목에 스티커를 부착하거나 표지판 또는 푯말로 표시할 수 있다〈농수산물 품질관리법 시행규칙 제60조〉.

9.② 10.③

11 **농수산물 유통 및 가격안정에 관한 법령상 도매시장법인 · 시장도매인 또는 공판장 개설자가 사용하는 표준정산서에 포함되어야 하는 사항이 아닌 것은?**

① 출하자명과 출하자 주소
② 공제 명세 및 공제금액 총액
③ 경매사 성명
④ 판매 명세, 판매대금총액 및 매수인

12 **농수산물 유통 및 가격안정에 관한 법령상 수산물공판장을 개설할 수 있는 자로 규정되어 있지 않은 것은?**

① 어업회사법인
② 한국농수산식품유통공사
③ 수산업협동조합중앙회
④ 광역시

ANSWER

11 **표준정산서** … 도매시장법인 · 시장도매인 또는 공판장 개설자가 사용하는 표준정산서에는 다음의 사항이 포함되어야 한다〈농수산물 유통 및 가격안정에 관한 법률 시행규칙 제38조〉.
㉠ 표준정산서의 발행일 및 발행자명
㉡ 출하자명
㉢ 출하자 주소
㉣ 거래형태(매수 · 위탁 · 중개) 및 매매방법(경매 · 입찰, 정가 · 수의매매)
㉤ 판매 명세(품목 · 품종 · 등급별 수량 · 단가 및 거래단위당 수량 또는 무게), 판매대금총액 및 매수인
㉥ 공제 명세(위탁수수료, 운송료 선급금, 하역비, 선별비 등 비용) 및 공제금액 총액
㉦ 정산금액
㉧ 송금 명세(은행명 · 계좌번호 · 예금주)

12 **농수산물공판장의 개설자**〈농수산물 유통 및 가격안정에 관한 법률 시행령 제3조〉
㉠ 법에서 "대통령령으로 정하는 생산자 관련 단체"란 다음의 단체를 말한다.
- 「농어업경영체 육성 및 지원에 관한 법률」에 따른 영농조합법인 및 영어조합법인과 같은 법에 따른 농업회사법인 및 어업회사법인
- 「농업협동조합법」에 따른 농협경제지주회사의 자회사

㉡ 법에서 "대통령령으로 정하는 법인"이란 「한국농수산식품유통공사법」에 따른 한국농수산식품유통공사(이하 "한국농수산식품유통공사"라 한다)를 말한다.

11.③ 12.④

13 농수산물 유통 및 가격안정에 관한 법령상 산지유통인에 관한 설명으로 옳은 것을 모두 고른 것은?

> ㉠ 도매시장법인, 중도매인 및 이들의 주주 또는 임직원은 해당 도매시장에서 산지유통인의 업무를 할 수 있다.
> ㉡ 산지유통인은 부류별로 도매시장 개설자에게 등록하여야 한다.
> ㉢ 도매시장 개설자는 산지유통인으로 등록을 하여야 하는 자가 등록을 하지 아니하고 산지유통인의 업무를 하는 경우에는 도매시장에의 출입을 금지 · 제한할 수 있다.
> ㉣ 산지유통인은 등록된 도매시장에서 수산물의 출하업무 외에 판매 · 매수 또는 중개업무를 할 수 있다.

① ㉠㉡ ② ㉠㉣
③ ㉡㉢ ④ ㉢㉣

14 농수산물 유통 및 가격안정에 관한 법령상 경매사에 관한 설명으로 옳지 않은 것은?

① 도매시장법인이 확보하여야 하는 경매사의 수는 2명 이상으로 하되, 도매시장법인별 연간 거래물량 등을 고려하여 업무규정으로 그 수를 정한다.
② 민영도매시장의 경매사는 민영도매시장의 개설자가 임면한다.
③ 도매시장법인이 경매사를 임면한 경우에는 임면한 날부터 15일 이내에 도매시장 개설자에게 신고하여야 한다.
④ 도매시장의 시장도매인은 해당 도매시장의 경매사로 임명될 수 없다.

ANSWER

13 ㉠ 도매시장법인, 중도매인 및 이들의 주주 또는 임직원은 해당 도매시장에서 산지유통인의 업무를 하여서는 아니 된다.
㉣ 산지유통인은 등록된 도매시장에서 수산물의 출하업무 외의 판매 · 매수 또는 중개업무를 하여서는 아니 된다〈농수산물 유통 및 가격안정에 관한 법률 제29조(산지 유통인의 등록) 제2항, 제3항〉.

14 도매시장법인이 경매사를 임면한 경우에는 임면한 날로부터 30일 이내에 도매시장 개설자에게 신고하여야 한다〈농수산물 유통 및 가격안정에 관한 법률 시행규칙 제20조(경매사의 임면) 제2항〉.

13.③ 14.③

15 **농수산물 유통 및 가격안정에 관한 법령상 민영도매시장에 관한 설명으로 옳지 않은 것은? (본 문제에서 "시 · 도지사"라 함은 특별시장 · 광역시장 · 특별자치시장 · 도지사 또는 특별자치도지사를 말한다.)**

① 민간인등이 특별시 · 광역시 · 특별자치시 · 특별자치도 또는 시 지역에 민영도매시장을 개설하려면 시 · 도지사의 허가를 받아야 한다.

② 민영도매시장의 중도매인은 민영도매시장의 개설자가 지정한다.

③ 민영도매시장의 시장도매인은 시 · 도지사가 지정한다.

④ 민영도매시장의 개설자는 중도매인, 매매참가인, 산지유통인 및 경매사를 두어 민영도매시장을 직접 운영할 수 있다.

16 **농수산물의 원산지 표시에 관한 법률 시행령 별표 1 '원산지의 표시기준'의 내용 중 일부이다. 다음 (　　) 안에 공통으로 들어갈 내용은?**

> 1. 농수산물
>   다. 원산지가 다른 동일 품목을 혼합한 농수산물
>   1) 국산 농수산물로서 그 생산 등을 한 지역이 각각 다른 동일 품목의 농수산물을 혼합한 경우에는 혼합비율이 높은 순서로 (　　) 지역까지의 시 · 도명 또는 시 · 군 · 구명과 그 혼합비율을 표시하거나 "국산", "국내산" 또는 "연근해산"으로 표시한다.
>   2) 동일 품목의 국산 농수산물과 국산 외의 농수산물을 혼합한 경우에는 혼합비율이 높은 순서로 (　　) 국가(지역, 해역 등)까지의 원산지와 그 혼합비율을 표시한다.

① 2개　　② 3개

③ 4개　　④ 5개

ANSWER

15　민영도매시장의 시장도매인은 민영도매시장의 개설자가 지정한다〈농수산물 유통 및 가격안정에 관한 법률 제48조〉.

16　원산지의 표시기준〈농수산물의 원산지 표시에 관한 법률 시행령 별표 1〉

㉠ 국산 농수산물로서 그 생산 등을 한 지역이 각각 다른 동일 품목의 농수산물을 혼합한 경우에는 혼합 비율이 높은 순서로 3개 지역까지다.

㉡ 동일 품목의 국산 농수산물과 국산 외의 농수산물을 혼합한 경우에는 혼합비율이 높은 순서로 3개 국가(지역, 해역 등)까지의 원산지와 그 혼합비율을 표시한다.

15.③　16.②

17 **농수산물의 원산지 표시에 관한 법률의 제정 목적이다. 다음 (　) 안에 들어갈 내용이 옳게 짝지어진 것은?**

> 이 법은 농산물 · 수산물이나 그 가공품 등에 대하여 적정하고 합리적인 원산지 표시를 하도록 하여 소비자의 (　)을(를) 보장하고, 공정한 거래를 유도함으로써 (　)와 소비자를 보호하는 것을 목적으로 한다.

① 알권리 – 생산자
② 알권리 – 판매자
③ 선택권 – 생산자
④ 선택권 – 판매자

18 **농수산물 유통 및 가격안정에 관한 법령상 도매시장에 관한 설명으로 옳은 것은?**

① 도매시장의 개설자는 해당 도매시장의 상인으로 구성된 도매시장 관리사무소를 둘 수 있다.
② 중앙도매시장의 개설자는 청과부류와 수산부류에 대하여 도매시장법인을 두어야 한다.
③ 도매시장법인이 다른 도매시장법인을 인수하거나 합병하는 경우에는 해양수산부장관의 승인을 받아야 한다.
④ 도매시장에서 매매참가인의 업무를 하려는 자는 도매시장법인에게 매매참가인으로 신고하여야 한다.

ANSWER

17 이 법은 농산물 · 수산물이나 그 가공품 등에 대하여 적정하고 합리적인 원산지 표시를 하도록 하여 소비자의 알권리를 보장하고, 공정한 거래를 유도함으로써 생산자와 소비자를 보호하는 것을 목적으로 한다〈농수산물의 원산지 표시에 관한 법률 제1조(목적)〉.

18 ① 도매시장 개설자는 소속 공무원으로 구성된 도매시장 관리사무소를 두거나 「지방공기업법」에 따른 지방공사, 공공출자법인 또는 한국농수산식품유통공사 중에서 시장관리자를 지정할 수 있다〈농수산물 유통 및 가격안정에 관한 법률 제21조(도매시장의 관리) 제1항〉.
③ 도매시장법인이 다른 도매시장법인을 인수하거나 합병하는 경우에는 해당 도매시장 개설자의 승인을 받아야 한다〈농수산물 유통 및 가격안정에 관한 법률 제23조의2(도매시장법인의 인수 · 합병) 제1항〉.
④ 매매참가인의 업무를 하려는 자는 농림축산식품부령 또는 해양수산부령으로 정하는 바에 따라 도매시장 · 공판장 또는 민영도매시장의 개설자에게 매매참가인으로 신고하여야 한다〈농수산물 유통 및 가격안정에 관한 법률 제25조의3(매매참가인의 신고)〉.

17.① 18.②

19 **농수산물의 원산지 표시에 관한 법령상 수산물의 원산지 표시와 관련된 정보 중 국민이 알아야 할 필요가 있다고 인정되는 정보의 제공에 관한 설명으로 옳지 않은 것은?**

① 해양수산부장관은 방사성물질이 유출된 국가 또는 지역 등의 정보에 대하여는 「공공기관의 정보공개에 관한 법률」에서 허용하는 범위에서 이를 국민에게 제공하도록 노력하여야 한다.

② 해양수산부장관이 정보를 제공하는 경우에는 농수산물품질관리심의회의 심의를 거칠 수 있다.

③ 해양수산부장관은 국민에게 정보를 제공하고자 하는 경우 「농수산물 품질관리법」에 따른 농수산물 안전정보시스템을 이용할 수 있다.

④ 해양수산부장관은 국민에게 정보를 제공하고자 하는 경우 공청회를 거쳐야 한다.

20 **농수산물의 원산지 표시에 관한 법령상 과징금에 관한 내용이다. 다음 ( ) 안에 들어갈 숫자는?**

원산지를 거짓으로 표시한 행위를 2년간 2회 이상 한 자에게는 그 위반금액의 ( )배 이하에 해당하는 금액이 과징금으로 부과될 수 있다.

① 5

② 10

③ 15

④ 20

ANSWER

19 농수산물의 원산지 표시에 관한 정보 제공〈농수산물의 원산지 표시에 관한 법률 제10조〉

㉠ 농림축산식품부장관 또는 해양수산부장관은 농수산물의 원산지 표시와 관련된 정보 중 방사성물질이 유출된 국가 또는 지역 등 국민이 알아야 할 필요가 있다고 인정되는 정보에 대하여는 「공공기관의 정보공개에 관한 법률」에서 허용하는 범위에서 이를 국민에게 제공하도록 노력하여야 한다.

㉡ ㉠에 따라 정보를 제공하는 경우 심의회의 심의를 거칠 수 있다.

㉢ 농림축산식품부장관 또는 해양수산부장관은 국민에게 정보를 제공하고자 하는 경우 「농수산물 품질관리법」에 따른 농수산물안전정보시스템을 이용할 수 있다.

20 농림축산식품부장관, 해양수산부장관, 관세청장, 특별시장 · 광역시장 · 특별자치시장 · 도지사 · 특별자치도지사 또는 시장 · 군수 · 구청장은 원산지를 거짓으로 표시한 행위를 2년간 2회 이상 위반한 자에게 그 위반금액의 5배 이하에 해당하는 금액을 과징금으로 부과 · 징수할 수 있다〈농수산물의 원산지 표시에 관한 법률 제6조의2(과징금) 제1항〉.

19.④ 20.①

21 **농수산물의 원산지 표시에 관한 법령상 찌개용, 구이용, 탕용으로 수산물을 조리하여 판매 · 제공하는 일반음식점에서 원산지를 표시하지 않아도 되는 것은?**

① 미꾸라지
② 조기
③ 뱀장어
④ 낙지

22 **농수산물의 원산지 표시에 관한 법령상 다음 (　　) 안에 들어갈 내용이 옳게 짝지어진 것은?**

해양수산부장관 또는 시 · 도지사는 「농수산물 품질관리법」 제104조의 농수산물 명예감시원에게 농수산물이나 그 가공품의 원산지 표시를 지도 · (　　) · 계몽과 위반사항의 (　　)을(를) 하게 할 수 있다.

① 홍보 – 신고
② 홍보 – 단속
③ 교육 – 신고
④ 교육 – 단속

21 **음식점 원산지 표시대상 품목 :** 넙치, 조피볼락, 참돔, 미꾸라지, 낙지, 뱀장어, 명태, 고등어, 갈치, 오징어, 꽃게, 참조기, 다랑어, 아귀 및 주꾸미〈농수산물의 원산지 표시에 관한 법률 시행령 제3조(원산지의 표시대상) 제5항 제8호〉

22 농림축산식품부장관, 해양수산부장관, 시 · 도지사 또는 시장 · 군수 · 구청장은 「농수산물 품질관리법」의 농수산물 명예감시원에게 농수산물이나 그 가공품의 원산지 표시를 지도 · 홍보 · 계몽과 위반사항의 신고하게 할 수 있다〈농수산물의 원산지 표시에 관한 법률 제11조(명예감시원) 제1항〉.

21.② 22.①

23 **친환경 농어업 육성 및 유기식품 등의 관리 · 지원에 관한 법령상 친환경어업 육성계획에 포함되어야 하는 사항을 모두 고른 것은?**

> ㉠ 어장의 수질 등 어업 환경 관리 방안
> ㉡ 환경친화형 어업 자재의 개발 및 보급과 어업 폐자재의 활용 방안
> ㉢ 수산물의 부산물 등의 자원화 및 적정 처리 방안

① ㉠㉡ ② ㉠㉢
③ ㉡㉢ ④ ㉠㉡㉢

24 **친환경 농어업 육성 및 유기식품 등의 관리 · 지원에 관한 법령상 국립수산물품질관리원장이 인증기관을 지정하였을 때 국립수산물품질관리원의 인터넷 홈페이지에 게시하여야 할 사항이 아닌 것은?**

① 인증기관의 명칭 및 주요 장비
② 주된 사무소 및 지방사무소의 소재지
③ 인증업무의 범위 및 인증업무규정
④ 인증기관의 지정번호 및 지정일

ANSWER

23 친환경어업 육성계획에 포함되어야 하는 사항〈해양수산부 소관 친환경 농어업 육성 및 유기식품 등의 관리 · 지원에 관한 법률 시행규칙 제4조〉
㉠ 어장의 수질 등 어업 환경 관리 방안
㉡ 질병의 친환경적 관리 방안
㉢ 환경친화형 어업 자재의 개발 및 보급과 어업 폐자재의 활용 방안
㉣ 수산물의 부산물 등의 자원화 및 적정 처리 방안
㉤ 유기식품 또는 무항생제 수산물 등의 품질관리 방안
㉥ 유기식품 또는 무항생제 수산물 등의 수출 · 수입에 관한 사항
㉦ 국내 친환경어업의 기준 및 목표에 관한 사항
㉧ 그 밖에 해양수산부장관이 친환경어업 발전을 위하여 필요하다고 인정하는 사항

24 인증기관의 지정심사 … 국립수산물품질관리원장은 인증기관을 지정하였을 때에는 다음의 사항을 국립수산물품질관리원의 인터넷 홈페이지에 게시하여야 한다〈해양수산부 소관 친환경 농어업 육성 및 유기식품 등의 관리 · 지원에 관한 법률 시행규칙 제29조 제3항〉.
㉠ 인증기관의 명칭, 인력 및 대표자
㉡ 주된 사무소 및 지방사무소의 소재지
㉢ 인증업무의 범위 및 인증업무규정
㉣ 인증기관의 지정번호 및 지정일

23.④ 24.①

25 해양수산부 소관 친환경 농어업 육성 및 유기식품 등의 관리 · 지원에 관한 법률 시행규칙의 용어정의이다. 다음 ( ) 안에 공통으로 들어갈 내용으로 옳은 것은?

> "(   )"란 양식어장에서 잡조(雜藻) 제거와 병해방제용으로 사용되는 유기산 또는 산성전해수를 주성분으로 하는 물질로서 해양수산부장관이 고시하는 (   ) 사용기준에 적합한 물질을 말한다.

① 항생처리제
② 차아염소산나트륨처리제
③ 활성처리제
④ 오존처리제

25 "활성처리제"란 양식어장에서 잡조(雜藻) 제거와 병해방제용으로 사용되는 유기산 또는 산성전해수를 주성분으로 하는 물질로서 해양수산부장관이 고시하는 활성처리제 사용기준에 적합한 물질을 말한다〈해양수산부 소관 친환경 농어업 육성 및 유기식품 등의 관리 · 지원에 관한 법률 시행규칙 제2조(정의)〉.

25.③

II 수산물 유통론

26 **수산물 유통의 특성에 관한 설명으로 옳은 것은?**

① 품질관리가 쉽다.
② 가격변동성이 크다.
③ 규격화 및 균질화가 쉽다.
④ 유통경로가 단순하다.

27 **수산물의 직접적 유통 및 유통기구에 관한 설명으로 옳지 않은 것은?**

① 수산업협동조합의 전문 중매인을 경유한다.
② 생산자와 소비자 사이에 직접적으로 이루어지는 것을 말한다.
③ 수산물 생산자는 생산 및 판매활동의 주체이다.
④ 수산물 유통에는 수산물과 화폐의 교환이 일어난다.

28 **수산물 유통에 있어서 물적 활동으로 옳지 않은 것은?**

① 운송 활동
② 보관 활동
③ 금융 활동
④ 정보 활동

ANSWER

26 수산물 유통의 특성
㉠ 유통경로의 다양성
㉡ 생산물 규격화 및 균질화의 어려움
㉢ 가격의 변동성
㉣ 구매의 소량 분산성

27 수산물과 화폐의 교환이 생산자와 소비자 사이에 직접적으로 이루어지는 것을 수산물의 직접적 유통이라고 한다. 따라서 직접적 유통은 매매 당사자 간의 거래 관계에 있어 중간상과 같은 상업 기관의 개입 없이 이루어진다.

28 물적 유통 활동
㉠ 운송 활동
㉡ 보관 활동
㉢ 정보 활동
㉣ 기타 부대적 물적 유통 활동

26.② 27.① 28.③

29 생산자가 출어자금을 차입하여 어획한 후 차입자에게 어획물의 판매권을 양도하는 유통경로는?

① 생산자 → 산지 위판장 → 소비자
② 생산자 → 객주 → 소비자
③ 생산자 → 수집상 → 도매인 → 소비자
④ 생산자 → 수협 → 중간도매상 → 소비자

30 수산물 산지시장의 기능으로 옳지 않은 것은?

① 양륙 및 진열의 기능
② 거래형성의 기능
③ 대금결제의 기능
④ 생산 및 어획의 기능

31 수산물 계통출하의 주된 유통기구는?

① 객주
② 유사도매시장
③ 인터넷 전자상거래
④ 수협 위판장

ANSWER

29 차입자에게 어획물 판매권을 양도하는 유통경로
생산자 → 객주 → 유사도매시장 → 도매상 → 소매상 → 소비자

30 산지시장의 기능
㉠ 양륙 및 진열의 기능
㉡ 거래형성의 기능
㉢ 대금결제의 기능
㉣ 판매 기능

31 산지 유통은 수협 위판장을 중심으로 이루어지며, 대부분 계통출하의 형태로 이루어진다.

29.② 30.④ 31.④

32 수산물 도매시장의 유통주체가 아닌 것은?

① 도매시장법인 ② 시장도매인
③ 도매물류센터 ④ 중도매인

33 수산물 도매시장의 중도매인 기능으로 옳지 않은 것은?

① 보관 및 포장 기능 ② 금융 기능
③ 가공 기능 ④ 수집 및 출하 기능

34 수산물 유통경로 중 산지 직판장 거래에 관한 설명으로 옳은 것은?

① 선도유지가 어렵다.
② 중간 유통비용이 적게 든다.
③ 저렴한 가격으로 판매가 어렵다.
④ 소비자가 수송, 보관 등을 담당한다.

ANSWER

32 수산물 도매시장의 구성원
㉠ 도매시장법인
㉡ 시장도매인
㉢ 중도매인
㉣ 매매참가인
㉤ 산지유통인

33 중도매인의 기능
㉠ 상품의 선별 기능
㉡ 평가 기능
㉢ 분하 기능
㉣ 보관 기능
㉤ 가공 기능
㉥ 금융 기능

34 ① 선도유지가 용이하다.
③ 중간 유통비용의 절감으로 소비자에게 보다 저렴한 가격으로 판매할 수 있다.
④ 어업자가 수송, 보관 등을 담당한다.

32.③ 33.④ 34.②

35 **선어의 유통에 관한 설명으로 옳지 않은 것은?**

① 일반적으로 비계통출하보다 계통출하 비중이 높다.
② 빙수장이나 빙장 등이 필요하다.
③ 고등어는 갈치의 유통경로와 매우 유사하다.
④ 선어는 원양에서 어획된 것이 대부분이다.

36 **냉동수산물에 관한 설명으로 옳지 않은 것은?**

① 냉동수산물의 유통경로는 단순하다.
② 냉동수산물의 운송은 주로 냉동탑차에 의해 이루어진다.
③ 냉동수산물은 대부분 수협 위판장을 거치지 않는다.
④ 냉동수산물은 동결 상태로 유통된다.

37 **현재 우리나라에서 생산되는 양식 어종 중 유통량이 가장 많은 것은?**

① 도다리
② 조피볼락
③ 넙치
④ 참돔

ANSWER

35 ④ 선어는 주로 우리나라의 연근해에서 어획된 것이 대부분이다.

36 ① 냉동수산물의 유통경로는 보관의 장기성, 유통 과정의 취급 용이성 등에 의해 다양하다.

37 ③ 2014년도 어류양식 총생산량은 83,437톤으로 그중 넙치류(52.0%), 조피볼락(29.5%), 숭어류(5.8%), 참돔(4.9%) 순으로 생산량이 많았다.
※ 2020년 기준 총생산량은 88,188톤으로 그중 넙치류(39.0%), 조피볼락(19.0%), 숭어류(7.4%), 가자미류(3%) 순으로 생산량이 많았다.

35.④ 36.① 37.③

38 활어의 유통에 관한 설명으로 옳지 않은 것은?

① 일반적으로 계통출하보다 비계통출하의 비중이 높다.
② 산지유통과 소비지유통으로 구분된다.
③ 공영도매시장에서 주로 이루어지고 있다.
④ 다른 수산물에 비해 차별적인 유통기술이 필요하다.

39 저온상태를 유지하면서 수산물을 유통하는 방식은?

① 수산물유통이력제
② 콜드 체인
③ 쿼터제
④ 짓가림제

40 수산물 공동판매에 속하지 않는 것은?

① 공동수송
② 공동생산
③ 공동선별
④ 공동계산

ANSWER

38 ③ 민간도매시장에서 주로 이루어지고 있다.

39 ② 저온유통을 콜드 체인이라고 하며, 2℃ 이하의 온도에서 관련 상품을 취급한다.

40 공동판매의 유형
㉠ **공동수송** : 단순히 수송만 공동으로 하는 경우를 말한다.
㉡ **공동선별** : 선별작업을 공동으로 하는 경우를 말한다.
㉢ **공동계산** : 계산을 공동으로 하는 경우를 말한다.
㉣ **공동판매** : 출하 시기 및 판매처의 조정 · 가격전략의 구사 · 홍보 등 마케팅 기능을 공동으로 수행하는 경우를 말한다.

38.③ 39.② 40.②

41 수산물 공동판매의 기능으로 옳지 않은 것은?

① 어획물 가공
② 출하 조정
③ 유통비용 절감
④ 어획물 가격제고

42 생산자 측면에서 수산물 전자상거래의 장애요인을 모두 고른 것은?

㉠ 미흡한 표준화	㉡ 어려운 반품처리
㉢ 짧은 유통기간	㉣ 낮은 운송비

① ㉠㉢ ② ㉡㉢
③ ㉠㉡㉢ ④ ㉠㉡㉢㉣

43 전어가격이 마리당 200원에서 300원으로 오르자 판매량이 600마리에서 400마리로 줄었다. 수요의 가격탄력성은?

① -1 ② $-\frac{1}{2}$
③ -2 ④ $-\frac{3}{4}$

ANSWER

41 수산물 공동판매의 기능
㉠ 어획물 가격제고 · 안정 · 유지
㉡ 유통비용 절감
㉢ 출하 조정

42 ㉠ 수산물은 품목이 다양하고 품질이 상이하기 때문에 상품의 표준화 및 규격화가 어렵다.
㉡㉢ 짧은 유통기간으로 인하여 반품처리가 어렵다.

43 $$\text{가격탄력성}(E_P) = \frac{\text{수요량변화율}}{\text{가격 변화율}} = -\frac{200}{100} = -2$$

41.① 42.③ 43.③

44 수산물 공급곡선이 우상향하는 양(+)의 기울기를 갖는 이유로 옳지 않은 것은?

① 가격 상승
② 공급량 증가
③ 보관비 및 운송비 상승
④ 수요자의 기호도 변화

45 다음은 오징어를 판매한 가격을 나타낸 것이다. 소매상의 마진율(%)은?

• 생산어가수취 : 900원	• 산지수집상 : 1,000원
• 도매상 : 1,200원	• 소매상 : 1,600원

① 10 ② 15
③ 20 ④ 25

46 수산물 가격결정에 있어 사전에 구매자와 판매자가 서로 협의하여 가격을 결정하는 방식은?

① 정가매매
② 수의매매
③ 낙찰경매
④ 서면입찰

ANSWER

44 ④ 수요에 영향을 끼치는 요인이다.
※ 가격이 상승하면 공급량이 증가하므로 공급곡선은 우상향한다. 우상향현상은 공급자의 이윤을 극대화하는 현상이다.

45 유통 마진율 = (판매가격 − 구입가격) ÷ 판매가격 × 100
소매 마진율 = (소매가격 − 중도매가격) ÷ 소매가격 × 100
$= (1,600 - 1,200) \div 1,600 \times 100 = 25$

46 수의매매란 판매자와 구매자가 직접 상대하여 가격을 흥정하여 결정하는 거래방법으로, 일반적인 도매나 소매거래에서 사용되는데 우리나라의 농수산물도매시장에서는 특수한 경우 또는 경매가 불가능한 품목에 한해 예외적으로 허용하고 있다.

44.④ 45.④ 46.②

47 수산물 마케팅 믹스 4P와 4C의 전략을 바르게 연결한 것은?

	기업관점(4P)	고객관점(4C)
①	유통경로(Place)	의사소통(Communication)
②	가격전략(Price)	고객의 비용(Cost to the Customer)
③	상품전략(Product)	편리성(Convenience)
④	촉진전략(Promotion)	고객가치(Customer Value)

48 수산물 유통 시 포장에 관한 설명으로 옳은 것을 모두 고른 것은?

> ㉠ 수산물의 신선도를 유지시켜 준다.
> ㉡ 가격의 공개로 수산물의 신뢰도를 높인다.
> ㉢ 생산내역을 명기하므로 광고 수단으로 유용하다.

① ㉡ ② ㉠㉢
③ ㉡㉢ ④ ㉠㉡㉢

ANSWER

47 마케팅 믹스 4P와 4C의 전략

기업관점(4P)	고객관점(4C)
유통경로(Place)	편리성(Convenience)
가격전략(Price)	고객의 비용(Cost To The Customer)
상품전략(Product)	고객가치(Customer Value)
촉진전략(Promotion)	의사소통(Communication)

48 식품 포장의 기능
㉠ 제품이 수송 및 취급 중에 손상을 받지 않도록 보호한다.
㉡ 식품을 오래 저장할 수 있도록 보존성을 높인다.
㉢ 밀봉 및 차단 기능을 한다.
㉣ 제품의 취급이 간편하도록 편리성을 부여한다.
㉤ 디자인이나 표시 내용을 통한 광고로 판매촉진 효과를 부여한다.
㉥ 제품의 외관을 아름답게 하여 상품성을 높인다.
㉦ 내용물에 대한 정보를 소비자에게 전달한다.
㉧ 미생물이나 유해물질의 혼입을 막아 식품의 안전성을 높인다.
㉨ 식품을 담아서 운반하고 소비되도록 분배하는 취급수단이 된다.

47.② 48.④

49 수산물 유통정책의 목적으로 옳지 않은 것은?

① 유통효율의 극대화
② 수산자원 조성
③ 가격안정
④ 식품안전성 확보

50 수산물 국제교역에 있어 특정 국가(지역) 간 배타적인 무역특혜를 상호 부여하는 협정은?

① DDA
② WTO
③ FTA
④ WHO

49 수산물 유통정책의 목적
㉠ 유통효율의 극대화
㉡ 가격안정
㉢ 가격수준의 적정화
㉣ 식품안전성 확보

50 ① 2001년 11월 14일 카타르 도하 각료회의에서 합의된 WTO 제4차 다자간 무역협상을 지칭한다. 회원국들은 도하에서 '각료선언문' 채택에 합의함으로써 이를 토대로 3년간 농업 · 서비스업 · 수산업 · 반덤핑 분야의 개별 협상을 진행해 2005년 1월 1일까지 공산품, 농산품, 서비스업 등 각 분야의 시장 개방 협상을 마친다는 계획이다.
② 세계무역기구이다. 기존의 관세 및 무역에 관한 일반협정(GATT)을 흡수, 통합해 명실공히 세계무역질서를 세우고 UR협정의 이행을 감시하는 역할을 하는 국제기구이다.
④ 보건 · 위생 분야의 국제적인 협력을 위하여 설립한 UN 전문기구이다.

49.② 50.③

Ⅲ 수확 후 품질관리론

51 콜라겐 추출을 위해 사용되는 원료는?

① 상어 껍질
② 굴 패각
③ 미역 포자엽
④ 새우 껍질

52 수산물을 삶아서 건조한 제품은?

① 굴비
② 마른 김
③ 마른멸치
④ 간고등어

53 고등어 염장 시 소금의 침투속도에 관한 설명으로 옳지 않은 것은?

① 염장온도가 높을수록 빠르다.
② 지방 함량이 적을수록 빠르다.
③ 소금의 사용량이 많을수록 빠르다.
④ 소금에 칼슘염이 많을수록 빠르다.

ANSWER

51 콜라겐은 어류의 껍질과 비늘로부터 많이 제조된다.

52 수산물을 삶아서 건조한 제품을 자건품이라고 하는데, 마른멸치, 마른전복, 마른해삼, 마른새우, 마른홍합, 마른게살 등이 있다.

53 소금의 사용량이 많을수록, 염장온도가 높을수록, 지방 함량이 적을수록 소금의 침투속도는 빠르다.

51.① 52.③ 53.④

54 **연육(Surimi) 제조를 위한 기계가 아닌 것은?**

① 레토르트(Retort)
② 리파이너(Refiner)
③ 사일런트 커터(Silent Cutter)
④ 스크루 압착기(Screw Press)

55 **급속동결과 완만동결의 특성에 관한 설명으로 옳은 것은?**

① 조직손상은 완만동결보다 급속동결이 심하다.
② 빙결정의 수는 완만동결보다 급속동결이 많다.
③ 빙결정의 크기는 완만동결보다 급속동결이 크다.
④ 빙결정의 크기와 수는 완만동결과 급속동결에 따른 차이가 없다.

56 **염장 어류에 곡류와 향신료 등의 부원료를 사용하여 숙성 발효시킨 제품은?**

① 멸치젓
② 까나리 액젓
③ 명란젓
④ 가자미 식해

ANSWER

54 레토르트는 가압하에서 100℃를 넘어 습열 살균하는 것을 의미한다. 레토르트 살균에 사용되는 부대를 레토르트 파우치, 살균된 식품을 레토르트 식품이라고 부른다.

55 ① 조직손상은 급속동결보다 완만동결이 심하다.
③④ 빙결정의 크기는 급속동결보다 완만동결이 크다.

56 식해는 어패류를 주원료로 하여 전분질과 향신료와 같은 부원료를 함께 배합하여 발효 · 숙성시킨 전통 수산 발효식품이다.

54.① 55.② 56.④

57 통조림의 진공도를 측정한 결과 진공도가 20cmHg이라면 진진공도(cmHg)는? [단, 통조림의 상부공간(Headspace) 내용적은 6.0mL이고, 진공계침(버돈관)의 내용적은 1.2mL이다.]

① 22.0cmHg
② 24.0cmHg
③ 26.0cmHg
④ 28.0cmHg

58 수산물을 냉각된 금속판 사이에서 동결시키는 장치는?

① 송풍동결장치
② 침지식동결장치
③ 접촉식동결장치
④ 액화가스동결장치

59 한천의 제조 원료는?

① 우뭇가사리
② 모자반
③ 톳
④ 김

ANSWER

57 $$\text{진진공도} = \text{측정진공도} + \left(\frac{\text{진공도}}{\text{상부공간 내용적}}\right) + \text{진공계침 내용적}$$
$$= 20 + \frac{20}{6} + 1.2 \fallingdotseq 24.53\text{cmHg}$$

58 ① 동결실 상부에 냉각 코일을 설치하고 송풍기로 하부의 냉동 대상물에 냉풍을 보내 동결시키는 것으로, 냉동 대상물을 대차에 의해 출입시키며 연속적인 냉동작업을 할 수 있다.
② 냉각 부동액(2차 냉매)에 식품을 침지하여 동결하는 것이다.
④ 저온에서 증발하는 액화가스의 증발잠열을 이용한다.

59 한천의 원료가 되는 해조류는 홍조류로, 우뭇가사리와 꼬시래기가 있다.

57.② 58.③ 59.①

60 **수산물의 품질관리를 위한 관능적 요소가 아닌 것은?**

① 색
② 맛
③ 냄새
④ 세균 수

61 **수산물에서 발생되는 바이러스성 식중독의 특징으로 옳지 않은 것은?**

① 감염 후 장기간 면역이 생성되어 재감염되지 않는다.
② 약제에 대한 내성이 강하여 제어가 곤란하다.
③ 사람과 일부 영장류의 장내에서 증식하는 특징이 있다.
④ 소량으로도 감염되며 발병율도 높다.

62 **수산물과 독소성분의 연결이 옳지 않은 것은?**

① 모시조개 : Venerupin
② 독꼬치 : Ciguatoxin
③ 개조개 : Saxitoxin
④ 진주담치 : Tetrodotoxin

ANSWER

60 관능적 요소
㉠ 껍질의 상태(색깔, 비늘 등)
㉡ 아가미의 색깔
㉢ 안구의 상태(혈액의 침출 등)
㉣ 복부(연화, 항문에 장의 내용물 노출 등)
㉤ 육의 투명감
㉥ 냄새 및 지느러미의 상처 등

61 바이러스성 식중독은 대부분은 2차 감염된다.

62 Tetrodotoxin은 복어에 들어 있는 독소성분이다.

60.④ 61.① 62.④

63 한국의 식품공전에서 수산물 중금속 관리기준이 설정되어 있지 않은 것은?

① 납
② 비소
③ 카드뮴
④ 수은

63 수산물의 중금속 기준(2022년 6월 기준)

대상식품	납(mg/kg)	카드뮴(mg/kg)	수은(mg/kg)	메틸수은(mg/kg)
어류	0.5 이하	• 0.1 이하 ※ 민물 및 회유 어류에 한한다 • 0.2 이하 ※ 해양어류에 한한다	0.5 이하 ※ 아래 어류는 제외한다	1.0 이하 ※ 아래 어류는 제외한다
연체류	2.0 이하 ※ 다만, 오징어는 1.0 이하, 내장을 포함한 낙지는 2.0 이하	2.0 이하 ※ 다만, 오징어는 1.5 이하, 내장을 포함한 낙지는 3.0 이하	0.5 이하	–
갑각류	0.5 이하 ※ 다만, 내장을 포함한 꽃게류는 2.0 이하)	1.0 이하 ※ 다만, 내장을 포함한 꽃게류는 5.0 이하	–	–
해조류	0.5 이하 ※ 미역(미역귀 포함)에 한한다	0.3 이하 ※ 김(조미김 포함) 또는 미역(미역귀 포함)에 한한다	–	–
냉동식용 어류머리	0.5 이하	–	0.5 이하 ※ 아래 어류는 제외한다	1.0 이하 ※ 아래 어류에 한한다
냉동식용 어류내장	0.5 이하 ※ 다만, 두족류는 2.0 이하	3.0 이하 ※ 다만, 어류의 알은 1.0 이하, 두족류는 2.0 이하	0.5 이하 ※ 아래 어류는 제외한다	1.0 이하 ※ 아래 어류에 한한다

※ 메틸수은 규격 적용 대상 해양어류 : 쏨뱅이류(적어포함, 연안성 제외), 금눈돔, 칠성상어, 얼룩상어, 악상어, 청상아리, 곱상어, 귀상어, 은상어, 청새리상어, 흑기흉상어, 다금바리, 체장메기(홍메기), 블랙오레오도리(Allocyttus niger), 남방달고기(Pseudocyttus maculatus), 오렌지라피(Hoplostethus atlanticus), 붉평치, 먹장어(연안성 제외), 흑점샛돔(은샛돔), 이빨고기, 은민대구(뉴질랜드계군에 한함), 은대구, 다랑어류, 돛새치, 청새치, 녹새치, 백새치, 황새치, 몽치다래, 물치다래

63.②

64 위해요소중점관리(HACCP)의 7원칙 중 식품의 위해를 사전에 방지하고 안전성을 확보할 수 있는 단계는?

① 기록관리
② 시정조치 설정
③ 검증방법 설정
④ 중요관리점 설정

64 HACCP 7원칙

㉠ 위해요소 분석 : 위해요소(Hazard) 분석은 HACCP팀이 수행하며, 이는 제품설명서에서 파악된 원·부재료별로, 그리고 공정흐름도에서 파악된 공정/단계별로 구분하여 실시한다. 이 과정을 통해 원·부재료별 또는 공정/단계별로 발생 가능한 모든 위해요소를 파악하여 목록을 작성하고, 각 위해요소의 유입경로와 이들을 제어할 수 있는 수단(예방수단)을 파악하여 기술하며, 이러한 유입경로와 제어수단을 고려하여 위해요소의 발생 가능성과 발생 시 그 결과의 심각성을 감안하여 위해(Risk)를 평가한다.

㉡ 중요관리점 결정 : 위해요소분석이 끝나면 해당 제품의 원료나 공정에 존재하는 잠재적인 위해요소를 관리하기 위한 중요관리점을 결정해야 한다. 중요관리점이란 위해요소분석에서 파악된 위해요소를 예방, 제거 또는 허용 가능한 수준까지 감소시킬 수 있는 최종 단계 또는 공정을 말한다.

㉢ CCP 한계기준 설정 : HACCP팀이 각 CCP에서 취해져야 할 예방조치에 대한 한계기준을 설정하는 것이다. 한계기준은 CCP에서 관리되어야 할 생물학적, 화학적 또는 물리적 위해요소를 예방, 제거 또는 허용 가능한 안전한 수준까지 감소시킬 수 있는 최대치 또는 최소치를 말하며, 안전성을 보장할 수 있는 과학적 근거에 기초하여 설정되어야 한다.

㉣ CCP 모니터링체계 확립 : 모니터링이란 CCP에 해당되는 공정이 한계기준을 벗어나지 않고 안정적으로 운영되도록 관리하기 위하여 종업원 또는 기계적인 방법으로 수행하는 일련의 관찰 또는 측정수단이다. 모니터링 체계를 수립하여 시행하게 되면 첫째, 작업과정에서 발생되는 위해요소의 추적이 용이하며, 둘째, 작업공정 중 CCP에서 발생한 기준 이탈(Deviation) 시점을 확인할 수 있으며, 셋째, 문서화된 기록을 제공하여 검증 및 식품사고 발생 시 증빙자료로 활용할 수 있다.

㉤ 개선조치 방법 수립 : HACCP 계획은 식품으로 인한 위해요소가 발생하기 이전에 문제점을 미리 파악하고 시정하는 예방체계이므로, 모니터링 결과 한계기준을 벗어날 경우 취해야 할 개선조치 방법을 사전에 설정하여 신속한 대응조치가 이루어지도록 하여야 한다.

㉥ 검증절차 및 방법 수정 : HACCP팀은 HACCP 시스템이 설정한 안전성 목표를 달성하는 데 효과적인지, HACCP 관리계획에 따라 제대로 실행되는지, HACCP 관리계획의 변경 필요성이 있는지를 확인하기 위한 검증절차를 설정하여야 한다. HACCP팀은 이러한 검증활동을 HACCP 계획을 수립하여 최초로 현장에 적용할 때, 해당식품과 관련된 새로운 정보가 발생되거나 원료·제조공정 등의 변동에 의해 HACCP 계획이 변경될 때 실시하여야 한다. 또한, 이 경우 이외에도 전반적인 재평가를 위한 검증을 연 1회 이상 실시하여야 한다.

㉦ 문서화, 기록유지 방법 설정 : 기록유지는 HACCP 체계의 필수적인 요소이며, 기록유지가 없는 HACCP 체계의 운영은 비효율적이며 운영근거를 확보할 수 없기 때문에 HACCP 계획의 운영에 대한 기록의 개발 및 유지가 요구된다. HACCP 체계에 대한 기록유지 방법 개발에 접근하는 방법 중의 하나는 이전에 유지 관리하고 있는 기록을 검토하는 것이다. 가장 좋은 기록유지 체계는 필요한 기록내용을 알기 쉽게 단순하게 통합한 것이다. 즉, 기록유지 방법을 개발할 때에는 최적의 기록담당자 및 검토자, 기록시점 및 주기, 기록의 보관 기간 및 장소 등을 고려하여 가장 이해하기 쉬운 단순한 기록서식을 개발하여야 한다.

64.④

65 **송어양식장 위해요소중점관리(HACCP)의 선행요건 중 위생관리 항목으로 옳은 것을 모두 고른 것은?**

㉠ 사용용수의 위생안전 관리	㉡ 생산량의 기록 관리
㉢ 교차오염의 방지	㉣ 화장실의 위생 관리

① ㉠㉡

② ㉠㉡㉢

③ ㉠㉢㉣

④ ㉠㉡㉢㉣

66 **수산물 식중독균에 관한 설명으로 옳지 않은 것은?**

① Campylobacter Jejuni는 멸치 내장에 존재한다.

② Listeria Monocytogenes는 냉장온도에서도 증식할 수 있다.

③ Vibrio Vulnificus는 패혈증을 일으키는 병원균으로 어패류 등에서 발견된다.

④ Vibrio Parahaemolyticus는 해수 또는 기수에 서식하는 호염성 세균이다.

ANSWER

65 HACCP 추진을 위한 식품제조 · 가공업소의 주요 선행요건 관리 사항

㉠ **영업장** : 작업장, 건물 바닥 · 벽 · 천장, 배수 및 배관, 출입구, 통로, 창, 채광 및 조명, 부대시설(화장실 · 탈의실 등)

㉡ **위생관리** : 작업 환경 관리(동선 계획 및 공정 간 오염방지, 온도 · 습도 관리, 환기시설 관리, 방충 · 방서 관리), 개인위생 관리, 폐기물 관리, 세척 또는 소독

㉢ **제조 · 가공 시설 · 설비 관리** : 제조시설 및 기계 · 기구류 등 설비관리

㉣ 냉장 · 냉동시설 · 설비 관리

㉤ 용수관리

㉥ **보관 · 운송관리** : 구입 및 입고, 협력업소 관리, 운송, 보관

㉦ **검사 관리** : 제품검사, 시설 설비 기구 등 검사

㉧ 회수 프로그램 관리

66 Camphylobacter는 포유류의 장관 내에 존재한다.

65.③ 66.①

67 0℃의 물 1톤을 하루 동안 0℃의 얼음으로 동결하고자 할 때 시간 당 제거해야 할 열량(kcal/hr)은? (단, 얼음의 융해잠열은 79.68kcal/kg이며, 기타 조건은 고려하지 않음)

① 33.20 ② 79.68
③ 3,320 ④ 79,680

68 다음과 같은 특징을 갖고 있는 기생충은?

㉠ 오렌지색으로 비교적 대형이다. ㉡ 어류의 내장에서 흔히 발생된다. ㉢ 명태에 흔하며 대구, 청어 및 가자미류에서도 발견된다.

① 광절열두조충 ② 고래회충
③ 구두충 ④ 간흡충

69 수산물 포장에 관한 설명으로 옳지 않은 것은?

① 제품의 수송 및 취급 중 손상되기 쉽다.
② 내용물에 대한 정보를 소비자에게 제공한다.
③ 유해물질의 혼입을 차단해 준다.
④ 제품의 취급이 간편하여 편의성을 제공한다.

ANSWER

67 $1RT = 1{,}000\text{kg} \times 79.68kcal/kg \div 24h$
$= 3{,}320kcal/hr$

68 ① 사람 및 개, 고양이 등의 주로 회장(回腸)에서 기생하는 3 ~ 10m에 이르는 대형 조충이다.
② 선형동물의 속의 미생물로 유충이 인체에 기생하여 고래회충증을 일으킨다.
④ 간흡충, 타이간흡충, 고양이간흡충은 후고흡충과에 속하는 포유류의 담관 내 흡충이다.

69 수산물 포장은 제품이 수송 및 취급 중에 손상을 받지 않도록 보호하는 기능을 한다.

67.③ 68.③ 69.①

70 종이류 포장재료의 일반적 특징으로 옳지 않은 것은?

① 접착 가공이 용이하고 개봉이 쉽다.
② 재활용 또는 폐기물처리가 어렵다.
③ 원료를 쉽게 구할 수 있고 가격이 저렴하다.
④ 가볍고 적당한 강직성이 있어 기계적으로 가공하기 쉽다.

71 ATP(Adenosine Triphosphate) 분해 생성물을 지표로 하여 어류의 신선도를 측정하는 방법은?

① K값 측정법
② 인돌 측정법
③ 아미노질소 측정법
④ 휘발성염기질소 측정법

72 어류의 사후변화 과정을 순서대로 나열한 것은?

㉠ 사후경직	㉡ 해당작용
㉢ 해경	㉣ 자가소화
㉤ 부패	

① ㉠ − ㉢ − ㉣ − ㉡ − ㉤
② ㉡ − ㉠ − ㉢ − ㉣ − ㉤
③ ㉢ − ㉣ − ㉡ − ㉠ − ㉤
④ ㉣ − ㉡ − ㉠ − ㉢ − ㉤

ANSWER

70 ② 종이류 포장재료는 재활용 또는 폐기물처리가 용이하다.

71 K값 측정법은 전 ATP 관련 화합물에 대한 HxR(이노신) 및 Hx(하이포크산틴)의 합계량의 비를 구하고, 그 비율이 높은 것일수록 선도는 저하하고 있다고 판정한다.

72 어패류의 사후변화 … 해당작용 → 사후경직 → 해경 및 자가소화 → 부패

70.② 71.① 72.②

73 **기계적으로 − 1 ~ 2℃ 정도로 만든 바닷물에 어패류를 침지시키는 저온 저장 방법은?**

① 쇄빙법
② 수빙법
③ 냉각 해수법
④ 드라이아이스법

74 **수산가공 원료의 일반적인 특성이 아닌 것은?**

① 어획시기의 한정성
② 어획장소의 한정성
③ 생산량의 계획성
④ 어종의 다양성

75 **선상에서의 어획물 선별 및 상자담기에 관한 설명으로 옳지 않은 것은?**

① 신속히 처리한다.
② 어획물에 상처가 나지 않도록 주의하여야 한다.
③ 상자당 어종별 크기별로 구분해서 담는다.
④ 어종에 관계없이 등을 위로 향하는 배립형으로 담는다.

ANSWER

73 ① 쇄빙법(碎氷法) : 얼음조각과 어채를 섞어서 냉각시키는 방법이다. 어체가 납작하고 큰 것은 얼음과 어체를 교대로 한 켜씩 놓기도 한다. 아주 큰 어체는 내장을 제거한 공간이나 아가미에 얼음을 밀어 넣는데 이런 것을 포빙법(抱氷法)이라 한다.
② 수빙법(水氷法) : 담수나 해수에 얼음을 섞어서 0℃ 또는 2℃ 이하의 온도로 된 액체에 어체를 투입하여 냉각시키는 방법이다. 청색의 생선을 빙장하면 퇴색이 되는데 해수나 염수를 써서 수빙법으로 저장하면 빛깔이 유지된다.
④ 드라이아이스는 고체상태에서 녹아 바로 기체로 변화하는 승화성을 띠기 때문에 주위의 열을 흡수하여 온도를 급격히 낮춘다. 그러므로 함께 담겨진 물질을 차갑게 유지시키는 냉각제로 널리 쓰인다.

74 수산물은 계획생산이 가장 어려운 산업이다. 어획 종류나 양을 예측하기 힘들며, 해류나 기상의 영향을 많이 받기 때문이다.

75 입상 배열방법은 어종이나 용도 및 예정 저장 기간을 고려하여 적절히 선택하도록 해야 한다.

73.③ 74.③ 75.④

Ⅳ 수산 일반

76 수산업법에서 정의하고 있는 수산업은?

① 어업, 양식어업, 조선업
② 어업, 어획물운반업, 수산물가공업
③ 양식어업, 해운업, 원양어업
④ 수산물가공업, 연안여객선업, 내수면어업

77 2012 ~ 2014년간 정부 수산통계에서 국내 총 수산물 생산량이 가장 많은 어업으로 옳은 것은?

① 양식어업 ② 원양어업
③ 연근해어업 ④ 내수면어업

ANSWER

76 "수산업"이란 어업 · 양식업 · 어획물운반업 및 수산물가공업을 말한다〈수산업법 제2조〉.

77 우리나라 어업생산통계(2012 ~ 2014년) (단위 : 천 톤)

어업별 \ 연도별	2012년	2013년	2014년
일반해면어업	1,091.0	1,044.7	1,059.2
천해양식어업	1,488.9	1,515.2	1,546.8
원양어업	575.3	549.9	669.1
내수면어업	28.1	25.4	29.8

※ 우리나라 어업생산통계(2015 ~ 2020년) (단위 : 천 톤)

어업별 \ 연도별	2015년	2016년	2017년	2018년	2019년	2020년	2021년
일반해면어업	1,058.3	929.8	926.9	1,012.5	911.8	932.3	941.0
천해양식어업	1,667.9	1,837.6	2,315.8	2,250.5	2,410.0	2,309.2	2,397.4
원양어업	578.1	454.1	470.4	493.0	503.7	437.0	439
내수면어업	33.1	35.4	36.1	35.2	35.2	33.9	42.7

76.② 77.①

78 **우리나라에서 어선의 크기를 표시하는 단위로 옳은 것은?**

① 마력　　② 해리
③ 톤　　④ 마일

79 **우리나라 수산업의 지속적인 발전을 위한 내용으로 옳지 않은 것은?**

① 수산물의 안정적 공급　　② 외국과의 어업 협력 강화
③ 연근해의 어선 세력 확대　　④ 수산자원의 조성

80 **수산업법상 수산업 관리제도와 유효기간의 설명으로 옳은 것을 모두 고른 것은?**

㉠ 면허어업은 10년이다.　　㉡ 허가어업은 10년이다.
㉢ 신고어업은 5년이다.　　㉣ 등록어업은 5년이다.

① ㉠㉡　　② ㉠㉢
③ ㉡㉣　　④ ㉢㉣

78　선박의 톤수는 선박의 크기를 나타낸다.

79　우리나라 수산업의 지속적인 발전을 위한 방안
㉠ 인공 어초 형성, 인공 종묘 방류 등에 의한 자원 조성
㉡ 어선의 대형화와 어항시설의 확충 및 영어 자금지원의 확대
㉢ 어업과 양식의 신기술 개발
㉣ 원양어업의 지속적 육성을 위하여 새 해양질서에 대처한 외교 강화, 해외 어업 협력 강화, 새로운 어장의 개척
㉤ 어업 경영의 합리화
㉥ 수산물의 안정적 공급
㉦ 수출 시장의 다변화
㉧ 원양 어획물의 가공 · 공급의 확대 및 수산 가공품의 품질 고급화
㉨ 어민 후계자 육성 대책 마련

80　㉡ 어업허가의 유효기간은 5년으로 한다. 다만, 어업허가의 유효기간 중에 허가받은 어선 · 어구 또는 시설을 다른 어선 · 어구 또는 시설로 대체하거나 어업허가를 받은 자의 지위를 승계한 경우에는 종전 어업허가의 남은 기간으로 한다〈수산업법 제46조(어업허가 등의 유효기간) 제1항〉.
㉣ 수산업에 관한 기본법인 수산업법에 따르면, 어업을 크게 면허어업 · 허가어업 · 신고어업로 나누고 있다. 등록어업은 존재하지 않는다.

78.③　79.③　80.②

81 **우리나라에서 멸치를 가장 많이 어획하는 어업의 명칭은?**

① 대형선망어업 ② 기선권현망어업
③ 잠수기어업 ④ 근해채낚기어업

82 **다랑어류의 자원관리를 위한 지역수산관리기구로 옳은 것은?**

① 국제해사기구(IMO) ② 국제포경위원회(IWC)
③ 남극해양생물자원보존위원회(CCAMLR) ④ 중서부태평양수산위원회(WCPFC)

83 **총허용어획량(Total Allowable Catch)제도에 관한 내용으로 옳지 않은 것은?**

① 수산자원관리의 운영체계
② 과학적인 수산자원 평가
③ 어업이 개시되기 전에 어획가능량 설정
④ 어선어업의 경쟁적 조업 유도

ANSWER

81 멸치는 기선권현망, 유자망, 정치망, 낭장망, 연안들망, 죽방렴 등 30여 개의 다양한 어업에서 어획되고 있지만 주로 기선권현망어업에서 50 ~ 60% 이상을 어획하고 있다.

82 ① 해상의 안전과 항해의 능률을 위하여 해운에 영향을 미치는 각종 기술적 사항과 관련된 정부 간 협력을 촉진하고, 선박에 의한 해상오염을 방지하고, 국제해운과 관련된 법적 문제를 해결하는 임무를 수행하는 UN산하의 국제기구이다.
② 무분별한 고래 남획을 규제하기 위해 1946년 만들어진 국제기구이다.
③ 남극 주변해역을 관할구역으로 하여 남극해양생물의 보존 및 합리적 이용을 위해 1981년에 설립된 국제기구로 대한민국은 1985년 4월 28일 가입하였다.

83 ④ 어선어업의 경쟁적 조업 유도하고는 관련이 없다.
※ **총허용어획량**(Total Allowable Catch)**제도** … TAC은 수산 자원을 합리적으로 관리하기 위하여 어종별로 연간 잡을 수 있는 상한선을 정하고, 그 범위 내에서 어획할 수 있도록 하는 것이다. 세계적으로 어족 자원의 고갈을 방지하기 위하여 각국은 TAC으로 어획량을 규제하고 있다. 고갈되어 가고 있거나 보호해야 할 어종에 대해서 보다 현실적이고 직접적으로 어획량 자체를 조정 · 관리하는 방법이 수산 자원의 관리 수단으로 이용되고 있는데, TAC이 바로 그런 수단의 하나이다. 우리나라도 우리 수역 내의 수산 자원을 보호하고 관리하기 위하여 수산자원보호령을 제정해 놓았는데, 이 법령 안에는 어종별로 보호 규정들이 세심하게 마련되어 있다.

81.② 82.④ 83.④

84 **수산업법상 면허어업이 맞는 것은?**

① 어류등양식어업
② 해조류양식어업
③ 패류양식어업
④ 마을어업

85 **다음의 해조류 중 갈조류가 아닌 것은?**

① 김
② 모자반
③ 미역
④ 다시마

86 **해조류의 양식 방법이 아닌 것은?**

① 말목식
② 부류식
③ 밧줄식
④ 순환여과식

ANSWER

84 면허어업 … 다음의 어느 하나에 해당하는 어업을 하려는 자는 시장 · 군수 · 구청장의 면허를 받아야 한다〈수산업법 제8조 제1항〉.
㉠ 정치망어업 : 일정한 수면을 구획하여 대통령령으로 정하는 어구(漁具)를 일정한 장소에 설치하여 수산동물을 포획하는 어업
㉡ 마을어업 : 일정한 지역에 거주하는 어업인이 해안에 연접한 일정한 수심(水深) 이내의 수면을 구획하여 패류 · 해조류 또는 정착성(定着性) 수산동물을 관리 · 조성하여 포획 · 채취하는 어업

85 김은 홍조류이다.

86 순환여과식은 유영동물의 양식 방법이다.

84.④ 85.① 86.④

87 어류양식에서 발병하는 세균성 질병이 아닌 것은?

① 림포시스티스(Lymphocystis)병
② 아에로모나스(Aeromonas)병
③ 에드워드(Edward)병
④ 비브리오(Vibrio)병

88 활어 운반과정에서 고려해야 할 기본적인 사항으로 옳지 않은 것은?

① 운반용수의 저온유지 및 조절
② 사료의 충분한 공급
③ 산소의 적정한 보충
④ 오물의 적기 제거

89 미역양식에서 가이식(假移植)을 하는 주된 목적으로 옳은 것은?

① 유엽체의 성장 촉진
② 유주자의 방출 촉진
③ 아포체의 성장 촉진
④ 배우체의 발아 성장 촉진

90 올챙이 모양(尾蟲形)의 유생으로 부화하여 유영생활 후 부착하는 품종으로 옳은 것은?

① 전복
② 가리비
③ 우렁쉥이(멍게)
④ 굴

ANSWER

87 넙치, 농어, 참돔, 가자미 등의 담수 및 해수어 또는 야생어에서도 발생하며, 이 질병을 일으키는 원인체는 DNA 바이러스인 이리도바이러스(Iridovirus)이다.

88 활어운반을 하기 전에 2 ~ 3일 정도는 굶겨서 장을 깨끗하게 비워놔야 한다. 활어차에 있는 탱크나 비닐봉지 등에 들어가게 되면 물고기들은 극심한 스트레스를 받는다. 이 과정에서 먹은 것을 토하는 등의 문제로 수질이 악화될 수 있으므로 사료를 주어서는 안 된다.

89 미역양식에서 가이식은 씨줄에 감긴 채 아포체를 해수에 담가 성장을 촉진시킨다.

90 우렁쉥이는 유생 때는 올챙이와 같은 모양으로 헤엄치며 다니다 고형물에 붙어 자란다. 한 개체가 정소와 난소를 모두 가지고 있는 자웅 동체이고, 이들은 번식할 때 무성 생식과 유성 생식 두 가지 방법을 사용한다.

87.① 88.② 89.③ 90.③

91 다음 조건에서의 사료계수는?

> • 한 마리 평균 10g인 뱀장어 치어 5,000마리를 길러서 성어 550kg을 생산하였다.
> • 사용된 총 사료의 공급량은 1,000kg이다.

① 1 ② 2
③ 3 ④ 5

92 우리나라에서 현재 완전양식으로 생산되는 어종이 아닌 것은?

> 완전양식이란 양식한 어미로부터 종묘(종자)를 생산하고, 이 종묘(종자)를 길러서 어미로 키우는 것을 말한다.

① 넙치(광어) ② 조피볼락(우럭)
③ 무지개송어 ④ 뱀장어

93 고등어의 연령을 파악하기 위해 이용되는 것으로 옳은 것은?

① 이석(耳石) ② 부레
③ 측선(側線) ④ 아가미

ANSWER

91 사료계수 = 먹인 총사료량(건조중량) ÷ 체중 순증가량(습중량)
= 1,000kg ÷ {550kg − (5,000 × 10g)} = 1,000kg ÷ (550kg − 50kg)
= 2

92 뱀장어 양식은 천연 뱀장어의 치어를 잡아 기르는 형태로 이루어진다.

93 이석(耳石) … 어류 내벽의 분비물에 의해 형성된 딱딱한 석회질의 돌로, 고등어의 경우 이석을 추출해서 절단, 영구 표본을 만든 다음 영상분석 시스템으로 촬영해서 길이를 측정하면 연령을 알 수 있다.

91.② 92.④ 93.①

94 연골어류가 아닌 것은?

① 두툽상어　　② 쥐가오리
③ 참다랑어　　④ 홍어

95 수산생물의 서식에 영향을 미치는 환경요인 중 물리적 요인이 아닌 것은?

① 수온　　② 해수유동
③ 광선　　④ 먹이생물

96 어구를 고정하고 조류의 힘에 의해 해저 가까이에 있는 어군을 어획하는 어업은?

① 근해안강망어업　　② 기선선망어업
③ 근해트롤어업　　④ 근해채낚기어업

ANSWER

94 참다랑어는 경골어류에 해당한다.

95 물리적 요인 … 수온, 염분, 광선, 투명도, 해수의 유동, 지형 등

96 근해안강망어업 … 닻으로 그물을 지지하고 긴 자루모양의 그물 입구에 전개장치를 부착하여 입구를 좌우로 전개시키는 방법을 사용하며 조류를 따라 그물이 회전하므로 조작 없이도 두 방향 모두에서 어획이 가능하다. 조류의 힘에 의하여 어군이 그물 안으로 들어가도록 하여 어획하는 강제 함정어법의 일종이며 수심에 관계없이 조업이 가능하다.

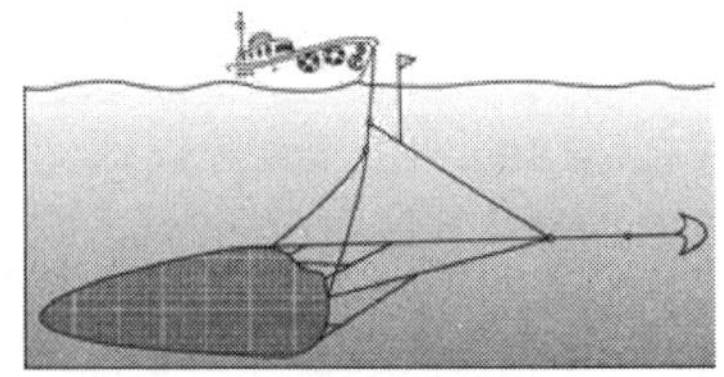

94.③ 95.④ 96.①

97 어로 과정에서 밝은 불빛(집어등)을 이용하여 어획하는 어종으로 옳은 것은?

① 명태 ② 오징어
③ 대게 ④ 대구

98 우리나라의 연안에서 서식하는 전복류 중 난류종(계)이 아닌 것은?

① 참전복 ② 오분자기
③ 말전복 ④ 시볼트전복

99 수산자원의 계군을 식별하는 방법 중 회유경로를 추적할 수 있는 조사 방법으로 옳은 것은?

① 형태학적 방법 ② 생리학적 방법
③ 표지방류 방법 ④ 조직학적 방법

ANSWER

97 오징어는 수직운동이 심해 낮에는 100 ~ 200미터 깊이에 있다가 밤이 되면 얕은 수면으로 올라와 소형 어류를 잡아먹는다. 이때 행동이 공격적이면서 불빛에 잘 모이는데 이 습성을 이용하여 채서 낚는 채낚기가 대표적인 어법이다. 채낚기는 플라스틱, 나무, 납으로 미끼 모양을 만들어 낚시채에 붙인다. 색채를 넣거나 형광물질을 발라 자연산 미끼처럼 보이도록 하고 집어등으로 어획 효과를 높이는 게 특징이다. 어선들은 1 ~ 2킬로와트의 백열등을 수십 개씩 사용하거나 아크 방전식으로 30 ~ 130킬로와트 정도까지 밝힌다. 집어등은 배의 가장자리 안쪽에 설치하되, 불빛이 수중에 투과하는 각이 20도 내외가 되게 하여 낚시가 보이지 않도록 한다. 조업시간은 해가 진 직후부터 해가 뜰 때까지이며 일몰 직후와 일출 직전에 잘 걸린다.

98 참전복은 한류계에 해당한다.

99 **표지방류법** … 수산자원의 한 군집 내의 일부 개체에 표지를 적당한 부위에 붙여서 본래의 환경에 방류했다가 다시 회수하여 그 자원의 동태를 연구하는 방법이다. 자원량의 간접적 추정, 회유, 경로의 추적, 이동 속도, 분포 범위, 귀소성, 연령, 성장률, 인공 부화 방류의 효과 등을 추정할 수 있다.

97.② 98.① 99.③

100 **수산자원 관리 방법 중 환경관리에 해당되지 않는 것은?**

① 수질개선
② 성육장소 개선
③ 바다숲 조성
④ 어획량 규제

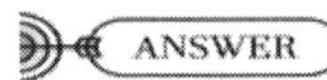

100 **환경관리** … 수산 생물에게 적절한 환경을 인위적으로 유지 또는 조성하여 성육환경을 개선하고, 바다 숲을 조성하여 각종 생물을 모으고, 자연 사망을 줄이는 종합적인 자원 증강의 수단이다. 어획량 규제는 환경관리에 해당하지 않는다.

100.④

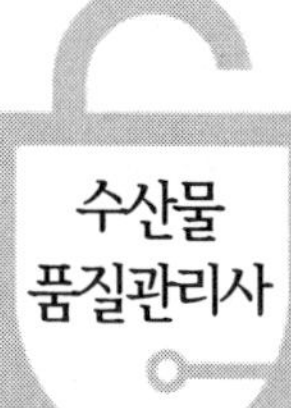

제2회 수산물품질관리사 | 2016년 9월 3일 시행

Ⅰ 수산물 품질관리 관련 법령

1 농수산물 품질관리법령상 과태료 부과 대상에 해당하는 것은?

① 제한된 지정해역에서 수산물을 생산한 자

② 유전자변형농수산물을 판매하면서, 해당 농수산물에 유전자변형농수산물임을 표시하지 않은 자

③ 품질인증품의 표시를 한 수산물에 품질인증품이 아닌 수산물을 혼합하여 판매할 목적으로 진열한 자

④ 해양수산부장관이 정하여 고시한 수산가공품을 수출 상대국의 요청에 의해 검사한 경우, 그 결과에 대해 과대광고를 한 자

1 유전자변형농수산물을 생산하여 출하하는 자, 판매하는 자, 또는 판매할 목적으로 보관·진열하는 자는 대통령령으로 정하는 바에 따라 해당 농수산물에 유전자변형농수산물임을 표시하여야 한다. 이를 위반하여 유전자변형농수산물의 표시를 하지 아니한 자에게는 1천만 원 이하의 과태료를 부과한다〈농수산물 품질관리법 제123조(과태료) 제1항〉.

1.②

2 **농수산물 품질관리법령상 수산물 품질인증 취소사유에 해당하지 않는 것은?**

① 의무표시 사항이 누락된 경우
② 품질인증 기준에 현저하게 맞지 아니한 경우
③ 거짓이나 그 밖의 부정한 방법으로 인증을 받은 경우
④ 폐업으로 품질인증품 생산이 어렵다고 판단되는 경우

3 **농수산물 품질관리법령상 해양수산부장관의 사전 승인을 받은 지리적표시권을 타인에게 이전 또는 승계할 수 있는 경우에 해당하는 것은?**

① 법인 자격으로 등록한 지리적표시권자인 법인이 해산된 경우
② 법인 자격으로 등록한 지리적표시권자가 법인명을 개정하는 경우
③ 개인 자격으로 등록한 지리적표시권자가 타인에게 매도하고자 하는 경우
④ 개인 자격으로 등록한 지리적표시권자가 폐업하고자 하는 경우

ANSWER

2 **품질인증의 취소** … 해양수산부장관은 품질인증을 받은 자가 다음의 어느 하나에 해당하면 품질인증을 취소할 수 있다. 다만, ㉠에 해당하면 품질인증을 취소하여야 한다〈농수산물 품질관리법 제16조〉.
㉠ 거짓이나 그 밖의 부정한 방법으로 인증을 받은 경우
㉡ 품질인증의 기준에 현저하게 맞지 아니한 경우
㉢ 정당한 사유 없이 품질인증품 표시의 시정명령, 해당 품목의 판매금지 또는 표시정지 조치에 따르지 아니한 경우
㉣ 업종전환 · 폐업 등으로 인하여 품질인증품을 생산하기 어렵다고 판단되는 경우

3 **지리적표시권의 이전 및 승계** … 지리적표시권은 타인에게 이전하거나 승계할 수 없다. 다만, 다음의 어느 하나에 해당하면 농림축산식품부장관 또는 해양수산부장관의 사전 승인을 받아 이전하거나 승계할 수 있다〈농수산물 품질관리법 제35조〉.
㉠ 법인 자격으로 등록한 지리적표시권자가 법인명을 개정하거나 합병하는 경우
㉡ 개인 자격으로 등록한 지리적표시권자가 사망한 경우

2.① 3.②

4 농수산물 품질관리법령상 수산물의 지리적표시 등록거절 사유의 세부기준에 해당하지 않은 것은?

① 해당 품목이 지리적표시 대상지역에서 생산된 수산물인 경우

② 해당 품목의 우수성이 국내나 국외에서 널리 알려지지 않은 경우

③ 해당 품목이 지리적표시 대상지역에서 생산된 역사가 깊지 않은 경우

④ 해당 품목의 명성 · 품질이 본질적으로 특정지역의 생산환경적 요인이나 인적 요인에 기인하지 않는 경우

5 농수산물 품질관리법령상 우수표시품의 사후관리 등에 관한 설명으로 옳지 않은 것은?

① 우수표시품 조사 시 긴급한 경우에는 조사의 일시, 목적 등을 조사대상자에게 알리지 않을 수 있다.

② 우수표시품 조사 시 관계공무원은 그 권한을 표시하는 증표를 지니고, 이를 관계인에게 보여주어야 한다.

③ 해양수산부장관은 우수표시품이 해당 인증기준에 미치지 못하는 경우 인증을 취소할 수 있다.

④ 해양수산부장관은 우수표시품이 표시된 규격에 미치지 못하는 경우 표시정지의 조치를 할 수 있다.

ANSWER

4 지리적표시의 등록거절 사유의 세부기준〈농수산물 품질관리법 시행령 제15조〉

㉠ 해당 품목이 지리적표시 대상지역에서만 생산된 농수산물이 아니거나 이를 주원료로 하여 해당 지역에서 가공된 것이 아닌 경우

㉡ 해당 품목의 우수성이 국내 및 국외에서 모두 널리 알려지지 아니한 경우

㉢ 해당 품목이 지리적표시 대상지역에서 생산된 역사가 깊지 않은 경우

㉣ 해당 품목의 명성 · 품질 또는 그 밖의 특성이 본질적으로 특정지역의 생산환경적 요인과 인적 요인 모두에 기인하지 아니한 경우

㉤ 그 밖에 농림축산식품부장관 또는 해양수산부장관이 지리적표시 등록에 필요하다고 인정하여 고시하는 기준에 적합하지 않은 경우

5 우수표시품에 대한 시정조치 … 농림축산식품부장관 또는 해양수산부장관은 표준규격품 또는 품질인증품이 다음의 어느 하나에 해당하면 대통령령으로 정하는 바에 따라 그 시정을 명하거나 해당 품목의 판매금지 또는 표시정지의 조치를 할 수 있다〈농수산물 품질관리법 제31조 제1항〉.

㉠ 표시된 규격 또는 해당 인증 · 등록 기준에 미치지 못하는 경우

㉡ 업종전환 · 폐업 등으로 해당 품목을 생산하기 어렵다고 판단되는 경우

㉢ 해당 표시방법을 위반한 경우

4.① 5.③

6 **농수산물 품질관리법령상 유전자변형수산물의 표시대상품목을 고시하는 기관의 장은?**

① 해양수산부장관
② 식품의약품안전처장
③ 국립수산과학원장
④ 국립수산물품질관리원장

7 **농수산물 품질관리법령상 수산물안전성조사에 관한 설명으로 옳지 않은 것은?**

① 해양수산부장관은 어장 등에 내하여 안전성조사결과 생산단계 안전기준을 위반한 경우 해당 수산물의 폐기 등의 조치를 할 수 있다.
② 안전성조사를 위하여 관계공무원은 해당 수산물을 생산 · 저장하는 자의 관계 장부나 서류를 열람할 수 있다.
③ 시 · 도지사 및 시장 · 군수 · 구청장은 관할 지역에서 생산 · 유통되는 수산물의 안전성확보를 위한 세부추진계획을 수립 · 시행하여야 한다.
④ 시 · 도지사는 안전성조사를 위하여 필요한 경우 관계공무원에게 무상으로 시료수거를 하게 할 수 있다.

ANSWER

6 유전자변형농수산물의 표시대상품목은 「식품위생법」에 따른 안전성 평가 결과 식품의약품안전처장이 식용으로 적합하다고 인정하여 고시한 품목으로 한다〈농수산물 품질관리법 시행령 제19조(유전자변형 농산물의 표시대상)〉.

7 ① **안전성조사 결과에 따른 조치** … 식품의약품안전처장이나 시 · 도지사는 생산과정에 있는 농수산물 또는 농수산물의 생산을 위하여 이용 · 사용하는 농지 · 어장 · 용수 · 자재 등에 대하여 안전성조사를 한 결과 생산단계 안전기준을 위반한 경우에는 해당 농수산물을 생산한 자 또는 소유한 자에게 다음의 조치를 하게 할 수 있다〈농수산물 품질관리법 제63조 제1항〉.
㉠ 해당 농수산물의 폐기, 용도전환, 출하 연기 등의 처리
㉡ 해당 농수산물의 생산에 이용 · 사용한 농지 · 어장 · 용수 · 자재 등의 개량 또는 이용 · 사용의 금지
㉢ 그 밖에 총리령으로 정하는 조치

②④ **시료 수거 등** … 식품의약품안전처장이나 시 · 도지사는 안전성조사, 농수산물의 위험평가 규정에 따른 위험평가 또는 잔류조사를 위하여 필요하면 관계 공무원에게 다음의 시료 수거 및 조사 등을 하게 할 수 있다. 이 경우 무상으로 시료 수거를 하게 할 수 있다〈농수산물 품질관리법 제62조 제1항〉.
㉠ 농수산물과 농수산물의 생산에 이용 · 사용되는 토양 · 용수 · 자재 등의 시료 수거 및 조사
㉡ 해당 농수산물을 생산, 저장, 운반 또는 판매(농산물만 해당한다)하는 자의 관계 장부나 서류의 열람

③ 시 · 도지사 및 시장 · 군수 · 구청장은 관할 지역에서 생산 · 유통되는 농수산물의 안전성을 확보하기 위한 세부추진계획을 수립 · 시행하여야 한다〈농수산물 품질관리법 제60조(안전관리계획) 제2항〉.

6.② 7.①

8 농수산물 품질관리법령상 지정해역이 위생관리기준에 맞지 않을 경우 수산물 생산을 제한할 수 있는 경우에 해당하지 않는 것은?

① 선박의 충돌로 해양오염이 발생한 경우
② 지정해역이 일시적으로 위생관리기준에 적합하지 않게 된 경우
③ 강우량의 변화로 지정해역의 오염이 우려되어 해양수산부장관이 수산물의 생산 제한이 필요하다고 인정하는 경우
④ 적조 · 냉수대 등의 영향으로 수산물 폐사가능성이 우려되는 경우

9 농수산물 품질관리법령상 수산물품질관리사의 직무에 해당하지 않는 것은?

① 수산물의 등급 판정
② 수산물 생산 및 수확 후 품질관리기술 지도
③ 원산지 표시에 관한 지도 · 홍보
④ 수산물의 출하 시기 조절, 품질관리기술에 관한 조언

ANSWER

8 지정해역에서의 생산 제한〈농수산물 품질관리법 시행령 제27조 제1항〉
㉠ 선박의 좌초 · 충돌 · 침몰, 그 밖에 인근에 위치한 폐기물처리시설의 장애 등으로 인하여 해양오염이 발생한 경우
㉡ 지정해역이 일시적으로 위생관리기준에 적합하지 아니하게 된 경우
㉢ 강우량의 변화 등에 따른 영향으로 지정해역의 오염이 우려되어 해양수산부장관이 수산물의 생산 제한이 필요하다고 인정하는 경우

9 수산물품질관리사의 직무〈농수산물 품질관리법 제106조 제2항〉
㉠ 수산물의 등급 판정
㉡ 수산물의 생산 및 수확 후 품질관리기술 지도
㉢ 수산물의 출하 시기 조절, 품질관리기술에 관한 조언
㉣ 그 밖에 수산물의 품질 향상과 유통 효율화에 필요한 업무로서 해양수산부령으로 정하는 업무

8.④ 9.③

10 농수산물 품질관리법령상 농수산물품질관리심의회의 설치에 대한 설명으로 옳지 않은 것은?

① 심의회는 위원장 및 부위원장 각 1명을 포함한 60명 이내의 위원으로 구성한다.

② 위원장은 위원 중에서 호선하고 부위원장은 위원장이 위원 중에서 지명하는 사람으로 한다.

③ 심의회에 지리적표시 등록심의 분과위원회를 둔다.

④ 심의위원의 임기는 2년으로 한다.

ANSWER

10 농수산물품질관리심의회의 설치〈농수산물 품실관리법 제3조〉

㉠ 이 법에 따른 농수산물 및 수산가공품의 품질관리 등에 관한 사항을 심의하기 위하여 농림축산식품부장관 또는 해양수산부장관 소속으로 농수산물품질관리심의회(이하 "심의회")를 둔다.

㉡ 심의회는 위원장 및 부위원장 각 1명을 포함한 60명 이내의 위원으로 구성한다.

㉢ 위원장은 위원 중에서 호선(互選)하고 부위원장은 위원장이 위원 중에서 지명하는 사람으로 한다.

㉣ 위원은 다음의 사람으로 한다.

- 교육부, 산업통상자원부, 보건복지부, 환경부, 식품의약품안전처, 농촌진흥청, 산림청, 특허청, 공정거래위원회 소속 공무원 중 소속 기관의 장이 지명한 사람과 농림축산식품부 소속 공무원 중 농림축산식품부장관이 지명한 사람 또는 해양수산부 소속 공무원 중 해양수산부장관이 지명한 사람
- 다음의 단체 및 기관의 장이 소속 임원 · 직원 중에서 지명한 사람
  - 「농업협동조합법」에 따른 농업협동조합중앙회
  - 「산림조합법」에 따른 산림조합중앙회
  - 「수산업협동조합법」에 따른 수산업협동조합중앙회
  - 「한국농수산식품유통공사법」에 따른 한국농수산식품유통공사
  - 「식품위생법」에 따른 한국식품산업협회
  - 「정부출연연구기관 등의 설립 · 운영 및 육성에 관한 법률」에 따른 한국농촌경제연구원
  - 「정부출연연구기관 등의 설립 · 운영 및 육성에 관한 법률」에 따른 한국해양수산개발원
  - 「과학기술분야 정부출연연구기관 등의 설립 · 운영 및 육성에 관한 법률」에 따른 한국식품연구원
  - 「한국보건산업진흥원법」에 따른 한국보건산업진흥원
  - 「소비자기본법」에 따른 한국소비자원
- 시민단체(「비영리민간단체 지원법」에 따른 비영리민간단체를 말한다)에서 추천한 사람 중에서 농림축산식품부장관 또는 해양수산부장관이 위촉한 사람
- 농수산물의 생산 · 가공 · 유통 또는 소비 분야에 전문적인 지식이나 경험이 풍부한 사람 중에서 농림축산식품부장관 또는 해양수산부장관이 위촉한 사람

㉤ 위원의 임기는 3년으로 한다.

㉥ 심의회에 농수산물 및 농수산가공품의 지리적표시 등록심의를 위한 지리적표시 등록심의 분과위원회를 둔다.

㉦ 심의회의 업무 중 특정한 분야의 사항을 효율적으로 심의하기 위하여 대통령령으로 정하는 분야별 분과위원회를 둘 수 있다.

㉧ 지리적표시 등록심의 분과위원회 및 분야별 분과위원회에서 심의한 사항은 심의회에서 심의된 것으로 본다.

㉨ 농수산물 품질관리 등의 국제 동향을 조사 · 연구하게 하기 위하여 심의회에 연구위원을 둘 수 있다.

㉩ 규정한 사항 외에 심의회 및 분과위원회의 구성과 운영 등에 필요한 사항은 대통령령으로 정한다.

10.④

11 농수산물 유통 및 가격안정에 관한 법령상 농수산물도매시장의 거래품목 중 수산부류에 해당하지 않는 것은?

① 조개류 · 갑각류 ② 염장어류 · 염건어류
③ 조수육류 · 난류 ④ 생선어류 · 건어류

12 농수산물 유통 및 가격안정에 관한 법령상 도매시장개설자가 시장도매인으로 하여금 우선적으로 판매하게 할 수 있는 것을 모두 고른 것은?

㉠ 원산지 표시품	㉡ 대량 입하품
㉢ 예약 출하품	㉣ 도매시장 개설자가 선정하는 우수출하주의 출하품

① ㉠㉡㉢ ② ㉠㉡㉣
③ ㉠㉢㉣ ④ ㉡㉢㉣

11 조수육류 · 난류는 축산부류에 해당한다.
※ 농수산물도매시장의 거래품목〈농수산물 유통 및 가격안정에 관한 법률 시행령 제2조〉
㉠ 양곡부류 : 미곡 · 맥류 · 두류 · 조 · 좁쌀 · 수수 · 수수쌀 · 옥수수 · 메밀 · 참깨 및 땅콩
㉡ 청과부류 : 과실류 · 채소류 · 산나물류 · 목과류(木果類) · 버섯류 · 서류(薯類) · 인삼류 중 수삼 및 유지작물류와 두류 및 잡곡 중 신선한 것
㉢ 축산부류 : 조수육류(鳥獸肉類) 및 난류
㉣ 수산부류 : 생선어류 · 건어류 · 염(鹽)건어류 · 염장어류(鹽藏魚類) · 조개류 · 갑각류 · 해조류 및 젓갈류
㉤ 화훼부류 : 절화(折花) · 절지(折枝) · 절엽(切葉) 및 분화(盆花)
㉥ 약용작물부류 : 한약재용 약용작물(야생물이나 그 밖에 재배에 의하지 아니한 것을 포함한다). 다만, 「약사법」에 따른 한약은 의약품판매업의 허가를 받은 것으로 한정한다.
㉦ 그 밖에 농어업인이 생산한 농수산물과 이를 단순가공한 물품으로서 개설자가 지정하는 품목

12 대량 입하품 등의 우대 … 도매시장 개설자는 다음의 품목에 대하여 도매시장법인 또는 시장도매인으로 하여금 우선적으로 판매하게 할 수 있다〈농수산물 유통 및 가격안정에 관한 법률 시행규칙 제30조〉.
㉠ 대량 입하품
㉡ 도매시장 개설자가 선정하는 우수출하주의 출하품
㉢ 예약 출하품
㉣ 「농수산물 품질관리법」에 따른 표준규격품 및 우수관리인증농산물
㉤ 그 밖에 도매시장 개설자가 도매시장의 효율적인 운영을 위하여 특히 필요하다고 업무규정으로 정하는 품목

11.③ 12.④

13 **농수산물 유통 및 가격안정에 관한 법령상 농수산물공판장의 개설 등에 관한 설명으로 옳은 것은?**

① 생산자단체와 공익법인이 공판장을 개설하려면 시·도지사의 허가를 받아야 한다.
② 공판장에는 중도매인, 매매참가인, 산지유통인 및 경매사를 둘 수 있다.
③ 공판장의 중도매인은 공판장의 개설자가 허가한다.
④ 공판장의 경매사는 공판장의 장이 임면한다.

14 **농수산물 유통 및 가격안정에 관한 법령상 농림수협 등 또는 공익법인의 산지판매제도의 확립을 위한 산지 유통대책에 해당하는 것은?**

① 선별·포장·저장 시설의 확충
② 생산조절 또는 유통조절 명령
③ 가격예시 대상 품목 지정
④ 산지유통인의 등록

ANSWER

13 ① 농림수협 등, 생산자단체 또는 공익법인이 공판장을 개설하려면 시·도지사의 승인을 받아야 한다〈농수산물 유통 및 가격안정에 관한 법률 제43조(공판장의 개설) 제1항〉.
③ 공판장의 중도매인은 공판장의 개설자가 지정한다〈동법 제44조 제2항〉.
④ 공판장의 경매사는 공판장의 개설자가 임면한다〈동법 제44조 제4항〉.

14 농림수협 등 또는 공익법인은 생산지에서 출하되는 주요 품목의 농수산물에 대하여 산지경매제를 실시하거나 계통출하(系統出荷)를 확대하는 등 생산자 보호를 위한 판매대책 및 선별·포장·저장 시설의 확충 등 산지 유통대책을 수립·시행하여야 한다〈농수산물 유통 및 가격안정에 관한 법률 제49조(산지판매 제도의 확립) 제1항〉.

13.② 14.①

15 농수산물 유통 및 가격안정에 관한 법령상 농림축산식품부장관 또는 해양수산부장관이 농수산물 소매유통의 개선을 위해 지원할 수 있는 사업이 아닌 것은?

① 농수산물의 생산자단체와 소비자단체 간의 직거래사업
② 농수산물소매시설의 현대화 및 운영에 관한 사업
③ 농수산물직판장의 설치 및 운영에 관한 사업
④ 농수산물 민영도매시장의 설치 및 운영에 관한 사업

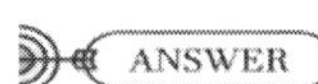

15 **농수산물 소매유통의 지원** … 농림축산식품부장관 또는 해양수산부장관이 농수산물 소매유통의 개선을 위해 지원할 수 있는 사업은 다음과 같다〈농수산물 유통 및 가격안정에 관한 법률 시행규칙 제45조〉.

㉠ 농수산물의 생산자 또는 생산자단체와 소비자 또는 소비자단체 간의 직거래사업
㉡ 농수산물소매시설의 현대화 및 운영에 관한 사업
㉢ 농수산물직판장의 설치 및 운영에 관한 사업
㉣ 그 밖에 농수산물직거래 및 소매유통의 활성화를 위하여 농림축산식품부장관 또는 해양수산부장관이 인정하는 사업

15.④

16 **농수산물 유통 및 가격안정에 관한 법령상 주요 농수산물의 생산지역이나 생산수면(이하 "주산지"라 한다)의 지정 및 해제 등에 관한 설명으로 옳은 것은?**

① 주산지의 지정은 읍 · 면 · 동 또는 시 · 군 · 구 단위로 한다.

② 시장 · 군수는 주산지를 지정하였을 때에는 이를 고시해야 한다.

③ 주산지 지정의 변경 또는 해제를 할 때에는 농림축산식품부장관 또는 해양수산부장관의 승인을 받아야 한다.

④ 주산지는 주요 농수산물의 재배면적 또는 양식면적이 농림축산식품부장관 또는 해양수산부장관이 고시하는 면적 이하로 지정한다.

17 **농수산물의 원산지 표시에 관한 법령상 살아있는 수산물의 원산지를 표시하지 않은 경우 과태료 부과기준은?**

① 5만 원 이상 1,000만 원 이하

② 1차 : 20만 원, 2차 : 40만 원, 3차 : 80만 원

③ 1차 : 30만 원, 2차 : 60만 원, 3차 : 100만 원

④ 1차 : 100만 원, 2차 : 300만 원, 3차 : 500만 원

ANSWER

16 주산지의 지정 · 변경 및 해제〈농수산물 유통 및 가격안정에 관한 법률 시행령 제4조〉

㉠ 법에 따른 주요 농수산물의 생산지역이나 생산수면(이하 "주산지"라 한다)의 지정은 읍 · 면 · 동 또는 시 · 군 · 구 단위로 한다.

㉡ 특별시장 · 광역시장 · 특별자치시장 · 도지사 또는 특별자치도지사(이하 "시 · 도지사"라 한다)는 ㉠에 따라 주산지를 지정하였을 때에는 이를 고시하고 농림축산식품부장관 또는 해양수산부장관에게 통지하여야 한다.

㉢ 법에 따른 주산지 지정의 변경 또는 해제에 관하여는 ㉠ 및 ㉡을 준용한다.

17 살아있는 수산물의 원산지를 표시하지 않은 경우 5만 원 이상 1,000만 원 이하의 과태료가 부과된다〈농수산물의 원산지 표시에 관한 법률 시행령 별표 2〉.

16.① 17.①

18 **농수산물의 원산지 표시에 관한 법률의 설명으로 옳지 않은 것은?**

① 수출입 농수산물과 그 가공품의 원산지 표시는 「대외무역법」에 따른다.
② 이 법은 농수산물 또는 그 가공품의 원산지 표시에 대하여 다른 법률에 우선하여 적용된다.
③ 이 법에서 수산물에는 「소금산업진흥법」에 따른 소금이 포함되지 않는다.
④ 이 법에서 원산지란 농산물이나 수산물이 생산 · 채취 · 포획된 국가 · 지역이나 해역을 말한다.

19 **농수산물의 원산지 표시에 관한 법령상 수산물 원산지의 표시기준에 관한 설명으로 옳지 않은 것은?**

① 양식수산물은 생산 · 채취 · 양식한 지역의 시 · 도명을 표시하여야 한다.
② 원양어업의 허가를 받은 어선이 해외 수역에서 어획하여 국내에 반입한 수산물은 원양산으로 표시한다.
③ 국산 수산물로서 지역이 각각 다른 동일 품목을 혼합한 경우 혼합비율이 높은 순서로 3개 지역까지의 시 · 도명 또는 시 · 군 · 구명과 그 혼합비율을 표시한다.
④ 동일 품목의 국산과 국산 외의 수산물을 혼합한 경우 혼합비율이 높은 3개 국가(지역, 해역 등)까지의 원산지와 그 혼합비율을 표시한다.

ANSWER

18 "수산물"이란 수산동식물을 포획 · 채취하는 산업, 염전에서 바닷물을 자연 증발시켜 소금을 생산하는 산업인 어업에 따른 어업활동 및 양식업활동으로부터 생산되는 산물을 말한다〈농수산물의 원산지 표시에 관한 법률 제2조(정의) 제2호〉.

19 국산 수산물은 "국산"이나 "국내산" 또는 "연근해산"으로 표시한다. 다만, 양식 수산물이나 연안정착성 수산물 또는 내수면 수산물의 경우에는 해당 수산물을 생산 · 채취 · 양식 · 포획한 지역의 시 · 도명이나 시 · 군 · 구명을 표시할 수 있다〈농수산물의 원산지 표시에 관한 법률 시행령 별표 1〉.

18.③ 19.①

20 농수산물의 원산지 표시에 관한 법령상 수산물이나 그 가공품을 조리하여 판매 · 제공하는 음식점에서의 수산물 원산지 표시대상품목으로만 짝지어진 것은?

① 참돔, 황태, 갈치, 고등어 ② 넙치, 낙지, 뱀장어, 미꾸라지
③ 갈치, 황태, 고등어, 뱀장어 ④ 넙치, 낙지, 북어, 조피볼락

21 농수산물의 원산지 표시에 관한 법령상 수산물가공품에 관한 설명이다. (　) 안에 들어갈 내용이 옳게 연결된 것은?

> 원료 배합 비율에 따른 표시대상은 사용된 원료의 배합 비율에서 두 가지 원료의 배합 비율의 합이 (㉠) 퍼센트 이상인 원료가 있는 경우에는 배합 비율이 높은 순서의 (㉡) 순위까지의 원료를 표시대상으로 한다.

	㉠	㉡		㉠	㉡
①	95	2	②	95	3
③	98	2	④	98	3

ANSWER

20 영업소 및 집단급식소의 원산지 표시방법 … 넙치, 조피볼락, 참돔, 미꾸라지, 뱀장어, 낙지, 명태, 고등어, 갈치, 오징어, 꽃게, 참조기, 다랑어, 아귀 및 주꾸미의 원산지 표시방법은 원산지는 국내산(국산), 원양산 및 외국산으로 구분하고, 다음의 구분에 따라 표시한다〈농수산물의 원산지 표시에 관한 법률 시행규칙 별표 4〉.

㉠ 국내산(국산)의 경우 "국산"이나 "국내산" 또는 "연근해산"으로 표시한다.
㉡ 원양산의 경우 "원양산" 또는 "원양산, 해역명"으로 한다.
㉢ 외국산의 경우 해당 국가명을 표시한다.

21 원료 배합 비율에 따른 표시대상〈농수산물의 원산지 표시에 관한 법률 시행령 제3조 제2항〉

㉠ 사용된 원료의 배합 비율에서 한 가지 원료의 배합 비율이 98퍼센트 이상인 경우에는 그 원료
㉡ 사용된 원료의 배합 비율에서 두 가지 원료의 배합 비율의 합이 98퍼센트 이상인 원료가 있는 경우에는 배합 비율이 높은 순서의 2순위까지의 원료
㉢ ㉠ 및 ㉡ 외의 경우에는 배합 비율이 높은 순서의 3순위까지의 원료
㉣ ㉠부터 ㉢까지의 규정에도 불구하고 김치류 및 절임류의 경우에는 다음의 구분에 따른 원료

- 김치류 중 고춧가루(고춧가루가 포함된 가공품을 사용하는 경우에는 그 가공품에 사용된 고춧가루를 포함한다)를 사용하는 품목은 고춧가루 및 소금을 제외한 원료 중 배합 비율이 가장 높은 순서의 2순위까지의 원료와 고춧가루 및 소금
- 김치류 중 고춧가루를 사용하지 아니하는 품목은 소금을 제외한 원료 중 배합비율이 가장 높은 순서의 그순위까지의 원료와 소금
- 절임류는 소금을 제외한 원료 중 배합 비율이 가장 높은 순서의 순위까지의 원료와 소금 · 다만, 소금을 제외한 원료 중 한 가지 원료의 배합 비율이 98퍼센트 이상인 경우에는 그 원료와 소금으로 한다.

20.② 21.③

22 **농수산물의 원산지 표시에 관한 법령상 농수산물 또는 그 가공품에 대한 원산지 표시사항 중 농수산물 품질관리법에 따라 원산지를 표시한 것으로 볼 수 없는 경우는?**

① 품질인증품의 표시를 한 경우
② 이력추적관리의 표시를 한 경우
③ 지리적표시를 한 경우
④ 유전자변형수산물의 표시를 한 경우

23 **친환경 농어업 육성 및 유기식품 등의 관리 · 지원에 관한 법령상 친환경농수산물에 해당하지 않는 것은?**

① 무농약농산물
② 유기농수산물
③ 무항생제 수산물
④ 활성처리제 사용 수산물

ANSWER

22 원산지 표시 … 다음의 어느 하나에 해당하는 때에는 원산지를 표시한 것으로 본다〈농수산물의 원산지 표시에 관한 법률 제5조 제2항〉.

㉠ 「농수산물 품질관리법」 또는 「소금산업 진흥법」에 따른 표준규격품의 표시를 한 경우
㉡ 「농수산물 품질관리법」에 따른 우수관리인증의 표시, 품질인증품의 표시 또는 「소금산업 진흥법」에 따른 우수천일염인증의 표시를 한 경우
㉢ 「소금산업 진흥법」에 따른 천일염생산방식인증의 표시를 한 경우
㉣ 「소금산업 진흥법」에 따른 친환경천일염인증의 표시를 한 경우
㉤ 「농수산물 품질관리법」에 따른 이력추적관리의 표시를 한 경우
㉥ 「농수산물 품질관리법」 또는 「소금산업 진흥법」에 따른 지리적표시를 한 경우
㉦ 「식품산업진흥법」 또는 「수산식품산업의 육성 및 지원에 관한 법률」에 따른 원산지인증의 표시를 한 경우
㉧ 「대외무역법」에 따라 수출입 농수산물이나 수출입 농수산물 가공품의 원산지를 표시한 경우
㉨ 다른 법률에 따라 농수산물의 원산지 또는 농수산물 가공품의 원료의 원산지를 표시한 경우

23 정의 … 친환경농수산물이란 친환경 농어업을 통하여 얻는 것으로 다음의 어느 하나에 해당하는 것을 말한다〈친환경 농어업 육성 및 유기식품 등의 관리 · 지원에 관한 법률 제2조 제2호〉.

㉠ 유기농수산물
㉡ 무농약농산물
㉢ 무항생제 수산물 및 활성처리제 비사용 수산물

22.④ 23.④

24 **친환경 농어업 육성 및 유기식품 등의 관리 · 지원에 관한 법령상 유기식품 등의 인증에 관한 설명으로 옳지 않은 것은?**

① 인증의 유효기간은 인증을 받은 날로부터 1년으로 한다.
② 인증사업자가 인증의 유효기간 내에 출하를 종료하지 아니한 인증품이 있는 경우 유효기간을 자동으로 1년 연장해준다.
③ 인증사업자가 거짓으로 인증을 받은 경우에는 해당 인증기관이 그 인증을 취소하여야 한다.
④ 인증 갱신을 하려는 자는 해당 인증을 한 국립수산물품질관리원장 또는 인증기관의 장에게 유효기간이 끝나는 날의 2개월 전까지 인증신청서를 제출하여야 한다.

25 **친환경 농어업 육성 및 유기식품 등의 관리 · 지원에 관한 법령상 해양수산부장관이 인증심사원의 자격을 정지할 수 있는 사유에 해당하는 것은?**

① 거짓으로 인증심사원의 자격을 부여받은 경우
② 부정한 방법으로 인증심사 업무를 수행한 경우
③ 인증심사원증을 빌려 준 경우
④ 중대한 과실로 인증기준에 맞지 아니한 유기식품을 인증한 경우

ANSWER

24 인증 갱신을 하지 아니하려는 인증사업자가 인증의 유효기간 내에 출하를 종료하지 아니한 인증품이 있는 경우에는 해양수산부장관 또는 해당 인증기관의 승인을 받아 출하를 종료하지 아니한 인증품에 대하여만 그 유효기간을 1년의 범위에서 연장할 수 있다. 다만, 인증의 유효기간이 끝나기 전에 출하된 인증품은 그 제품의 소비기한이 끝날 때까지 그 인증표시를 유지할 수 있다〈친환경 농어업 육성 및 유기식품 등의 관리 · 지원에 관한 법률 제21조(인증의 유효기간 등) 제3항〉.

25 **인증심사원** … 농림축산식품부장관 또는 해양수산부장관은 인증심사원이 다음의 어느 하나에 해당하는 때에는 그 자격을 취소하거나 6개월 이내의 기간을 정하여 자격을 정지하거나 시정조치를 명할 수 있다. 다만, ㉠부터 ㉢까지에 해당하는 경우에는 그 자격을 취소하여야 한다〈친환경 농어업 육성 및 유기식품 등의 관리 · 지원에 관한 법률 제26조의2 제3항〉.
㉠ 거짓이나 그 밖의 부정한 방법으로 인증심사원의 자격을 부여받은 경우
㉡ 거짓이나 그 밖의 부정한 방법으로 인증심사 업무를 수행한 경우
㉢ 고의 또는 중대한 과실로 인증기준에 맞지 아니한 유기식품 등을 인증한 경우
㉣ 경미한 과실로 인증기준에 유기식품 등을 인증한 경우
㉤ 인증심사원의 자격 기준에 적합하지 아니하게 된 경우
㉥ 인증심사 업무와 관련하여 다른 사람에게 자기의 성명을 사용하게 하거나 인증심사원증을 빌려 준 경우
㉦ 인증심사원 교육을 받지 아니한 경우
㉧ 인증기관 등의 준수사항을 지키기 아니한 경우
㉨ 정당한 사유 없이 조사를 실시하기 위한 지사에 따르지 아니한 경우

24.② 25.③

II 수산물 유통론

26 수산물 공동판매에 관한 설명으로 옳은 것은?

① 공동선별이 공동계산보다 발달된 형태이다.
② 수산물 유통비용을 절감한다.
③ 산지위판장을 통해서만 가능하다.
④ 유통업자 간 판매시기와 장소를 조정하는 행위이다.

27 수산업에서 태풍, 적조, 고수온 등의 자연현상으로 발생하는 물리적 위험을 회피하기 위한 수단은?

① 유통명령
② 현물거래
③ 계약재배
④ 재해보험

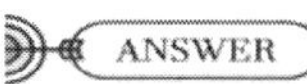

26 수산물 공동판매
㉠ 2인 이상의 생산자가 서로 공동의 이익을 위해 공동으로 출하하는 것을 의미한다.
㉡ 공동판매로 인해 노동력의 절감 및 수송비의 절감, 시장교섭력의 제고, 출하조절이 쉬워지는 장점이 있다.
㉢ 공동판매가 성공적으로 실행되기 위해서는 무조건 위탁, 평균판매, 공동계산이라는 3원칙이 지켜져야 한다.
㉣ 공동판매의 종류로는 선별 공동화, 수송 공동화, 포장 및 저장의 공동화, 시장 대책을 위한 공동화 등이 있다.
㉤ 공동선별 – 공동판매 – 공동계산의 형태로 실시한다.

27 재해보험을 들어 두면 태풍, 적조, 고수온 등의 자연현상으로 발생하는 피해를 보상받을 수 있다.

26.② 27.④

28 **수산물 경매제도의 장점이 아닌 것은?**

① 거래의 투명성을 높일 수 있다.
② 거래의 안정성이 향상된다.
③ 가격의 변동성을 줄일 수 있다.
④ 거래의 공정성을 높일 수 있다.

29 **수산물 전자상거래에 관한 설명으로 옳은 것은?**

① 영업시간과 진열공간의 제약이 있다.
② 상품의 표준규격화가 쉽다.
③ 짧은 유통기간으로 인해 반품처리가 어렵다.
④ 상품의 품질 확인이 쉽다.

ANSWER

28 경매제도는 단기 수급상황이 반영되어 수산물 가격이 급등락하는 문제가 발생하는 경우가 많다.
※ 수산물 경매제도의 장점
㉠ 거래의 투명성을 높일 수 있다.
㉡ 거래의 안전성이 향상된다.
㉢ 거래의 공정성을 높일 수 있다.

29 ① 영업시간과 진열공간의 제약이 없다.
② 수산물의 등급화 및 표준화 등이 미흡하다.
④ 직접 상품의 품질을 확인하기 어렵다.

28.③ 29.③

30 **수산물 유통구조의 일반적 특징이 아닌 것은?**

① 유통단계가 복잡하다.
② 영세한 출하자가 많다.
③ 소량, 반복적으로 소비한다.
④ 도매시장 중심으로 유통한다.

31 **수산물 공영도매시장에 관한 설명으로 옳지 않은 것은?**

① 도매시장법인은 둘 수 있으나, 시장도매인은 둘 수 없다.
② 다수의 출하자와 구매자가 참여한다.
③ 대금을 즉시 받을 수 있는 제도적 장치가 마련되어 있다.
④ 수산물의 대량 거래가 가능하다.

30 공판장, 수산물 위판장, 도매시장 내 중도매인의 경우를 보더라도 1 ~ 2인 정도이며, 각 전문취급 수산물로 분화되어져 영세한 규모를 지니고 있다.

※ 수산물 유통구조의 특징
㉠ 영세성 및 과다성
㉡ 다단계성
㉢ 관행적인 거래방식
㉣ 등급화, 규격화, 표준화의 어려움
㉤ 수급조절의 곤란

31 시장도매인 … 농산물도매시장 또는 민영농산물도매시장의 개설자로부터 지정을 받고 농산물을 매수 또는 위탁받아 도매하거나 매매를 중개하는 영업을 하는 법인으로서, 도매시장에 입주하여 각각 산지로부터 농산물을 수탁 또는 매수하여 구매자(소매상, 대형유통업체 등)에게 판매, 물량 수집(물량집하기능 : 전국에서 생산되는 다양한 농산물을 수집하는 기능)과 분산(물량분산기능 : 구매자와 직접 수의매매(협상가격) 또는 중개로 판매)을 함께 하는 법인이다.

30.④ 31.①

32 **수산물 소매상에 관한 설명으로 옳지 않은 것은?**

① 수집시장과 분산시장을 연결해 준다.
② 전통시장, 대형마트 등이 있다.
③ 최종소비자에게 수산물을 판매하는 기능을 한다.
④ 최종소비자의 기호 변화 정보를 생산자 등에게 전달하는 기능을 한다.

33 **B 영어조합법인의 '어린이용 생선가스'가 인기를 얻자 다수의 업체들이 유사상품을 출시하고, B 법인의 판매 성장률이 둔화될 때의 제품수명주기상 단계는?**

① 도입기　　② 성장기
③ 성숙기　　④ 쇠퇴기

34 **수산물의 생산과 소비 간에 발생하는 거리와 이를 좁혀 주는 유통기능을 옳게 연결한 것은?**

㉠ 장소의 거리 – 운송기능	㉡ 시간의 거리 – 보관기능
㉢ 수량의 거리 – 선별기능	㉣ 품질의 거리 – 집적 분할기능

① ㉠㉡　　② ㉠㉣
③ ㉡㉢　　④ ㉢㉣

ANSWER

32 ① 수집시장과 분산시장을 연결해 주는 것은 도매상의 역할이다.

33 성숙기는 제품에 대한 대다수 잠재 고객들의 구매로 인해 매출이 주춤하게 되는 기간이다. 또한 모든 경쟁자들이 시장에 다 들어와 있기 때문에 이익이 정체 · 하락한다.

34 물적 유통기능

㉠ 운송기능
- 장소적 격리를 극복함으로써 장소효용을 창출한다.
- 운송기능은 전업화한 운송업자에 위탁수행함이 원칙이나 가끔 중간상이 직접 수행하기도 한다.
- 운송관리는 운송기능이 위탁수행 되는 경우에 상품의 성질, 형태, 가격, 운송거리의 장단 및 지리적 조건 등을 고려해서 수행된다.

㉡ 보관기능
- 시간적 격리를 극복하여 시간효용을 창출한다.
- 보관기능은 생산시기로부터 판매시기까지 상품을 보유하는 것이다.
- 주 목적은 시간적 효용을 창출해서 수요와 공급을 조절하는 것이다.
- 보관기능은 전업화한 창고업자에 위탁수행되는 경우가 많다.

32.① 33.③ 34.①

35 생물 꽃게 한 마리에 '3,990원'으로 표시하여 판매할 때의 가격전략은?

① 단수가격 ② 명성가격
③ 개수가격 ④ 단일가격

36 소비자 가격이 30,000원이고 생산자 수취가격이 21,000원인 완도산 전복의 유통마진율(%)은?

① 30 ② 35
③ 40 ④ 50

37 갈치 한 마리 가격이 5,000원에서 10,000원으로 상승할 때 소비량의 감소율(%)은? (단, 수요의 가격탄력성은 0.4라고 가정한다.)

① 20 ② 30
③ 40 ④ 50

ANSWER

35 단수가격(Odd Pricing)
㉠ 시장에서 경쟁이 치열할 때 소비자들에게 심리적으로 값싸다는 느낌을 주어 판매량을 늘리려는 가격결정방법을 의미한다.
㉡ 제품의 가격을 100원, 1,000원 등과 같이 현 화폐단위에 맞게 책정하는 것이 아닌, 그보다 조금 낮은 95원, 970원, 990원 등과 같이 단수로 책정하는 방식이다.
㉢ 단수가격의 설정목적은 소비자의 입장에서는 가격이 상당히 낮은 것으로 느낄 수 있고, 정확한 계산에 의해 가격이 책정되었다는 느낌을 줄 수 있다.

36 $$\text{유통마진율} = \frac{\text{판매가격} - \text{구입가격}}{\text{판매가격}} \times 100 = \frac{30,000 - 21,000}{30,000} \times 100 = 30\%$$

37 수요의 가격탄력성 … 상품의 가격이 변동할 때, 이에 따라 수요량이 얼마나 변동하는지를 나타내는 것이다. 가격이 1% 올라갈 때에 수요량이 2% 줄었다면 수요의 가격탄력성은 2가 된다. 문제에서 가격이 100% 올랐는데 수요의 가격탄력성이 0.4이라고 했으므로 소비량은 40% 감소한다.

35.① 36.① 37.③

38 **수산물 유통마진의 구성 요소가 아닌 것은?**

① 감모비 ② 생산자 이윤
③ 수송비 ④ 점포임대료

39 **상품, 가격 등의 유통정보를 전달하는 매체는?**

① RFID(Radio Frequency Identification)
② VAN(Value Added Network)
③ EDI(Electronic Data Interchange)
④ CRM(Customer Relationship Management)

40 **수산물 유통시장을 교란시키는 원인이 아닌 것은?**

① 불법 어획물의 판매 증가
② 원산지 표시 위반
③ 중간 유통업체의 과도한 이윤
④ 다양한 유통경로의 등장

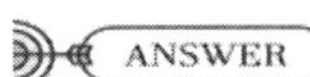

38 유통마진
㉠ 직접비용 : 포장비, 수송비, 감소비 등
㉡ 간접비용 : 임대료, 인건비 등
㉢ 이윤 : 직접비와 간접비를 공제한 이윤
㉣ 유통마진율

39 RFID(Radio Frequency Identification, 무선주파수 식별법) … 판독기에서 나오는 무선신호를 통해 상품에 부착된 태그를 식별하여 데이터를 호스트로 전송하는 시스템이다.

40 다양한 유통경로의 등장은 각 수산물 등의 특성에 맞게 유통경로를 지정할 수 있으므로 수산물 유통시장을 교란시키는 원인으로 보기 어렵다.

38.② 39.① 40.④

41 수산물 포장의 기능이 아닌 것은?

① 제품의 보호성 ② 취급의 편리성
③ 판매의 촉진성 ④ 재질의 고급화

42 고등어 생산량의 80% 이상이 부산 공동어시장에 양륙된다. 이러한 지역성을 가지는 이유로 옳지 않은 것은?

① 일시 대량 어획 수산물을 처리할 수 있는 큰 규모의 시장이다.
② 시장 주변에 냉동창고가 밀집되어 있어 보관이 용이하다.
③ 의무(강제)상장제에 의해 지정된 양륙항이다.
④ 대량거래가 가능한 중도매인이 존재한다.

43 시장 외 유통으로 거래되는 원양산 오징어의 가격결정방법으로 옳은 것을 모두 고른 것은?

㉠ 입찰	㉡ 경매
㉢ 수의매매	㉣ 정가매매

① ㉠㉡ ② ㉠㉢
③ ㉠㉡㉢ ④ ㉡㉢㉣

41 포장의 기능
㉠ 제품의 보호성(위생성 및 보존성)
㉡ 취급의 편리성
㉢ 판매의 촉진성

42 지정된 위판장을 통하지 않고는 판매를 하지 못하도록 법으로 규제하는 강제상장제는 이중경매, 중매인의 도매상 행위 증가 등의 문제점으로 인해 폐지되었으며 1995년부터 임의상장제가 시행되어 현재에 이르고 있다.

43 원양산 오징어는 산지 경우 양육항구만 지정되어 있고 내육지에 대해서는 특별한 제한을 두고 있지 않다. 유통경로는 생산자→1차 도매업자→2차 도매업자→도매상(가공업자)→소매상→소비자의 과정이 일반적인데 판매가격은 연근해 오징어와 다른 방식으로 결정된다. 즉, 생산자와 1차 도매업자 간에는 수의계약 또는 지명경쟁입찰에 의해, 기타 유통단계에 있어서는 쌍방 간의 협의에 의해 결정된다.

41.④ 42.③ 43.②

44 선어의 유통과정에 관한 설명으로 옳지 않은 것은?

① 산지위판장에서는 경매 전에 양륙과 배열을 한다.
② 산지 경매 이후에 재선별이나 재입상을 한다.
③ 산지 입상과정에서 선어용은 스티로폼 상자, 냉동용은 골판지 상자에 입상된다.
④ 소비지 도매시장에서 소매용으로 재선별한다.

45 냉동 수산물의 상품적 기능으로 옳지 않은 것은?

① 수산물을 연중 소비할 수 있도록 한다.
② 보관을 통해 수산늘의 품질을 높인다.
③ 부패하기 쉬운 수산물의 보관 · 저장성을 높인다.
④ 계절적 일시 다량 어획으로 인한 수산물의 가격 폭락을 완충해 준다.

46 양식 굴의 유통에 관한 설명으로 옳은 것은?

① 국내 소비는 가공굴 위주이다.
② 국내 소비용 생굴(알굴)은 식품안전을 위해 가열하여 유통한다.
③ 껍질 채로 유통되기도 한다.
④ 수출은 생굴(알굴)이 많다.

ANSWER

44 소비지 도매시장에서는 산지에서부터 집하한 수산물을 소비지 소매기구인 재래시장이나 소매점, 식당 등과 거래한다.

45 통상적으로 냉동 수산물은 선어에 비해서 선도가 낮다. 한 번 동결한 수산물의 경우에는 육질에 포함된 수분 등이 얼면서 팽창하므로 동일한 수산물의 경우 질감이 떨어지게 되므로 동일한 조건이라면 선어에 비해 가격이 상대적으로 낮은 경향이 있다.

46 ① 국내 소비는 생굴 위주이다.
② 국내 소비용 생굴은 가열하지 않고 유통한다.
④ 수출은 가공굴이 많다.

44.④ 45.② 46.③

47 수산가공품의 유통이 가지는 특성이 아닌 것은?

① 부패 억제를 통해 장기 저장이 가능하다.
② 소비자의 다양한 기호를 만족시킬 수 있다.
③ 공급을 조절할 수 있다.
④ 저장성이 높을수록 일반 식품과 유통경로가 다르다.

48 수산물 유통 정책의 목적과 수단이 옳게 연결된 것은?

① 유통효율 극대화 – 수산물 가격정보 공개
② 가격안정 – 정부비축
③ 적정한 가격 수준 – 수산물 물류표준화
④ 식품안전 – 물가의 감시

49 민간협력형 수산물 가격 및 수급 안정 정책이 아닌 것은?

① 수산업관측
② 유통협약
③ 자조금
④ 수산물유통시설 지원

ANSWER

47 저장성이 낮을수록 일반 식품과 유통경로가 다르다.

48 정부비축은 수급상황에 따라 수산물의 가격이 급등락하는 것에 대비하기 위한 정책이다. 물량이 많아 가격이 하락하면 정부에서 물량을 사들이고 물량이 적어 가격이 상승하면 사들였던 물량을 풀어 가격을 안정시키는 것이다.

49 수산물유통시설 지원 사업은 정부가 추진하는 수산물 유통구조 개선 종합대책이다.

47.④ 48.② 49.④

50 수산물의 식품안전성을 확보하기 위해 도입한 제도가 아닌 것은?

① 수산물 안전성 조사제도
② 식품안전관리인증기준(HACCP)제도
③ 지리적표시제도
④ 수산물이력제도

50 지리적표시제도 … 농림축산식품부장관 또는 해양수산부장관은 지리적 특성을 가진 농수산물 또는 농수산가공품의 품질 향상과 지역특화산업 육성 및 소비자 보호를 위하여 지리적표시의 등록 제도를 실시한다.

50.③

Ⅲ 수확 후 품질관리론

51 **오징어나 문어를 가열하거나 선도가 저하되면 표피가 적갈색으로 변한다. 이때 관여하는 색소는?**

① 클로로필(Chlorophyll)
② 카로테노이드(Carotenoid)
③ 옴모크롬(Ommochrome)
④ 헤모시아닌(Hemocyanin)

52 **이매패의 폐각근에 주로 함유되어 있는 무척추 수산동물 특유의 단백질은?**

① 액틴(Actin)
② 미오신(Myosin)
③ 엘라스틴(Elastin)
④ 파라미오신(Paramyosin)

53 **어패류의 엑스성분이 아닌 것은?**

① 색소
② 유기산
③ 베타인(Betaine)
④ 유리아미노산

ANSWER

51 오징어, 문어의 껍질 색소는 옴모크롬이다. 이것을 가열하면 단백질과 결합하여 적색으로 된다.

52 파라미오신 … 연체동물, 환형동물 등 무척추동물 근육의 주요 구조단백질의 하나이다. 근육의 굵은 필라멘트 심(芯)을 형성하고 있으며, 고농도 염용액에 녹고 저농도 염용액에서 쉽게 위결정(Paracrystal)이 된다.
※ 이매패 … 연체동물의 한 부류로 조개류(대합조개, 홍합, 가리비, 굴 등)를 말한다.

53 어패류의 엑스성분은 유리 아미노산, 저분자 질소화합물 및 저분자 탄수화물 등을 통틀어 말한다. 어패류의 맛은 엑스성분이 관여하고 있으며 오징어, 새우, 문어 등의 맛성분은 타우린과 베타인, 조개류는 호박산 또는 호박산 나트륨이다.

51.③ 52.④ 53.①

54 어류의 사후변화 과정 중 사후경직 현상에 해당하지 않는 것은?

① ATP의 감소
② Creatine Phosphate의 감소
③ TCA Cycle에 의한 유기산의 축적
④ 액틴(Actin)과 미오신(Myosin)의 결합

55 수산건제품 제조 시 이용되는 동건법과 동결건조법의 건조 원리를 순서대로 올바르게 연결한 것은?

① 동결 및 융해 – 동결 및 승화
② 동결 및 증발 – 동결 및 해동
③ 동결 및 증발 – 동결 및 승화
④ 동결 및 융해 – 동결 및 가열

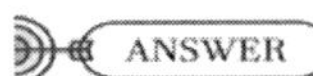

54 Tca Cycle … 고등동물의 생체 내에서 피루브산의 산화를 통해 에너지원인 Atp를 생산하는 과정을 갖는 Tricarboxylic Acid Cycle의 약칭이다.

※ 어류의 사후경직 … 동물의 사후, 근육 특히 골격근에 나타나는 경직 현상으로, 동물이 죽은 후, 근육 내에 존재하는 크레아틴인산(Creatine Phosphate)이나 글리코겐이 감소해서 Atp의 재합성이 이루어지지 않으므로, Atp의 함량이 감소하게 되어 이완현상을 일으키지 못해 경직이 일어난다. 생근육의 수축기구에 대한 연구가 진행되어 경직에 따른 근육 단백질의 변화는 Atp의 소실에 따른 미오신과 액틴의 결합에 의한 액토미오신 형성에 깊은 관계가 있다는 것이 알려지고 있다. 이 경직에 대한 지식은 어획물을 처리하는 데 대단히 중요하다. 고민사시킨 어류는 즉살시킨 어류보다 죽은 직후의 글리코겐 및 Atp량이 적고, 경직 현상이 빨리 일어나며 또한 그 지속시간도 짧다.

55 수산건제품의 제조에는 동결과 융해를 되풀이하여 수분을 제거하는 방법이 주로 이용된다. 이는 동결과 승화(고체 → 기체)를 원리로 한다.

54.③ 55.①

56 상자형 열풍건조기와 비교하여 터널형 열풍건조기의 특징으로 옳은 것을 모두 고른 것은?

㉠ 열손실이 많다.
㉡ 시설비용이 많이 든다.
㉢ 연속작업이 용이하다.
㉣ 구조가 간단하고 취급이 쉽다.

① ㉠㉡　　② ㉡㉢
③ ㉠㉢㉣　　④ ㉡㉢㉣

57 수산물을 장기간 동결 저장할 때 나타나는 품질변화에 해당하지 않는 것은?

① 육의 보수력 증가
② 승화
③ 색소의 변화
④ 동결화상

ANSWER

56 열풍건조기
㉠ 상자형 열풍건조기
- 원료를 선반에 넣고 정지된 상태에서 열풍을 강제 순환시켜 건조한다.
- 구조가 간단하고 취급이 용이하며, 비용이 적게 든다.
- 연속작업이 불가, 열손실이 많다.
- 균일한 제품 얻기가 곤란하다.
- 열효율이 낮고 건조 속도가 느리다.

㉡ 터널형 열풍건조기
- 원료를 실은 수레(대차)를 터널 모양의 건조기 안에서 이동시키면서 열풍으로 건조한다.
- 일정한 건조 시설이 필요, 비용이 많이 든다.
- 연속작업 가능, 열손실이 적다.
- 균일한 제품 얻기가 쉽다.
- 열효율이 높고 건조 속도가 빠르다.

57 수산물을 장기간 동결 저장할 때 육의 보수력은 감소한다.

56.② 57.①

58 특정 온도에서 저장한 냉동 고등어의 실용 저장 기간(PSL)이 400일이라면 1일 품질저하율(%/일)은?

① 0.0025(%/일)
② 0.25(%/일)
③ 0.004(%/일)
④ 0.4(%/일)

59 수분 함량이 80%인 어류를 － 20℃에서 동결 저장할 때 어육의 동결율(%)은? (단, 어육의 빙결점은 － 2℃이다.)

① 10%
② 72%
③ 90%
④ 95%

60 염장법에 관한 설명으로 옳은 것은?

① 마른간법은 소금 사용량에 비해 소금의 침투가 느리다.
② 마른간법은 염장 초기에 부패가 빠르다.
③ 물간법은 제품의 짠맛을 조절할 수 없다.
④ 물간법은 염장 중 공기와 접촉되지 않으므로 지방산화가 적다.

ANSWER

58 실용 저장 기간이 400일인 냉동 고등어의 1일 품질저하율은 $\frac{100}{400} = 0.25$이다.

59 동결률은 동결점과 공정점(共晶點) 사이의 온도에서 식품 속의 수분이 얼어 있는 비율을 말하며 동결 수분율이라고도 한다. 식품 중의 수분은 동결점에서 0%, 공정점에서 100% 동결한다.
따라서 빙결점이 － 2℃인 어육의 동결률은 $\frac{-20-(-2)}{-20} \times 100 = \frac{-18}{-20} \times 100 = 90\%$이다.

60 ①② 마른간법은 특별한 장비가 필요 없고 적은 소금량으로 탈수효과가 크다. 또한 소금의 침입속도가 빠르기 때문에 단시간에서 염장 효과를 발휘하는 방식이다.
③ 물간법은 물이 새지 않는 통에 일정 농도의 식염수를 넣고 그 안에 어체와 보충 식염을 넣는 방식으로 짠맛을 조절할 수 있다.

58.② 59.③ 60.④

61 **장기저장이 가능한 냉훈품의 가공원리가 아닌 것은?**

① 건조 ② 환원
③ 염지 ④ 항균성

62 **동남아시아에서 주로 생산되는 동결 연육의 주원료이며, 자연응고가 잘 일어나고 되풀림이 쉬운 어종은?**

① 갈치 ② 임연수어
③ 고등어 ④ 실꼬리돔

63 **어묵의 주원료인 연육을 동결 저장할 때 단백질의 변성지표는?**

① 솔비톨(Sorbitol) 함량 ② 표면 색깔
③ Ca－ATPase 활성 ④ 아미노산 조성

ANSWER

61 **냉훈품** … 낮은 온도에서 장시간 훈건하여 만든 제품. 냉훈품은 저장성에 중점을 두어 만들어진 제품이므로, 가염량도 많고 충분히 훈건하기 때문에 제품의 수분이 적어 장기저장에 견딘다. '원료 → 수세 → 내장 · 아가미 제거 → 수세 → 소금절임 → 소금빼기 → 훈건 → 마무리'순으로 진행된다.

※ **냉훈법** … 저온에서 장기간 훈건하는 저장성에 중점을 둔 훈제법이다. 먼저, 어체를 조리한 다음 마른간하여 어체에 짠 맛을 붙이는 동시에 어느 정도 탈수시켜 육을 단단하게 하여 저장성을 갖게 하여 훈연이 침투하기 좋도록 한다. 다음에 물에 침지하여 소금을 뺀다. 이는 식미를 조정함과 동시에 부패하기 쉬운 가용성 물질을 제거하기 위한 것이다. 탈염이 끝난 것은 떡갈나무, 상수리나무 등 견목을 불완전 연소시켜 20 ~ 30℃ 전후에서 장기간(1 ~ 3주) 훈건한다. 냉훈품은 일반적으로 수분 함량이 낮아 보통 40% 정도이다.

62 **실꼬리돔** … 우리나라의 남해안부터 제주도를 지나 대만과 베트남, 인도네시아, 오스트레일리아에 이르는 동지나해, 남지나해와 남태평양 지역에 사는 물고기다. 꼬리지느러미 윗부분이 길게 실처럼 늘어져서 실꼬리돔이라는 이름이 붙었다. 자연응고가 잘 일어나고 되풀림이 쉬워 우리나라에서 요즘 어묵 재료로 많이 쓰인다.

63 Ca－ATPase 등 효소와 같은 기능 단백질일 경우 활성의 증감을 측정하여 단백질 변성지표로 삼는다.

※ 어육 동결 시 물이 동결하여 단백질 입자가 접근하여 결합하여 변성된다. 또한 수분이 동결하면서 잔존액 중에 존재하는 염류나 산의 농도가 높아져 단백질 분자가 서로 결합하여 염석되어 변성된다. 어육의 동결 저장 중에 가수분해효소에 의한 지질의 가수분해가 일어나며, 동결 저장하여 해동할 때 육질이 스폰지화되어 고유의 물성이 변하게 된다

61.② 62.④ 63.③

64 수산물의 레토르트 파우치용으로 적합한 식품 포장재는?

① 가공필름
② 폴리염화비닐
③ 오블레이트
④ 셀로판

65 통조림 제조공정 중 탈기의 목적으로 옳지 않은 것은?

① 살균 및 냉각 중 관의 파손 방지
② 저장 중 관내면의 부식 억제
③ 내용물의 색택과 향미의 변화 금지
④ 보툴리누스균(Clostridium Botulinum)의 사멸

ANSWER

64 **레토르트 파우치**…식품을 충전한 다음 밀봉하여 100 ~ 140℃로 가열 살균하기 위한 유연한 작은 주머니(Pouch)를 말한다 재료로서 대표적인 것은, 표층은 강도 면에서 폴리에스테르, 중층은 가스, 빛, 물이 투과하지 않는 알미늄박, 내층은 가열 밀봉성 및 식품과의 접촉 재료성이 좋은 폴리올레핀 등으로 되어 있다. 이것은 접착제를 사용하여 적층한 3층 필름(가공필름)으로 특징은 금속관보다 엷고, 내용물의 중심 온도가 목적 온도에 도달하는 데 걸리는 시간이 짧기 때문에 품질이 좋아진다. 통조림과 마찬가지로 상온 유통이 되고, 장기간 보존 가능하며, 용기 보존 공간이 적어도 되며, 무게가 가볍다. 또한, 광고 기재 장소도 넓고, 포장된 상태로 단시간 가열하여 식단에 올릴 수 있는 것 등의 이점이 있다.

65 **탈기**…통조림을 가공할 때 관에 내용물을 담은 후 관 및 내용물의 조직 속에 있는 공기를 제거하여 진공상태로 만드는 공정이다. 살균 및 냉각 중 관의 파손 방지, 저장 중 관내면의 부식 억제, 내용물의 색택과 향미의 변화 방지 등의 목적이 있다.

64.① 65.④

66 **수산물을 MA(Modified Atmosphere) 포장하여 저장할 때 문제점으로 옳지 않은 것은?**

① 고농도 이산화탄소에 의한 포장의 팽창
② 이산화탄소 용해에 의한 신맛의 생성
③ 이산화탄소 내성 미생물에 의한 2차 발효
④ pH 변화에 의한 보수성의 감소

67 **염장품과 젓갈 가공원리의 차이점은?**

① 식염 첨가량
② 육질 분해
③ 사용 원료
④ 염장 방법

68 **한천은 원료와 제조 방법에 따라 자연한천과 공업한천으로 구분한다. 공업한천의 원료와 탈수법의 연결이 옳은 것은?**

① 개우무 – 동결탈수법
② 우뭇가사리 – 동건법
③ 꼬시래기 – 압착탈수법
④ 진두발 – 동건법

ANSWER

66 MA(Modified Atmosphere) 저장 … 어패육, 축육 등을 탄산가스 조성을 조절한 환경에 저장하는 방법으로 40 ~ 80%의 탄산가스와 60 ~ 20%의 산소, 질소, 공기 또는 그것의 혼합 기체 중에 어패류를 냉장하면, 단순히 냉장하는 것에 비하여 Self Life를 약 2배로 연장할 수 있다.

※ MA 저장의 위험성

㉠ 포장 내부의 산소와 이산화탄소 농도를 정확하게 조절할 수 없으므로 포장재의 가스 투과도가 지나치게 낮으면 저산소 장해 및 고이산화탄소 장해가 발생할 우려가 있다.

㉡ 포장 내부의 고습도 조건에서 수분 응결로 인한 부패 증가가 우려된다.

67 염장법 … 소금에 절여 저장하는 방법으로, 소금 농도가 15% 이상이 되면 탈수작용이 일어나 세균의 번식이 억제되는 원리를 이용한 것이다. 젓갈은 어 · 패류의 근육, 내장, 생식소 등에 고농도의 소금을 넣고 숙성한 것으로 두 제품은 육질 분해에서 차이가 난다.

68 한천에 사용되는 해조류는 우뭇가사리, 진두발, 꼬시래기, 비단풀 등이 사용된다. 공업한천은 꼬시래기를 원료로 압착탈수하여 제조한다.

66.① 67.② 68.③

69 **식품안전관리인증기준(HACCP)의 선행요건이 아닌 것은?**

① 청소 및 살균
② 기구 및 설비 검사
③ 작업환경 관리
④ 위해 허용한도 설정

70 **식품안전관리인증기준(HACCP)의 7원칙에 해당하지 않는 것은?**

① 위해요소 분석
② 모니터링 체계 확립
③ 품질관리 기준 설정
④ 중요관리점 결정

ANSWER

69 HACCP … 위해요소 분석(Hazard Analysis)과 중요관리점(Critical Control Point)의 영문 약자로서 '위해요소중점관리기준'이고도 불린다. HACCP은 식품을 만드는 과정에서 생물학적, 화학적, 물리적 위해요인들이 발생할 수 있는 상황을 과학적으로 분석하고 사전에 위해 요인의 발생 여건들을 차단하여 소비자에게 안전하고 깨끗한 제품을 공급하기 위한 시스템적인 규정을 말한다.

㉠ HA(위해요소 분석) : 원료와 공정에서 발생가능한 병원성 미생물 등 생물학적, 화학적, 물리적 위해요소 분석
㉡ CCP(중요관리점) : 위해요소를 예방, 제거 또는 허용수준으로 감소시킬 수 있는 공정이나 단계를 중점관리
㉢ 선행요건 프로그램에 포함되어야 할 사항 : 영업장 · 종업원 · 제조시설 · 냉동설비 · 용수 · 보관 · 검사 · 회수 관리 등 필수적인 위생관리

70 HACCP의 7원칙

㉠ 위해요소 분석
㉡ 중요관리점(CCP) 결정
㉢ CCP 한계기준 설정
㉣ CCP 모니터링 체계 확립
㉤ 개선조치 방법 수립
㉥ 검증 절차 및 방법 수립
㉦ 문서화, 기록 유지 방법 설정

69.④ 70.③

71 식품안전관리인증기준(HACCP)의 준비단계 절차를 순서대로 올바르게 나열한 것은?

㉠ HACCP팀 구성	㉡ 공정흐름도 작성
㉢ 용도 확인	㉣ 공정흐름도 현장 확인
㉤ 제품설명서 작성	

① ㉠ - ㉡ - ㉢ - ㉤ - ㉣
② ㉠ - ㉡ - ㉣ - ㉢ - ㉤
③ ㉠ - ㉤ - ㉡ - ㉣ - ㉢
④ ㉠ - ㉤ - ㉢ - ㉡ - ㉣

72 복어 독에 관한 설명으로 옳지 않은 것은?

① 식품공전상 국내 식용 가능 복어 종류는 21종이다.
② 사람의 최소 치사량은 20,000MU이다.
③ 중독 증상은 섭취 후 30분 ~ 4시간 사이에 나타난다.
④ 복어 독의 강도는 청산가리(NaCN)의 약 1,250배이다.

73 패혈증 비브리오균에 관한 설명으로 옳지 않은 것은?

① 식염농도 5 ~ 7% 배지에서 잘 번식한다.
② 원인균은 비브리오 불니피쿠스(Vibrio Vulnificus)이다.
③ 잠복기는 20시간 정도이다.
④ 어패류를 날 것으로 먹을 때에 감염될 수 있다.

ANSWER

71 HACCP 준비단계 … HACCP팀 구성 → 제품설명서 작성 → 용도 확인 → 공정흐름도 작성 → 공정흐름도 현장 확인
※ HACCP에는 7원칙 12절차가 있는데 12절차는 준비단계 5절차와 7원칙을 합친 것이다.

72 사람에 대한 복어 독의 최소 치사량은 2mg(10,000MU)이다.

73 비브리오 패혈증을 일으키는 비브리오 불니피쿠스균은 바다에 살고 있는 그람 음성 세균으로 소금(NaCl)의 농도가 1 ~ 3%인 배지에서 잘 번식하는 호염균이다.

71.④ 72.② 73.①

74 다음이 설명하는 독소형 식중독균은?

> • 1914년 바버(Barber)에 의해 급성 위장염 원인균으로 밝혀졌다.
> • 이 균이 생산하는 독소는 엔테로톡신(Enterotoxin)이다.
> • 독소는 100℃에서 30분간 가열해도 무독화되지 않는다.
> • 화농성 질환에 걸린 식품관계자에 의해 감염될 수 있다.

① 살모넬라균(Salmonella)
② 포도상구균(Staphylococcus Aureus)
③ 바실루스 세레우스균(Bacillus Cereus)
④ 프로테우스 모르가니균(Proteus Morganii)

75 매물고둥류를 섭취한 후 배멀미 증상을 동반하는 식중독 원인물질은?

① 삭시톡신(Saxitoxin)
② 시구아톡신(Ciguatoxin)
③ 테트라민(Tetramine)
④ 도모산(Domoic Acid)

ANSWER

74 제시된 내용은 자연계에 널리 분포되어 있는 세균의 하나로 식중독뿐만 아니라 피부의 화농 · 중이염 · 방광염 등 화농성질환을 일으키는 원인균인 포도상구균에 대한 설명이다.

75 ③ **테트라민** : 매물고둥류의 침샘에 존재하는 독성 물질로, 이를 섭취할 경우 멀미를 하거나 술에 취한 것 같은 기분을 느끼거나 안구 뒤쪽의 통증, 복통, 현기증, 두드러기 등의 증상이 나타난다.
① **삭시톡신** : 대합이나 홍합 등에 존재하는 마비성 패류독이다.
② **시구아톡신** : 부시리, 전갱이, 곰치 등에서 주로 보이는 독이다.
④ **도모산** : 기억상실성 패독이다.

74.② 75.③

Ⅳ 수산 일반

76 염분 농도(Salinity) 변화에 관하여 가장 민감한 협염성 양식 대상 종은?

① 참돔
② 송어
③ 바지락
④ 굴

77 우리나라에서 무지개 송어(Oncorhynchus Mykiss)의 양식에 관한 설명으로 옳은 것은?

① 현재 완전양식이 가능한 어종이다.
② 암수 구별이 형태적으로 불가능하다.
③ 산란기는 일반적으로 5 ~ 7월이다.
④ 양식 최적 수온은 2 ~ 6℃이다.

76 참돔은 염분 농도 변화에 민감하여 협염성 양식의 대상이다.
※ **협염성** … 외계의 염분 변화에 견디는 능력이 작고, 거의 일정한 염분 환경 밖에서는 생존할 수 없는 생물의 성질이다.

77 ② 주둥이가 뾰족하게 튀어나오고 아래턱이 구부러진 것이 수컷, 주둥이가 둥글둥글한 것이 암컷이다.
③ 야생에서 산란은 봄 또는 가을 2번 이루어지는데, 약식의 경우 인위적으로 조절하여 10 ~ 12월에 산란을 유도한다.
④ 무지개송어가 무리 없이 생활할 수 있는 온도 범위는 10 ~ 20℃이다.

76.① 77.①

78 다음에서 바이러스 감염에 의해 발생하는 어류의 질병으로 옳은 것만을 고른 것은?

㉠ 비브리오병	㉡ 림포시스티병
㉢ 전염성 조혈기 괴사병	㉣ 미포자충병

① ㉠㉡ ② ㉠㉣

③ ㉡㉢ ④ ㉢㉣

79 어류의 장기 중에서 면역 기관이 아닌 것은?

① 간

② 비장

③ 생식소

④ 신장

80 우리나라 양식 대상 해조류 중 1년생인 것은?

① 톳

② 다시마

③ 우뭇가사리

④ 미역

ANSWER

78 바이러스 감염에 의해 발생하는 질병으로 전염성췌장괴사증, 전염성조혈기괴사증, 이리도바이러스감염증, 버나바이러스감염증, 림포시스티스증, 새우흰반점바이러스병 등이 있다. 비브리오병은 세균성 감염에 의해 발생한다. 미포자충병은 기생충에 의해 발생한다.

79 생식소는 생식 기관이다.

80 ④ 미역은 늦가을부터 이른 봄까지 성장(수온 15℃ 이하)하고 봄부터 초여름까지 성숙하여 유주자를 방출한 후 모체는 녹아 버리게 된다.
①②③ 톳, 다시마, 우뭇가사리는 다년생이다.

78.③ 79.③ 80.④

81 **우리나라에서 양식되는 전복에 관한 설명으로 옳지 않은 것은?**

① 양식산 전복의 주생산지는 전라남도이다.
② 참전복은 난류계이고, 말전복은 한류계이다.
③ 1 ~ 2cm 전후의 치패를 채롱이나 바구니 등에 넣어 중간육성을 시작한다.
④ 양식 방법에는 해상 가두리식, 육상 수조식 등이 있다.

82 **2010년 이후 우리나라 정부 수산통계에서 연간 생산량이 많은 어업을 순서대로 나열한 것은?**

① 천해양식어업 > 연근해어업 > 원양어업 > 내수면어업
② 연근해어업 > 천해양식어업 > 원양어업 > 내수면어업
③ 천해양식어업 > 원양어업 > 연근해어업 > 내수면어업
④ 연근해어업 > 원양어업 > 천해양식어업 > 내수면어업

83 **다음에서 양식장의 화학적 환경 요인을 모두 고른 것은?**

㉠ 용존산소	㉡ 투명도
㉢ 수온	㉣ 영양염류

① ㉠㉡　　② ㉠㉣
③ ㉡㉢　　④ ㉡㉣

ANSWER

81 참전복은 한류계이고, 말전복은 난류계이다.

82 연간 생산량이 많은 어업은 천해양식어업 > 연근해어업 > 원양어업 > 내수면어업 순이다.

83 투명도와 수온은 물리적 환경 요인이다.
※ 어장 환경의 요인
㉠ 생물학적 요인 : 경쟁생물, 먹이생물, 해적생물
㉡ 화학적 요인 : 영양염류, 염분, 용존산소
㉢ 물리적 요인 : 광선, 수온, 지형, 바닷물의 유동, 투명도

81.② 82.① 83.②

84 어미의 몸 속에서 알을 부화시킨 후에 새끼를 출산하는 양식 대상 어류는?

① 넙치(광어)
② 참돔
③ 농어
④ 조피볼락(우럭)

85 2013 ~ 2015년간 금액 기준으로 우리나라 최대의 수산물 수입 · 수출 상대국은? (단, 순서는 수입 – 수출이다.)

① 중국 – 러시아
② 중국 – 일본
③ 일본 – 중국
④ 미국 – 일본

86 양식에 있어서 인공 종묘의 먹이생물에 관한 설명으로 옳지 않은 것은?

① 클로렐라(Chlorella)는 동물성 먹이생물 배양에 이용된다.
② 로티퍼(Rotifer)는 어류 자어 성장을 위한 먹이생물로 이용된다.
③ 알테미아(Artermia)는 어류 자어 및 패류 유생 모두의 먹이생물로 이용된다.
④ 케토세로스(Chaetoceros)는 패류 유생의 먹이생물로 이용된다.

ANSWER

84 조피볼락 … 우럭으로 불리우는 양볼락과에 속하는 난태생(체내수정을 통하여 배가 형성되고, 부화된 자어가 난황을 어느 정도 섭취할 때까지 어미의 체내에 머무는 생식 방법) 어류로 비교적 낮은 수온에 서식한다. 성장이 빠르고 저수온에 강하여 월동이 가능하기 때문에 양식 대상종으로 각광을 받고 있다.

85 2013 ~ 2015년 우리나라 최대 수산물 수입국은 중국, 수출국은 일본이었다.

86 알테미아 … 새우나 은어, 돔 등 여러 양식 어류의 미세한 자어기 사육을 위해서 널리 이용되는 중요한 먹이 생물이다. 패류 유생의 먹이생물로는 키토세로스, 모노크리시스, 나비쿨라 등이 이용된다.

84.④ 85.② 86.③

87 1990년대 이후 우리나라 수산업의 대내외 환경과 특징에 관한 설명으로 옳지 않은 것은?

① 수산정책을 전담하는 수산청의 창설로 수산업에 대한 투자 효율이 높아졌다.
② 세계무역기구(WTO) 체제의 출범 이후 수산물 시장 개방이 확대되었다.
③ 주변국과의 어업협정에 따라 근해어업의 조업지가 줄어들었다.
④ 유엔해양법 발효와 이에 따른 배타적경제수역(EEZ) 체제의 강화로 원양어장을 확보하는데 어려움이 가중되었다.

88 양식에 관한 설명으로 옳지 않은 것은?

① 양식에서는 대상 생물이 요구하는 영양을 갖춘 적정한 먹이 공급이 중요하다.
② 수산동물을 양식하는 방법은 지수식, 유수식, 순환여과식 등이 있다.
③ 산란기의 어미 보호나 바다에 수정란을 방류하는 것도 양식의 범주에 포함된다.
④ 양식은 이용 가치가 높은 수산생물을 일정한 구역이나 시설에서 기르고 번식시킨다는 의미이다.

89 수산생물 중 고래류의 연령형질로 타당한 것은?

① 비늘
② 이석
③ 지느러미 연조
④ 이빨 및 수염

ANSWER

87 수산청은 1948년 8월 상공부 수산국으로 출범했으며, 1961년 농림부로 소속이 바뀌었다가 1966년 농림부 수산국에서 산하 외청인 수산청으로 격상됐다. 1996년 8월 해양수산부를 신설하면서 수산청과 해운항만청이 통합됐다.

88 양식은 식용이나 기타 목적에 이용하기 위하여 종묘를 만들거나 기르는 일로 산란기의 어미 보호나 바다에 수정란을 방류하는 것은 양식의 범주에 포함되지 않는다.

89 연령형질은 물고기의 나이를 추정할 수 있는 비늘, 이석, 척추골, 상후두골, 새개골, 쇄골, 지느러미 줄기 등의 형질을 말한다. 고래류는 이빨 및 수염으로 나이를 추정한다.

87.① 88.③ 89.④

90 다음 문장에서 (　) 안에 들어갈 단어를 순서대로 나열한 것은?

> 선체가 물에 떠 있을 때, 물 속에 잠긴 선체의 깊이를 (　), 물에 잠기지 않은 선체 부분의 높이를 (　)이/라 한다.

① 흘수 – 건현　　② 건현 – 트림
③ 트림 – 용골　　④ 흘수 – 용골

91 우리나라에서 사용하는 그물코의 크기를 표시하는 방법이 아닌 것은?

① 일정한 길이 안의 매듭의 수나 발의 수
② 일정한 길이 안의 매듭의 평균 길이
③ 일정한 폭 안의 씨줄의 수
④ 그물코의 뻗친 길이

92 일반적으로 어로활동을 진행하는 순서로 옳은 것은?

① 집어 → 어군탐색 → 어획
② 어군탐색 → 집어 → 어획
③ 어군탐색 → 어획 → 집어
④ 어획 → 집어 → 어군탐색

ANSWER

90 선체가 물에 떠 있을 때, 물속에 잠긴 선체의 깊이를 흘수, 물에 잠기지 않은 선체 부분의 높이를 건현이라 한다. 흘수는 일반적으로 수면에서 배의 최하부까지의 수직 거리를 이른다.

91 그물코의 크기 표시
㉠ 일정한 길이 안의 매듭의 수나 발의 수
㉡ 일정한 폭 안의 씨줄의 수
㉢ 그물코의 뻗친 길이
㉣ 1개의 발의 길이
㉤ 그물코의 내경

92 어로활동은 '어군탐색 → 집어 → 어획'의 순서로 진행된다.

90.① 91.② 92.②

93 지속가능한 연근해 수산자원의 이용을 위한 수단이 아닌 것은?

① 연근해 어업구조 조정
② 자율관리어업 확대
③ 총허용어획량(TAC) 제도 확대
④ 생사료 공급 확대

94 수산업법에서 어업을 관리하기 위한 어업의 분류가 아닌 것은?

① 허가어업
② 면허어업
③ 원양어업
④ 신고어업

95 우리나라 총허용어획량(TAC) 제도의 대상 종이 아닌 것은?

① 갈치
② 전갱이
③ 개조개
④ 고등어

ANSWER

93 생사료는 수산자원 남획 및 바다오염의 주범이다.

94 ③ 원양어업 : 육지에서 멀리 떠난 원양에 출어하여 수일 혹은 수개월 간에 걸쳐 어장에 체류하는 대규모 어업을 말한다. 수산업법에서 어업을 관리하기 위한 어업의 분류는 허가어업, 면허어업, 신고어업 등이 있다.
① 허가어업 : 총톤수 10톤 이상의 동력어선 또는 수산자원을 보호하고 어업조정을 하기 위하여 특히 필요하여 대통령령으로 정하는 총톤수 10톤 미만의 동력어선을 사용하는 어업을 하려는 자는 어선 또는 어구마다 해양수산부장관의 허가를 받아야 한다.
② 면허어업 : 정치망어업, 마을어업에 해당하는 어업을 하려는 자는 시장 · 군수 · 구청장의 면허를 받아야 한다.
④ 신고어업 : 나잠어업, 맨손어업을 하려면 어선 · 어구 또는 시설마다 시장 · 군수 · 구청장에게 해양수산부령으로 정하는 바에 따라 신고하여야 한다.

95 총허용어획량제도(TAC : Total Allowable Catch) … 개별어종에 대해 연간 잡을 수 있는 어획량을 미리 지정하여 그 한도 내에서만 어획을 할 수 있는 제도를 말한다. 총허용어획량제도의 대상 생물로는 오징어, 제주소라, 개조개, 키조개, 고등어, 전갱이, 도루묵, 참홍어, 꽃게, 대게, 붉은대게가 지정되어 있다.

93.④ 94.③ 95.①

96 수산업법상 수산업에 포함되는 활동이 아닌 것은?

① 수산동식물을 인공적으로 길러서 생산하는 활동
② 소비자에게 원활한 수산물을 공급하기 위한 유통 활동
③ 자연에 있는 수산동식물을 포획 · 채취하는 생산 활동
④ 생산된 수산물을 원료로 활용하여 다른 제품을 제조하거나 가공하는 활동

97 수산업과 어촌이 나아갈 방향과 수산업과 어촌의 지속가능 발전을 도모하는 것을 목적으로 제정된 법은?

① 수산업법
② 수산자원관리법
③ 어촌어항법
④ 수산업 · 어촌 발전 기본법

96 정의〈수산업법 제2조 제1호 ~ 제3호〉
㉠ "수산업"이란 어업 · 양식업 · 어획물운반업 및 수산물가공업을 말한다.
㉡ "어업"이란 수산동식물을 포획 · 채취하는 사업과 염전에서 바닷물을 자연 증발시켜 소금을 생산하는 사업을 말한다.
㉢ "양식업"이란 「양식산업발전법」에 따라 수산동식물을 양식하는 사업을 말한다.
㉣ "어획물운반업"이란 어업현장에서 양륙지(揚陸地)까지 어획물이나 그 제품을 운반하는 사업을 말한다.

97 이 법은 수산업과 어촌이 나아갈 방향과 국가의 정책 방향에 관한 기본적인 사항을 규정하여 수산업과 어촌의 지속가능한 발전을 도모하고 국민의 삶의 질 향상과 국가 경제 발전에 이바지하는 것을 목적으로 한다〈수산업 · 어촌 발전 기본법 제1조(목적)〉.

96.② 97.④

98 **우리나라 수산업의 중요성에 관한 설명으로 옳지 않은 것은?**

① 동물성 단백질의 중요한 공급원이다.
② 해외 수산자원 확보에 중요한 역할을 한다.
③ 국가의 기간산업으로 국민에게 식량을 공급한다.
④ 에너지 산업에서 중요한 위치를 차지하고 있다.

99 **수산자원 및 수산물의 특성에 관한 내용으로 옳은 것은?**

① 재생성 자원이 아니다.
② 부패와 변질이 어렵다.
③ 표준화와 등급화가 쉽다.
④ 수요와 공급이 비탄력적이다.

100 **면허어업에 관한 설명으로 옳지 않은 것은?**

① 어업면허의 유효기간은 10년이며, 연장이 가능하다.
② 면허어업은 반드시 면허를 받아야 영위할 수 있는 어업이다.
③ 해조류양식어업의 면허처분권자는 해양수산부장관이다.
④ 면허어업은 일정 기간 동안 그 수면을 독점하여 배타적으로 이용하도록 권한을 부여한다.

ANSWER

98 수산업이 에너지 산업에서 중요한 위치를 차지하는 것은 아니다.
※ 수산업의 중요성
㉠ 동물성 단백질을 제공하는 중요한 역할을 한다.
㉡ 국가적 기간산업으로 국민에게 식량을 공급한다.
㉢ 개발되지 않은 수산자원과 이용도 높은 수산물을 활용해 식량 확보 문제를 해결한다.
㉣ 해외 수산자원 확보에 중요한 역할을 한다.

99 ① 재생성 자원이다.
② 부패와 변질이 쉽다.
③ 표준화와 등급화가 어렵다.

100 면허어업 … 다음의 어느 하나에 해당하는 어업을 하려는 자는 시장·군수·구청장의 면허를 받아야 한다〈수산업법 제8조〉.
㉠ 정치망어업(定置網漁業) : 일정한 수면을 구획하여 대통령령으로 정하는 어구(漁具)를 일정한 장소에 설치하여 수산동물을 포획하는 어업
㉡ 마을어업 : 일정한 지역에 거주하는 어업인이 해안에 연접한 일정한 수심(水深) 이내의 수면을 구획하여 패류·해조류 또는 정착성(定着性) 수산동물을 관리·조성하여 포획·채취하는 어업

98.④ 99.④ 100.③

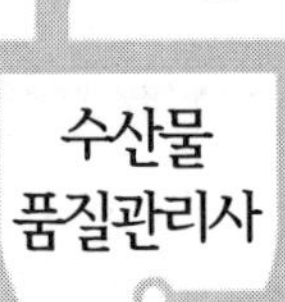

제3회 수산물품질관리사 | 2017년 7월 8일 시행

I 수산물 품질관리 관련 법령

1 농수산물 품질관리법령상 농수산물품질관리 심의회의 직무사항이 아닌 것은?

① 지정해역의 지정에 관한 사항
② 수산물품질인증에 관한 사항
③ 수산물원산지표시 거짓표시에 관한 사항
④ 유전자변형농수산물의 표시에 관한 사항

1 심의회의 직무〈농수산물 품질관리법 제4조〉
㉠ 표준규격 및 물류표준화에 관한 사항
㉡ 농산물우수관리 · 수산물품질인증 및 이력추적관리에 관한 사항
㉢ 지리적표시에 관한 사항
㉣ 유전자변형농수산물의 표시에 관한 사항
㉤ 농수산물(축산물은 제외한다)의 안전성조사 및 그 결과에 대한 조치에 관한 사항
㉥ 농수산물(축산물은 제외한다) 및 수산가공품의 검사에 관한 사항
㉦ 농수산물의 안전 및 품질관리에 관한 정보의 제공에 관하여 총리령, 농림축산식품부령 또는 해양수산부령으로 정하는 사항
㉧ 수출을 목적으로 하는 수산물의 생산 · 가공시설 및 해역(海域)의 위생관리기준에 관한 사항
㉨ 수산물 및 수산가공품의 위해요소중점관리기준에 관한 사항
㉩ 지정해역의 지정에 관한 사항
㉪ 다른 법령에서 심의회의 심의사항으로 정하고 있는 사항
㉫ 그 밖에 농수산물 및 수산가공품의 품질관리 등에 관하여 위원장이 심의에 부치는 사항

1.③

2 **농수산물 품질관리법령상 지리적표시의 등록이 결정된 품목에 대한 공고사항이 아닌 것은?**

① 등록일 및 등록번호
② 신청자의 성명, 주소 및 전화번호
③ 품질의 특성과 지리적 요인의 관계
④ 지리적표시 대상 지역의 범위

3 **농수산물 품질관리법령상 수산물과 수산특산물의 품질인증 유효기간의 연장신청에 관한 내용이다. (　　) 안에 들어갈 내용으로 옳은 것은?**

> 수산물 및 수산특산물의 품질인증 유효기간을 연장받으려는 자는 해당 품질인증을 한 기관의 장에게 별지 제12호 서식의 수산물 · 수산특산품 품질인증 (연장)신청서에 품질인증서 원본을 첨부하여 그 유효기간이 끝나기 (　　)개월 전까지 제출하여야 한다.

① 1　　② 3
③ 5　　④ 6

2　지리적표시의 등록공고 등 … 국립농산물품질관리원장, 국립수산물품질관리원장 또는 산림청장은 법에 따라 지리적표시의 등록을 결정한 경우에는 다음의 사항을 공고하여야 한다〈농수산물 품질관리법 시행규칙 제58조 제1항〉.
㉠ 등록일 및 등록번호
㉡ 지리적표시 등록자의 성명, 주소(법인의 경우에는 그 명칭 및 영업소의 소재지를 말한다) 및 전화번호
㉢ 지리적표시 등록 대상품목 및 등록명칭
㉣ 지리적표시 대상지역의 범위
㉤ 품질의 특성과 지리적 요인의 관계
㉥ 등록자의 자체품질기준 및 품질관리계획서

3　수산물의 품질인증 유효기간을 연장받으려는 자는 해당 품질인증을 한 기관의 장에게 수산물 품질인증 (연장)신청서에 품질인증서 원본을 첨부하여 그 유효기간이 끝나기 1개월 전까지 제출하여야 한다〈농수산물 품질관리법 시행규칙 제35조(유효기간의 연장신청) 제1항〉.

2.② 3.①

4 농수산물 품질관리법령상 수산물품질관리사의 직무 중 해양수산부령으로 따로 정한 업무가 아닌 것은?

① 포장수산물의 표시사항 준수에 관한 지도
② 수산물의 선별 · 포장 및 브랜드 개발 등 상품성 향상 지도
③ 수산물의 규격출하 지도
④ 수산물의 생산 및 불법 어획물 지도

5 농수산물 품질관리법상 수산물안전성 조사에 관한 설명으로 옳지 않은 것은?

① 수산물안전성 조사를 위하여 관계공무원은 해당 수산물을 생산 · 저장하는 자의 관계 장부나 서류를 열람할 수 있다.
② 해양수산부장관은 안전관리계획을 매년 수립 · 시행하여야 한다.
③ 시 · 도지사는 안전성조사가 필요한 경우 관계공무원에게 무상으로 시료수거를 하게 할 수 있다.
④ 식품의약품안전처장은 안전성검사기관을 지정하고 안전성조사와 시험분석업무를 대행하게 할 수 있다.

ANSWER

4 수산물품질관리사의 업무〈농수산물 품질관리법 시행규칙 제134조의2〉
㉠ 수산물의 생산 및 수확 후의 품질관리기술 지도
㉡ 수산물의 선별 · 저장 및 포장 시설 등의 운용 · 관리
㉢ 수산물의 선별 · 포장 및 브랜드 개발 등 상품성 향상 지도
㉣ 포장수산물의 표시사항 준수에 관한 지도
㉤ 수산물의 규격출하 지도

5 식품의약품안전처장은 농수산물(축산물은 제외한다)의 품질 향상과 안전한 농수산물의 생산 · 공급을 위한 안전관리계획을 매년 수립 · 시행하여야 한다〈농산물 품질관리법 제60조(안전관리 계획) 제1항〉.

4.④ 5.②

6 농수산물 품질관리법령상 수산물품질관리사의 교육 실시기관으로 지정할 수 없는 기관은?

① 한국농수산식품유통공사
② 한국농어촌공사
③ 한국해양수산연수원
④ 해양수산부 소속 교육기관

7 농수산물 품질관리법령상 유전자변형 수산물 표시의무자의 금지행위를 모두 고른 것은?

> ㉠ 표시를 혼동하게 표시를 하는 행위
> ㉡ 표시를 한 수산물에 다른 수산물을 혼합하여 판매하는 행위
> ㉢ 표시를 혼동하게 할 목적으로 그 표시를 손상 · 변경하는 행위
> ㉣ 표시를 한 수산물에 다른 수산물을 혼합하여 보관 또는 진열하는 행위

① ㉠㉡㉢ ② ㉠㉢㉣
③ ㉡㉢㉣ ④ ㉠㉡㉢㉣

ANSWER

6 농산물품질관리사 또는 수산물품질관리사의 교육 방법 및 실시기관 등 … 교육 실시기관은 다음의 어느 하나에 해당하는 기관으로서 수산물품질관리사의 교육 실시기관은 해양수산부장관이, 농산물품질관리사의 교육 실시기관은 국립농산물품질관리원장이 각각 지정하는 기관으로 한다〈농수산물 품질관리법 시행규칙 제136조의5 제1항〉.
㉠ 「한국농수산식품유통공사법」에 따른 한국농수산식품유통공사
㉡ 「한국해양수산연수원법」에 따른 한국해양수산연수원
㉢ 농림축산식품부 또는 해양수산부 소속 교육기관
㉣ 「민법」에 따라 설립된 비영리법인으로서 농산물 또는 수산물의 품질 또는 유통 관리를 목적으로 하는 법인

7 거짓표시 등의 금지 … 유전자변형농수산물의 표시를 하여야 하는 자는 다음의 행위를 하여서는 아니 된다〈농수산물 품질관리법 제57조〉.
㉠ 유전자변형농수산물의 표시를 거짓으로 하거나 이를 혼동하게 할 우려가 있는 표시를 하는 행위
㉡ 유전자변형농수산물의 표시를 혼동하게 할 목적으로 그 표시를 손상 · 변경하는 행위
㉢ 유전자변형농수산물의 표시를 한 농수산물에 다른 농수산물을 혼합하여 판매하거나 혼합하여 판매할 목적으로 보관 또는 진열하는 행위

6.② 7.④

8 **농수산물 품질관리법령상 용어의 정의로 옳은 것을 모두 고른 것은?**

> ㉠ 수산특산물 : 수산물을 대통령령으로 정하는 원료 또는 재료의 사용비율 또는 성분함량 등의 기준에 따라 가공한 제품
> ㉡ 물류표준화 : 수산물의 운송 · 보관 · 하역 · 포장 등 물류의 각 단계에서 사용되는 기기 · 용기 · 정보 등을 규격화하여 호환성과 연계성을 원활하게 하는 것
> ㉢ 동음이의어 지리적표시 : 동일한 품목에 대한 지리적표시에 있어서 타인의 지리적표시, 발음 및 해당 지역이 같은 지리적표시

① ㉠㉡ ② ㉠㉢
③ ㉡㉢ ④ ㉠㉡㉢

9 **농수산물 품질관리법령상 벌칙에 관한 설명으로 옳은 것을 모두 고른 것은?**

> ㉠ 우수표시품이 아닌 수산물에 우수표시품의 표시를 한 자 : 3년 이하 징역 또는 3천만 원 이하 벌금
> ㉡ 수산물품질관리사의 명의를 사용하게 하거나 그 자격증을 빌려준 자 : 1년 이하 징역 또는 1천만 원 이하 벌금
> ㉢ 수산물의 검정결과에 대하여 거짓광고를 한 자 : 3년 이하 징역 또는 3천만 원 이하 벌금

① ㉠㉡ ② ㉠㉢
③ ㉡㉢ ④ ㉠㉡㉢

ANSWER

8 "동음이의어 지리적표시"란 동일한 품목에 대하여 지리적표시를 할 때 타인의 지리적표시와 발음은 같지만 해당 지역이 다른 지리적표시를 말한다〈농수산물 품질관리법 제2조(정의) 제9호〉.

9 ㉠ 우수표시품이 아닌 농수산물 또는 농수산가공품에 우수표시품의 표시를 하거나 이와 비슷한 표시를 한 자에 해당하는 자는 3년 이하의 징역 또는 3천만 원 이하의 벌금에 처한다〈농수산물 품질관리법 제119조(벌칙)〉.
㉡ 다른 사람에게 농산물검사관, 농산물품질관리사 또는 수산물품질관리사의 명의를 사용하게 하거나 그 자격증을 빌려준 자에 해당하는 자는 1년 이하 징역 또는 1천만 원 이하의 벌금에 처한다〈농수산물 품질관리법 제120조(벌칙)〉.
㉣ 검정 결과에 대하여 거짓광고나 과대광고를 한 자에 해당하는 자는 3년 이하의 징역 또는 3천만 원 이하의 벌금에 처한다〈농수산물 품질관리법 제119조(벌칙)〉.

8.① 9.④

10 농수산물 유통 및 가격안정에 관한 법령상 도매시장 개설자에 관한 설명으로 옳지 않은 것은?

① 도매시장법인이 다른 도매시장법인을 인수하는 경우에는 해당 도매시장 개설자의 승인을 받아야 한다.

② 도매시장 개설자는 도매시장법인이 판매업무를 할 수 없게 되었다고 인정되는 경우에는 그 업무를 직접 대행할 수 없고, 다른 도매시장법인으로 하여금 대행하게 할 수 있다.

③ 도매시장 개설자는 거래 관계자의 편익과 소비자 보호를 위하여 상품성 향상을 위한 규격화 포장 개선 및 선도(鮮度) 유지의 촉진에 관한 사항을 이행하여야 한다.

④ 도매시장 개설자는 도매시장을 효율적으로 관리 · 운영하기 위하여 필요하다고 인정하는 경우에는 도매시장법인을 갈음하여 그 업무를 수행할 법인을 설립할 수 있다.

11 농수산물 유통 및 가격안정에 관한 법령상 중도매인에 관한 설명으로 옳은 것은?

① 중도매인은 도매시장 개설자로부터 허가를 받은 수산물의 경우에는 도매시장법인이 상장한 수산물 이외의 수산물을 거래할 수 있다.

② 도매시장 개설자의 허가를 받은 중도매인은 도매시장에 설치된 공판장에서는 그 업무를 할 수 없다.

③ 도매시장 개설자가 법인이 아닌 중도매인에게 중도매업의 허가를 하는 경우 2년 이상 10년 이하의 범위에서 허가 유효기간을 설정할 수 있다.

④ 중도매인은 도매시장법인이 상장한 수산물을 연간 거래액의 제한없이 해당 도매시장의 다른 중도매인과 거래할 수 있다.

ANSWER

10 도매시장 개설자는 도매시장법인이 판매업무를 할 수 없게 되었다고 인정되는 경우에는 기간을 정하여 그 업무를 대행하거나 관리공사, 다른 도매시장법인 또는 도매시장공판장의 개설자로 하여금 대행하게 할 수 있다〈농수산물 유통 및 가격안정에 관한 법률 제66조 제1항〉.

11 ② 허가를 받은 중도매인은 도매시장에 설치된 공판장에서도 그 업무를 할 수 있다〈농수산물 유통 및 가격안정에 관한 법률 제26조〉.

③ 도매시장 개설자는 중도매업의 허가를 하는 경우 5년 이상 10년 이하의 범위에서 허가 유효기간을 설정할 수 있다. 다만, 법인이 아닌 중도매인은 3년 이상 10년 이하의 범위에서 허가 유효기간을 설정할 수 있다〈농수산물 유통 및 가격안정에 관한 법률 제25조 제6항〉.

④ 중도매인은 도매시장법인이 상장한 농수산물을 농림축산식품부령 또는 해양수산부령으로 정하는 연간 거래액의 범위에서 해당 도매시장의 다른 중도매인과 거래하는 경우를 제외하고는 다른 중도매인과 농수산물을 거래할 수 없다〈농수산물 유통 및 가격안정에 관한 법률 제31조 제5항〉.

10.② 11.①

12 농수산물 유통 및 가격안정에 관한 법령상 도매시장 개설자가 시장관리자로 지정할 수 있는 자가 아닌 것은?

① 한국농수산식품유통공사
② 「지방공기업법」에 따른 지방공사
③ 도매시장 개설자가 도매시장법인을 갈음하여 그 업무를 수행하게 하기 위하여 설립한 공공출자법인
④ 한국수산자원관리공단

13 농수산물 유통 및 가격안정에 관한 법령상 경매사에 관한 설명으로 옳은 것은?

① 해당 도매시장의 산시유통인은 경매사로 임명될 수 있다.
② 도매시장법인이 경매사를 임면(任免)하고자 할 때에는 도매시장 개설자의 허가를 받아야 한다.
③ 도매시장법인이 확보해야 하는 경매사의 수는 3명 이상으로 하되, 도매시장법인별 연간 거래물량 등을 고려하여 업무규정으로 그 수를 정한다.
④ 민영도매시장의 경매사는 민영도매시장 개설자가 임면한다.

ANSWER

12 도매시장 개설자는 소속 공무원으로 구성된 도매시장 관리사무소를 두거나 「지방공기업법」에 따른 지방공사, 공공출자법인 또는 한국농수산식품유통공사 중에서 시장관리자를 지정할 수 있다〈농수산물 유통 및 가격안정에 관한 법률 제21조 제1항〉.

13 ① 해당 도매시장의 시장도매인, 중도매인, 산지유통인 또는 그 임직원은 경매사로 임명할 수 없다〈농수산물 유통 및 가격안정에 관한 법률 제27조 제2항〉.
② 도매시장법인이 경매사를 임면(任免)하였을 때에는 농림축산식품부령 또는 해양수산부령으로 정하는 바에 따라 그 내용을 도매시장 개설자에게 신고하여야 하며, 도매시장 개설자는 농림축산식품부장관 또는 해양수산부장관이 지정하여 고시한 인터넷 홈페이지에 그 내용을 게시하여야 한다〈농수산물 유통 및 가격안정에 관한 법률 제27조 제4항〉.
③ 도매시장법인이 확보하여야 하는 경매사의 수는 2명 이상으로 하되, 도매시장법인별 연간 거래물량 등을 고려하여 업무규정으로 그 수를 정한다〈농수산물 유통 및 가격안정에 관한 법률 시행규칙 제20조 제1항〉.

12.④ 13.④

14 농수산물 유통 및 가격안정에 관한 법령상 공판장에 관한 설명으로 옳지 않은 것은?

① 공판장에는 매매참가인을 둘 수 없다.

② 생산자단체와 공익법인이 공판장을 개설하려면 기준에 적합한 시설을 갖추고 시 · 도지사의 승인을 받아야 한다.

③ 공판장의 중도매인은 공판장의 개설자가 지정한다.

④ 수산물을 수집하여 공판장에 출하하려는 자는 공판장의 개설자에게 산지유통인으로 등록하여야 한다.

15 농수산물 유통 및 가격안정에 관한 법령상 민영도매시장에 관한 설명으로 옳지 않은 것은?

① 민간인 등이 민영도매시장을 개설하려면 해양수산부장관의 허가를 받아야 한다.

② 민영도매시장 개설자는 중도매인, 매매참가인, 산지유통인 및 경매사를 두어 직접 운영하거나 시장도매인을 두어 이를 운영하게 할 수 있다.

③ 민영도매시장의 중도매인은 민영도매시장의 개설자가 지정한다.

④ 민영도매시장의 시장도매인은 민영도매시장의 개설자가 지정한다.

ANSWER

14 공판장에는 중도매인, 매매참가인, 산지유통인 및 경매사를 둘 수 있다〈농수산물 유통 및 가격안정에 관한 법률 제44조 제1항〉.

15 민간인 등이 특별시 · 광역시 · 특별자치시 · 특별자치도 또는 시 지역에 민영도매시장을 개설하려면 시 · 도지사의 허가를 받아야 한다〈농수산물 유통 및 가격안정에 관한 법률 제47조 제1항〉.

14.① 15.①

16 농수산물 유통 및 가격안정에 관한 법령상 도매시장의 개설 등에 관한 설명으로 옳은 것은?

① 시가 중앙도매시장을 개설하려면 도지사의 허가를 받아야 한다.

② 도매시장의 명칭에는 그 도매시장을 개설한 지방자치단체의 명칭이 포함되지 아니할 수 있다.

③ 도매시장의 개설구역은 도매시장이 개설되는 특별시 · 광역시 · 특별자치시 · 특별자치도 또는 시의 관할구역으로 한다.

④ 특별시 · 광역시 · 특별자치시 및 특별자치도가 도매시장을 폐쇄하는 경우에는 그 3개월 전에 해양수산부장관의 허가를 받아야 한다.

ANSWER

16 ① 도매시장은 대통령령으로 정하는 바에 따라 부류(部類)별로 또는 둘 이상의 부류를 종합하여 중앙도매시장의 경우에는 특별시 · 광역시 · 특별자치시 또는 특별자치도가 개설하고, 지방도매시장의 경우에는 특별시 · 광역시 · 특별자치시 · 특별자치도 또는 시가 개설한다. 다만, 시가 지방도매시장을 개설하려면 도지사의 허가를 받아야 한다〈농수산물 유통 및 가격안정에 관한 법률 제17조 제1항〉.

② 도매시장의 명칭에는 그 도매시장을 개설한 지방자치단체의 명칭이 포함되어야 한다〈농수산물 유통 및 가격안정에 관한 법률 시행령 제16조〉.

④ 시가 지방도매시장을 폐쇄하려면 그 3개월 전에 도지사의 허가를 받아야 한다. 다만, 특별시 · 광역시 · 특별자치시 및 특별자치도가 도매시장을 폐쇄하는 경우에는 그 3개월 전에 이를 공고하여야 한다〈농수산물 유통 및 가격안정에 관한 법률 제17조 제6항〉.

16.③

17 농수산물의 원산지 표시에 관한 법령상 농수산물 또는 그 가공품에 있어 원산지 표시 대상을 모두 고른 것은?

> ㉠ 사용된 원료의 배합 비율에서 한 가지 원료의 배합 비율이 98퍼센트 이상인 경우의 그 원료
> ㉡ 사용된 원료의 배합 비율에서 두 가지 원료의 배합 비율의 합이 98퍼센트 이상인 원료가 있는 경우에는 배합 비율이 높은 순서의 2순위까지의 원료
> ㉢ 농수산물 가공품에 포함된 물, 식품첨가물, 주정(酒精) 및 당류(당류를 주원료로 하여 가공한 당류가공품을 포함한다)

① ㉠　　② ㉠㉡
③ ㉡㉢　　④ ㉠㉡㉢

17 **원료 배합 비율에 따른 표시대상** … 농수산물 가공품의 원료에 대한 원산지 표시대상은 다음과 같다. 다만, 물, 식품첨가물, 주정(酒精) 및 당류(당류를 주원료로 하여 가공한 당류가공품을 포함한다)는 배합 비율의 순위와 표시대상에서 제외한다〈농수산물의 원산지 표시에 관한 법률 시행령 제3조 제2항〉.

㉠ **원료 배합 비율에 따른 표시대상**
- 사용된 원료의 배합 비율에서 한 가지 원료의 배합 비율이 98퍼센트 이상인 경우에는 그 원료
- 사용된 원료의 배합 비율에서 두 가지 원료의 배합 비율의 합이 98퍼센트 이상인 원료가 있는 경우에는 배합 비율이 높은 순서의 2순위까지의 원료
- 위 외의 경우에는 배합 비율이 높은 순서의 3순위까지의 원료
- 위의 규정에도 불구하고 김치류 및 절임류(소금으로 절이는 절임류에 한정한다)의 경우에는 다음의 구분에 따른 원료

– 김치류 중 고춧가루(고춧가루가 포함된 가공품을 사용하는 경우에는 그 가공품에 사용된 고춧가루를 포함한다. 이하 같다)를 사용하는 품목은 고춧가루 및 소금을 제외한 원료 중 배합 비율이 가장 높은 순서의 2순위까지의 원료와 고춧가루 및 소금
– 김치류 중 고춧가루를 사용하지 아니하는 품목은 소금을 제외한 원료 중 배합 비율이 가장 높은 순서의 2순위까지의 원료와 소금
– 절임류는 소금을 제외한 원료 중 배합 비율이 가장 높은 순서의 2순위까지의 원료와 소금. 다만, 소금을 제외한 원료 중 한 가지 원료의 배합 비율이 98퍼센트 이상인 경우에는 그 원료와 소금으로 한다.

㉡ ㉠에 따른 표시대상 원료로서 「식품 등의 표시 · 광고에 관한 법률」에 따른 식품 등의 표시기준에서 정한 복합원재료를 사용한 경우에는 농림축산식품부장관과 해양수산부장관이 공동으로 정하여 고시하는 기준에 따른 원료

17.②

18 **농수산물의 원산지 표시에 관한 법령상 원산지 표시를 하여야 할 자에 해당하지 않는 것은?**

① 휴게음식점영업소 설치 · 운영자
② 수산물가공단지 설치 · 운영자
③ 위탁급식영업소 설치 · 운영자
④ 일반음식점영업소 설치 · 운영자

19 **농수산물의 원산지 표시에 관한 법령상 거짓표시 등의 금지 행위에 해당하지 않는 것은?**

① 원산지 표시를 거짓으로 하거나 이를 혼동하게 할 우려가 있는 표시를 하는 행위
② 원산지 표시를 혼동하세 할 목적으로 그 표시를 손상 · 변경하는 행위
③ 살아 있는 수산물을 조리하여 판매 · 제공하기 위하여 수족관 등에 보관 · 진열하는 행위
④ 원산지 표시를 한 농수산물이나 그 가공품에 원산지가 다른 동일 농수산물이나 그 가공품을 혼합하여 조리 · 판매 · 제공하는 행위

ANSWER

18 "대통령령으로 정하는 영업소나 집단급식소를 설치 · 운영하는 자"란 「식품위생법 시행령」의 휴게음식점영업, 일반음식점영업 또는 위탁급식영업을 하는 영업소나 집단급식소를 설치 · 운영하는 자를 말한다〈농수산물의 원산지 표시에 관한 법률 시행령 제4조(원산지 표시를 하여야 할 자)〉.

19 거짓 표시 등의 금지〈농수산물의 원산지 표시에 관한 법률 제6조 제1항〉
㉠ 원산지 표시를 거짓으로 하거나 이를 혼동하게 할 우려가 있는 표시를 하는 행위
㉡ 원산지 표시를 혼동하게 할 목적으로 그 표시를 손상 · 변경하는 행위
㉢ 원산지를 위장하여 판매하거나, 원산지 표시를 한 농수산물이나 그 가공품에 다른 농수산물이나 가공품을 혼합하여 판매하거나 판매할 목적으로 보관이나 진열하는 행위

18.② 19.③

20 **농수산물의 원산지 표시에 관한 법령상 원산지의 표시 기준과 관련 없는 법은?**

① 대외무역법
② 원양산업발전법
③ 수산자원관리법
④ 남북교류협력에 관한 법률

21 **농수산물의 원산지 표시에 관한 법령상 해양수산부장관이 국립수산물품질관리원장에게 위임한 권한이 아닌 것은?**

① 과징금의 부과 · 징수
② 원산지 표시 등의 위반에 대한 처분 및 공표
③ 원산지 표시에 대한 정보 제공
④ 명예감시원의 감독 · 운영 및 경비의 지급

ANSWER

20 ① 수입 농수산물과 그 가공품(이하 "수입농수산물 등"이라 한다)은 「대외무역법」에 따른 원산지를 표시한다〈농수산물의 원산지 표시에 관한 법률 시행령 별표 1〉.
② 「원양산업발전법」에 따라 원양어업의 허가를 받은 어선이 해외수역에서 어획하여 국내에 반입한 수산물은 "원양산"으로 표시하거나 "원양산" 표시와 함께 "태평양", "대서양", "인도양", "남극해", "북극해"의 해역명을 표시한다〈농수산물의 원산지 표시에 관한 법률 시행령 별표 1〉.
④ 「남북교류협력에 관한 법률」에 따라 반입한 농수산물과 그 가공품(이하 "반입농수산물 등"이라 한다)은 같은 법에 따른 원산지를 표시한다〈농수산물의 원산지 표시에 관한 법률 시행령 별표 1〉.

21 권한의 위임 · 위탁 … 농림축산식품부장관은 농산물 및 그 가공품에 관한 다음의 권한을 국립농산물품질관리원장에게 위임하고, 해양수산부장관은 수산물 및 그 가공품에 관한 다음의 권한을 국립수산물품질관리원장에게 위임한다〈농수산물의 원산지 표시에 관한 법률 시행령 제9조 제1항〉.
㉠ 과징금의 부과 · 징수
㉡ 원산지 표시대상 농수산물이나 그 가공품의 수거 · 조사, 자체계획의 수립 · 시행, 자체계획에 따른 추진실적 등의 평가 및 법에 따른 원산지 통합관리시스템의 구축 · 운영
㉢ 원산지 표시 등의 위반에 따른 처분 및 공표
㉣ 원산지 표시 위반에 대한 교육
㉤ 명예감시원의 감독 · 운영 및 경비의 지급
㉥ 포상금의 지급
㉦ 과태료의 부과 · 징수
㉧ 원산지 검정방법 · 세부기준 마련 및 그에 관한 고시

20.③ 21.③

22 **농수산물의 원산지 표시에 관한 법령상 과징금 부과 및 징수에 관한 내용이다. ( ) 안에 들어갈 내용이 순서대로 옳게 나열된 것은?**

> 과징금의 납부 "통보를 받은 자는 납부 통지일부터 ( )일 이내에 과징금을 농림축산식품부장관, 해양수산부장관 또는 시·도지사가 정하는 수납기관에 내야 한다. 다만, 천재지변이나 그 밖의 부득이한 사유로 납부기한까지 과징금을 낼 수 없는 경우에는 그 사유가 없어진 날부터 ( )일 이내에 내야 한다."

① 30, 7　　② 30, 10

③ 40, 7　　④ 40, 10

23 **친환경 농어업 육성 및 유기식품 등의 관리·지원에 관한 법령상 유기식품의 '유기 표시기준'으로 옳지 않은 것은?**

① 표시 도형 내부의 "유기식품"의 글자는 품목에 따라 "유기수산물" 또는 "유기가공식품"으로 표기할 수 있다.

② 표시 도형의 국문 및 영문 모두 글자의 활자체는 고딕체로 한다.

③ 표시 도형의 색상은 녹색을 기본 색상으로 하되, 포장재의 색깔 등을 고려하여 파란색, 빨간색 또는 검은색으로 할 수 있다.

④ 표시 도형의 위치는 포장재 주 표시면의 정면에 표시한다.

ANSWER

22 과징금의 납부 통보를 받은 자는 납부 통지일부터 30일 이내에 과징금을 농림축산식품부장관, 해양수산부장관, 관세청장 또는 시·도지사가 정하는 수납기관에 내야 한다. 다만, 천재지변이나 그 밖의 부득이한 사유로 납부기한까지 과징금을 낼 수 없는 경우에는 그 사유가 없어진 날부터 7일 이내에 내야 한다〈농수산물의 원산지 표시에 관한 법률 시행령 제5조의2 제3항〉.

23 표시 도형의 위치는 포장재 주 표시면의 측면에 표시하되, 포장재 구조상 측면 표시가 어려울 경우에는 표시 위치를 변경할 수 있다〈해양수산부 소관 친환경 농어업 육성 및 유기식품 등의 관리·지원에 관한 법률 시행규칙 별표 5〉.

22.① 23.④

24 **친환경 농어업 육성 및 유기식품 등의 관리 · 지원에 관한 법령상 양식장에 양식생물(수산동물)이 있는 경우, pH 조절에 한정하여 사용가능한 물질은?**

① 가성소다

② 과산화초산

③ 석회석(탄산칼슘)

④ 차아염소산나트륨

24 양식 장비나 시설의 청소를 위하여 사용이 가능한 물질〈해양수산부 소관 친환경 농어업 육성 및 유기식품 등의 관리 · 지원에 관한 법률 시행규칙 별표 1〉

㉠ 양식생물(수산동물)이 없는 경우

사용가능 물질	사용가능 조건
오존, 식염(염화나트륨), 차아염소산 나트륨, 차아염소산 칼슘, 석회(생석회, 산화칼슘), 수산화나트륨, 알코올, 과산화수소, 유기산제(아세트산, 젖산, 구연산), 부식산, 과산화초산, 요오드포, 과산화아세트산 및 과산화옥탄산	사람의 건강 또는 양식장 환경에 위해(危害) 요소로 작용하는 것은 사용할 수 없음
차박	새우 양식에 한정함

㉡ 양식생물(수산동물)이 있는 경우

사용가능 물질	사용가능 조건
석회석(탄산칼슘)	pH 조절에 한정함
백운석(白雲石)	새우 양식의 pH 조절에 한정함

24.③

25 친환경 농어업 육성 및 유기식품 등의 관리 · 지원에 관한 법령상 친환경 농어업에 대한 기여도 평가 시 고려사항으로 옳지 않은 것은?

① 어업 환경의 유지 · 개선 실적
② 친환경어업 기술의 개발 · 보급 실적
③ 항생제수산물 및 활성처리제 사용 수산물 인증 실적
④ 친환경수산물 또는 유기어업자재의 생산 · 유통 · 수출 실적

ANSWER

25 친환경 농어업에 대한 기여도 … 농림축산식품부장관, 해양수산부장관 또는 지방자치단체의 장은 「친환경 농어업 육성 및 유기식품 등의 관리 · 지원에 관한 법률」에 따른 친환경 농어업에 대한 기여도를 평가할 때에는 다음의 사항을 고려하여야 한다〈친환경 농어업 육성 및 유기식품 등의 관리 · 지원에 관한 법률 시행령 제2조〉.

㉠ 농어업 환경의 유지 · 개선 실적
㉡ 유기식품 및 비식용유기가공품, 친환경농수산물 또는 유기농어업자재의 생산 · 유통 · 수출 실적
㉢ 유기식품 등, 무농약원료가공식품, 무농약농산물, 무항생제 수산물 및 활성처리제 비사용 수산물의 인증 실적 및 사후관리 실적
㉣ 친환경 농어업 기술의 개발 · 보급 실적
㉤ 친환경 농어업에 관한 교육 · 훈련 실적
㉥ 농약 · 비료 등 화학자재의 사용량 감축 실적
㉦ 축산분뇨를 퇴비 및 액체비료 등으로 자원화한 실적

25.③

II 수산물 유통론

26 선어에 비해 수산가공품의 유통상 장점을 모두 고른 것은?

> ㉠ 장기간 저장 용이
> ㉡ 수송 용이
> ㉢ 선도 향상 가능

① ㉠ ② ㉠㉡
③ ㉡㉢ ④ ㉠㉡㉢

27 수산물 유통경로에 관한 설명으로 옳은 것은?

① 참치 통조림의 유통은 원료 조달단계와 상품 판매단계로 구분된다.
② 원양산 냉동 오징어는 모두 공영도매시장을 통해 유통된다.
③ 자연산 굴과 양식산 굴의 유통경로는 유사하다.
④ 갈치는 소비지 도매시장을 경유해야만 한다.

ANSWER

26 선어에 비해 수산가공품으로 유통할 때에는 장기간 저장 및 수송이 용이하지만, 선도를 향상시킬 수 있는 것은 아니다.

27 ② 원양산 냉동 오징어는 민영도매시장 등을 통해서도 유통된다.
③ 자연산 굴과 양식산 굴의 유통경로는 다르다.
④ 갈치는 대형마트나 백화점 등이 산지와 직거래를 하게 되면서 소비지 도매시장을 거치지 않고 직접 소비자에게 공급하는 추세로 바뀌고 있다.

26.② 27.①

28 **냉동 수산물 유통에 관한 설명으로 옳지 않은 것은?**

① 원양 어획물과 수입 수산물이 대부분이다.
② 유통과정에서의 부패 위험도가 낮다.
③ 주로 산지위판장을 경유하여 유통된다.
④ 유통을 위해서 냉동창고, 냉동탑차를 이용한다.

29 **수산물 소매시장에 관한 설명으로 옳은 것은?**

① 소비자에게 수산물을 판매하는 유통과정의 최종단계이다.
② 수산물의 수집, 가격 형성, 소비지로 분산하는 기능을 수행한다.
③ 수산물을 생산하여 1차 가격을 결정하는 시장이다.
④ 중도매인이 가격 결정을 주도한다.

ANSWER

28 냉동 수산물 유통은 산지위판장을 경유하지 않고 생산자와 도·소매 판매자가 바로 유통하는 경우가 많다.

29 ② 도매시장의 역할이다.
③ 산지위판장에 대한 설명이다.
④ 중도매인은 도매시장법인에서 결정된 낙찰가에 마진을 붙여 소매상에 판매한다.
※ 수산물 유통경로

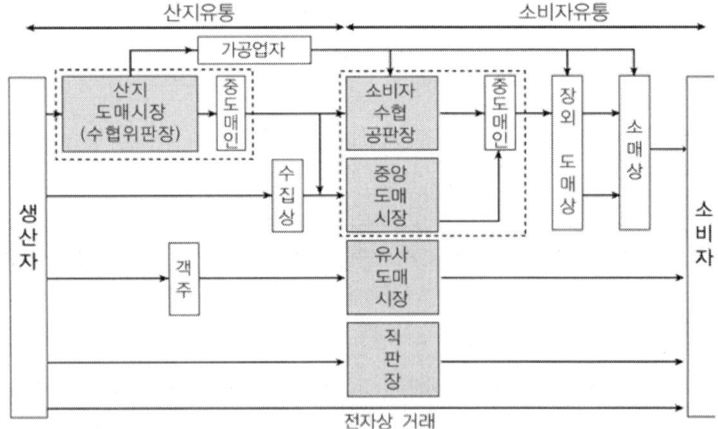

28.③ 29.①

30 양식 넙치 유통에 관한 설명으로 옳지 않은 것은?

① 횟감으로 이용되기 때문에 대부분 활어로 유통된다.
② 현재 주 생산지는 제주도와 완도이다.
③ 활어 유통기술이 개발되어 활어로 수출되고 있다.
④ 주로 산지위판장에서 거래되어 소비지로 출하된다.

31 선어 유통에 관한 설명으로 옳은 것은?

① 선어 유통에는 빙장이 필요 없다.
② 선어 유통은 비계통 출하 비중이 높다.
③ 선어 유통에서 명태의 유통량이 가장 많다.
④ 선어의 선도 유지를 위해 신속한 유통이 필요하다.

32 자연산 참돔 활어 유통에 관한 설명으로 옳지 않은 것은?

① 소비지에서는 유사 도매시장을 경유하는 비중이 높다.
② 산지에서는 계통 출하로만 유통된다.
③ 유통과정에서 활어차와 수조가 이용된다.
④ 선어 유통보다 부가가치가 높다.

ANSWER

30 넙치는 여타 활어와 마찬가지로 수협에 위판하는 비율이 낮고, 소비지도매시장에 상장하는 비율도 선어에 비해 아주 낮다. 수출을 제외한 넙치의 주된 유통경로는 하남 및 인천활어시장 등의 유사 도매시장을 경유하거나 산지수집상 등의 활어유통업자가 횟집에 직접 판매하는 형태가 일반적이다.

31 ① 선어 유통에는 빙수장이나 빙장이 필요하다.
② 선어 유통은 일반적으로 비계통 출하보다 계통 출하 비중이 높다.
③ 선어 유통의 주요 품목으로는 고등어, 갈치 등이 있다. 명태는 주로 냉동상태로 유통된다.

32 산지에서는 주로 비계통 출하로 유통된다.

30.④ 31.④ 32.②

33 **수산물 전자상거래 활성화의 제약 요인이 아닌 것은?**

① 수산물의 소비량이 적다.
② 운송비 부담이 크다.
③ 생산 및 공급이 불안정하다.
④ 반품처리가 어렵다.

34 **산지위판장에 고등어 100상자가 상장되면, 어떤 방식으로 가격이 결정되는가?**

① 상향식 경매
② 하향식 경매
③ 최저가 입찰
④ 최고가 입찰

35 **수산물 판매량을 늘리기 위해 중간상인에게 적용되는 촉진수단이 아닌 것은?**

① 가격 인하
② 무료 제품 제공
③ 광고
④ 할인 쿠폰

ANSWER

33 수산물의 소비량이 적은 것은 전자상거래 활성화의 제약 요인은 아니다.

34 산지위판장에 고등어 100상자가 상장되면, 낮은 가격에서 시작해 높은 가격으로 올라가는 상향식 경매로 가격이 결정된다.

35 할인 쿠폰은 소비자에게 적용되는 촉진수단이다.
※ 판매촉진 수단들
㉠ 소비자 촉진 : 무료샘플, 쿠폰, 리베이트, 프리미엄, 광고용 판촉물, 사은품 제공, 콘테스트, 구매시점(POP : Point of Purchase) 촉진 등
㉡ 중간상 촉진 : 대리점 대상 판매 콘테스트, 프리미엄 제공, 가격할인, 무료상품 제공, 업종별 전시회 등

33.① 34.① 35.④

36 **수산식품의 생산단계부터 판매단계까지의 정보를 소비자에게 전달하는 체계는?**

① 지리적 표시제
② GAP
③ 수산물 이력제
④ QS – 9000

37 **마트에서 생굴을 판매할 때, 판매정보수집에 이용되는 도구가 아닌 것은?**

① POS 단말기
② 바코드
③ 스토어 콘트롤러
④ IC 카드

38 **갈치의 유통단계별 가격이 다음과 같다면 소비지 도매단계의 유통마진율(%)은 약 얼마인가? (단, 유통비용은 없다고 가정한다)**

유통단계별 참여자	생산자	산지 수집상	소비지 도매상	소매상
참여자별 수취가격(마리당)	6,000원	6,500원	7,500원	8,000원

① 6%　　② 8%
③ 13%　　④ 25%

ANSWER

36 수산물 이력제(Seafood Traceability System) … 어장에서 식탁에 이르기까지 수산물의 이력정보를 기록, 관리하여 소비자에게 공개함으로써 수산물을 안심하고 선택할 수 있도록 도와주는 제도이다.

37 마트 등에서 상품을 판매할 때, 판매정보수집에 이용되는 도구로는 POS 단말기, 바코드, 스토어 콘트롤러(SC) 등이 있다. IC 카드는 판매정보수집에 이용되지 않는다.

38 유통마진율(%) = {(판매액 – 구매액)/판매액} × 100 = {(7,500 – 6,500)/7,500} × 100 = 13.33…%

36.③ 37.④ 38.③

39 **고등어가 매월 500상자씩 판매되었으나 가격이 10% 인상됨에 따라 수요가 15% 감소하였다면 수요의 가격탄력성은?**

① 0.5　　② 0.7
③ 1.1　　④ 1.5

40 **수산물 마케팅 환경요인 중 미시적 외부환경요인은?**

① 종업원 역량　　② 수산물 공급자
③ 해수온도　　④ 어업기술

41 **수산식품의 브랜드명이 'B참치', 'B어묵', 'B젓갈' 등이라면, B수산회사가 채택한 브랜드 구조는?**

① 브랜드 위계 구조　　② 개별 브랜드 구조
③ 기업 브랜드 구조　　④ 혼합 브랜드 구조

ANSWER

39 수요의 가격탄력성 … 상품의 가격이 변동할 때, 이에 따라 수요량이 얼마나 변동하는지를 나타내는 것으로, 수요의 가격탄력성은 수요량의 변동률을 가격의 변동률로 나눈 것이다. 따라서 15 ÷ 10 = 1.5이다.

40 미시적 환경요인 … 특정 기업이 특정 제품을 목표고객에게 마케팅할 때 마케팅능력에 영향을 미치게 되는 직접적이고도 관련성이 높은 마케팅 환경요인으로, 기업내부환경요소, 마케팅경로를 담당하는 기업들, 공급업자, 경쟁기업 등으로 구성된다.
※ 마케팅 환경

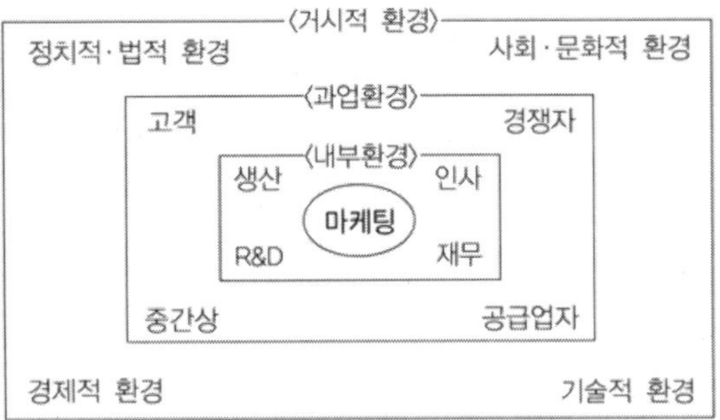

41 회사 명을 모든 제품의 브랜드로 취하고 있는 기업 브랜드 구조라고 할 수 있다. 기업 브랜드 구조는 기업이 목표로 하는 모든 고객 세그먼트에 걸쳐 니즈가 유사하고 단일 브랜드로 모든 성능과 효과를 홍보할 수 있을 때 적절한 전략이다.

39.④ 40.② 41.③

42 **다음에서 부산횟집이 넙치회 2kg을 37,000원에 판매하였다면, 적용된 가격결정방식은?**

넙치회 2kg 기준	넙치 구입 원가 : 25,000원	인근 횟집 평균 가격 : 50,000원
	총인건비 : 5,000원	소비자 지각가치 : 34,000원
	기타 점포운영비 : 4,000원	희망 이윤액 : 3,000원

① 가치 가격결정
② 원가 중심 가격결정
③ 약탈적 가격결정
④ 경쟁자 기준 가격결정

43 **수산물 유통의 사회경제적 역할이 아닌 것은?**

① 사회적 불일치 해소
② 장소적 불일치 해소
③ 품질적 불일치 해소
④ 시간적 불일치 해소

44 **일반적인 수산물의 상품적 특성으로 옳지 않은 것은?**

① 품질과 크기가 균일하다.
② 생산이 특정한 시기에 편중되는 품목이 많다.
③ 가치에 비해 부피가 크고 무겁다.
④ 상품의 용도가 다양하며, 대체 가능한 품목이 많다.

ANSWER

42 구입 원가에 총인건비와 기타 점포운영비, 희망 이윤액을 가산한 금액으로 가격을 결정하였으므로 원가중심 가격결정 방법이 적용되었다.

※ 가격결정 방법

㉠ 원가 중심 가격결정 : 원가 가산 가격결정 방법, 자사 제품에 대한 분석(세부사항)

㉡ 경쟁제품 중심 가격결정 : 시가 대응 가격, 경쟁사와 경쟁사 제품 분석

43 품질적 불일치 해소는 품질적인 격차를 조정하는 표준화 기능으로 유통 조성기능이다.

44 수산물은 품질과 크기가 균일하지 않다는 특성이 있다.

42.② 43.③ 44.①

45 수산물 유통구조에 관한 설명으로 옳은 것은?

① 유통단계가 단순하다.
② 소비지에는 도매시장이 없다.
③ 다양한 유통경로가 존재한다.
④ 유통비용이 저렴하고, 유통마진이 작다.

46 수산물 유통기능의 설명으로 옳은 것을 모두 고른 것은?

㉠ 보관기능 : 수산물 생산시점과 소비시점의 차이 문제를 해결한다. ㉡ 정보전달기능 : 수산물 생산지와 소비지의 차이 문제를 해결한다. ㉢ 상품구색기능 : 시장 수요의 다양성에 대응하기 위해 다양한 수산물을 수집하여 구색을 갖춘다. ㉣ 선별기능 : 대량으로 생산된 수산물을 각 시장의 규모에 맞추어 소량으로 분할한다.

① ㉠㉡
② ㉠㉢
③ ㉡㉣
④ ㉢㉣

47 산지위판장에 관한 설명으로 옳지 않은 것은?

① 전국적으로 동일한 위판수수료를 받는다.
② 수협 조합원의 생산물을 위탁판매한다.
③ 경매를 통해 가격을 결정한다.
④ 어장과 가까운 연안에 위치한다.

ANSWER

45 ① 유통단계가 많고 복잡한 편이다.
② 유사도매시장 등 소비지에도 도매시장이 있다.
④ 높은 수준의 유통마진은 수산물 유통구조의 문제점으로 지적된다.

46 ㉡ 수산물 생산지와 소비지의 차이 문제를 해결하는 것은 운송기능이다.
㉣ 소량분할기능에 대한 설명이다.

47 위판수수료는 산지위판장마다 다르다.

45.③ 46.② 47.①

48 **수산물 표준화 및 등급화에 관한 설명으로 옳지 않은 것은?**

① 소비자의 상품신뢰도를 향상시킨다.
② 품질에 따른 가격차별화를 가능하게 한다.
③ 물류비용 절감으로 유통 효율성을 높일 수 있다.
④ 현재 수산물 표준화 및 등급화는 모든 생산자의 의무도입사항이다.

49 **냉동 수산물의 단위화물 적재시스템(Unit Load System)에 관한 설명으로 옳지 않은 것은?**

① 일정한 중량 또는 체적으로 단위화하여 수송하는 방법이다.
② 기계를 이용한 하역 · 수송 · 보관이 가능하다.
③ 저장 공간을 많이 차지하는 단점이 있다.
④ 포장비용을 절감하는 효과를 기대할 수 있다.

50 **수산물 공판장의 개설자에게 등록하고, 수산물을 수집하여 수산물 공판장에 출하하는 사람은?**

① 매매참가인
② 산지유통인
③ 경매사
④ 객주

ANSWER

48 수산물 표준화 및 등급화는 모든 생산자의 의무도입사항은 아니다. 수산물은 특성상 표준화 및 등급화가 어려워 해수부에서도 유통비용 절감을 위해 수산물 표준화 및 규격화 사업을 진행 중에 있으나 계획대로 추진되지 못하고 있다.

49 단위화물 적재시스템 … 산지에서부터 파렛트 적재, 하역작업을 기계화할 수 있는 일관 수송체계시스템을 말한다. 저장 공간을 적게 차지하는 장점이 있다.

50 "산지유통인(産地流通人)"이란 농수산물도매시장 · 농수산물공판장 또는 민영농수산물도매시장의 개설자에게 등록하고, 농수산물을 수집하여 농수산물도매시장 · 농수산물공판장 또는 민영농수산물도매시장에 출하(出荷)하는 영업을 하는 자(법인을 포함한다. 이하 같다)를 말한다〈농수산물 유통 및 가격안정에 관한 법률 제2조 제11호〉.

48.④ 49.③ 50.②

Ⅲ 수확 후 품질관리론

51 연육(Surimi)의 제조에 사용되는 원료어 중 냉수성 어종인 것은?

① 명태
② 갈치
③ 참조기
④ 실꼬리돔

52 어류의 선도 판정법이 아닌 것은?

① K값 측정
② 휘발성염기질소(VBN) 측정
③ 관능검사
④ 중금속 측정

ANSWER

51 냉수성 어종 … 일반적으로 15℃ 이하의 수온에 적합한 어류로 은대구 · 명태 · 강도다리 등이 이에 속한다.

52 선도 판정법
㉠ 물리적 방법 : 육질이나 고기 추출액의 물성을 측정하기 때문에 신속히 처리할 수 있지만 실용가치는 없다.
㉡ 화학적 방법 : 어육 단백질, 그 밖의 성분의 세균에 의한 분해생산물, 예컨대 유리 아미노산, 휘발성 염기, 트리메틸아민, 휘발성 유기산, 휘발성 환원성 물질 등을 측정한다. 실용적으로는 휘발성 염기 그리고 트리메틸아민의 측정이 초기 부패의 판정에 널리 쓰이고 있다. 또한 어육 중의 효소 화학적 변화를 추구하는 방법도 몇 가지 있으며 그 중에서는 핵산관련물질의 유무를 보는 K값의 측정이 보급되고 있다.
㉢ 세균학적 방법 : 주로 생균수의 측정이 실시된다.
㉣ 관능적 방법 : 우리나라에서는 객관적인 기준은 없고 외관이나 육질로부터 경험적으로 선도가 판정되고 있다.

51.① 52.④

53 **어육이 90% 동결되어 있을 때 체적 팽창률(%)은 약 얼마인가? (단, 어육의 수분 함량은 70%, 물의 동결에 의한 체적 팽창률은 9%로 하며, 수분을 제외한 나머지 성분의 동결에 의한 체적 변화는 무시한다.)**

① 4.9% ② 5.7%
③ 6.3% ④ 8.1%

54 **해산어류의 대표적인 비린내 성분은?**

① 트리메틸아민(TMA)
② 트리메틸아민옥시드(TMAO)
③ 젖산(Lactic Acid)
④ 글루탐산(Glutamic Acid)

55 **수산식품의 결합수에 관한 설명으로 옳지 않은 것은?**

① 단백질, 탄수화물 등의 식품성분과 결합되어 있다.
② 미생물의 증식에 이용된다.
③ 용매로 작용하지 않는다.
④ 0℃에서 얼지 않는다.

ANSWER

53 어육의 수분 함량이 70%이고 물의 동결에 의한 체적 팽창률이 9%일 때, 90% 동결되어 있는 어육의 체적 팽창률은 $0.9 \times 0.7 \times 0.09 \times 100 = 5.67$로 약 5.7%이다.

54 트리메틸아민(TMA)은 해산어패류에 함유되는 Trimethylamine Oxide가 사후 주로 세균의 효소에 의하여 환원되어 생성하는 물질이고 어패류 특유의 비린 냄새의 원인 물질이다.

55 결합수는 식품에서 미생물의 번식과 발아에 이용되지 못한다.
※ 결합수의 특징
㉠ 용매로서의 기능이 없다.
㉡ 0℃ 이하의 저온에서도 얼지 않는다.
㉢ 수증기압이 극히 낮아서 대기 중에서 잘 증발하지 않고 큰 압력을 가하여도 쉽게 분리·제거되지 않는다.
㉣ 미생물의 발육이나 그 포자의 발아에 이용될 수 없다.

53.② 54.① 55.②

56 **냉동 새우의 흑변에 관한 설명으로 옳지 않은 것은?**

① 머리 부위에서 많이 발생한다.
② 새우에 함유된 효소 작용에 의해 생성된다.
③ 최종 반응생성물은 과산화물이다.
④ 흑변을 억제하기 위해서는 아황산수소나트륨($NaHSO_3$) 용액에 침지한다.

57 **냉동식품의 냉동 화상(Freezer Burn)을 억제하는 방법으로 옳지 않은 것은?**

① 포장을 한다.
② 차아염소산나트륨 처리를 한다.
③ 냉동식품 표면의 승화를 억제한다.
④ 얼음막 처리(Glazing)를 한다.

58 **통조림 용기로서 알루미늄관의 특성으로 옳지 않은 것은?**

① 식염에 부식되기 쉽다.
② 붉은 녹이 발생하지 않는다.
③ 흑변이 발생하지 않는다.
④ 양철관에 비하여 무게가 무겁다.

ANSWER

56 새우류는 동결 냉장 중에 갑각이나 꼬리에 흑색의 색반을 생성하기 쉬운데 이것은 티로신이 티로시나아제의 작용으로 산화해서 멜라닌 같은 물질을 형성하기 때문이다.

57 차아염소산나트륨 … 식품의 부패균이나 병원균을 사멸하기 위하여 살균제로서 사용되는 물질이다.

58 알루미늄관은 양철관에 비하여 무게가 가볍다.

56.③ 57.② 58.④

59 수산물통조림의 밀봉을 위한 밀봉기의 주요 요소가 아닌 것은?

① 리프터(Lifter)
② 블리더(Bleeder)
③ 시밍 롤(Seaming Roll)
④ 시밍 척(Seaming Chuck)

60 식품 포장의 기능 및 목적으로 옳지 않은 것은?

① 식품을 오래 보관할 수 있게 한다.
② 제품의 취급을 간편하도록 한다.
③ 소비자에게 내용물의 정보를 감추기 위해 사용한다.
④ 유해물질의 혼입을 막아 식품의 안전성을 높인다.

61 수산가공품 중 수산물을 삶은(자숙) 다음 건조하여 제조한 것으로만 연결된 것은?

① 마른 오징어 – 마른 김
② 마른 김 – 마른 멸치
③ 마른 멸치 – 마른 해삼
④ 마른 해삼 – 굴비

ANSWER

59 블리더 … 수증기와 함께 레토르트 내부로 들어오는 미량의 공기를 제거하고 레토르트 내부와 온도계 주위의 수증기를 순환시키기 위해 사용하는 콕이다.

60 식품 포장 … 식품의 수송 및 보관 · 유통 중에 그 품질을 보존하고 위생적인 안전성을 유지하며 생산과 유통 · 수송의 합리화를 도모함은 물론, 상품으로서의 가치를 증대시켜 판매를 촉진하기 위해 알맞은 재료나 용기를 사용하여 식품에 적절한 처리를 하는 기술이나 이를 적용한 상태이다.

61 멸치, 해삼, 굴, 전복 등은 삶은 다음 건조하여 제조하는 대표적인 수산물이다.

59.② 60.③ 61.③

62 **어체의 척추 뼈 부분을 제거하고, 2개의 육편으로 처리한 것은?**

① 라운드(Round)
② 필렛(Fillet)
③ 세미 드레스(Semi Dressed)
④ 드레스(Dressed)

63 **액젓의 총질소 측정 방법으로 적합한 것은?**

① 속실렛(Soxhlet)법
② 상압가열법
③ 칼피셔(Karl Fischer)법
④ 킬달(Kjeldahl)법

64 **EPA(Eicosapentaenoic Acid)에 관한 설명으로 옳지 않은 것은?**

① 혈중 중성지질 개선에 도움을 준다.
② 오메가 – 3 지방산이다.
③ 포화지방산이다.
④ 고등어, 가다랑어 등에 함유되어 있다.

ANSWER

62 어체 처리 형태
㉠ 라운드(Round) : 아무런 전처리를 하지 않은 어체
㉡ 세미 드레스(Semi Dressed) : 아가미, 내장을 제거한 어체
㉢ 드레스(Dressed) : 두부와 내장을 제거한 어체
㉣ 팬 드레스(Pan Dressed) : Dressed에서 지느러미, 꼬리를 제거
㉤ 필렛(Fillet) : Dressed에서 척추골을 제거하고 두 쪽으로 나눈 것
㉥ 청크(Chunk) : Dressed Or Fillet을 일정한 크기로 자른 것
㉦ 스테이크(Steak) : Dressed Or Fillet을 2 ~ 3Cm 두께로 자른 것
㉧ 찹(Chop) : 어육채취기로 채육한 육
㉨ 그라운드(Ground) : 고기갈이기로 갈은 육

63 킬달법 … 유기물 중의 질소량을 측정하는 방법으로, 단백질 속에 평균적으로 질소가 16%를 차지하고 있다는 점을 이용하여 총질소를 측정한다. 총질소 측정방법으로는, 자외선 흡광광도법, 카드뮴환원법, 환원증류 – 킬달법(합산법) 등이 있다.

64 Epa(Eicosapentaenoic Acid) … Dha, Dpa와 함께 음식물을 통해 섭취해야만 하는 불포화 지방산(오메가 – 3 지방산)으로 콜레스테롤 저하, 뇌기능 촉진 등 각종 질병 예방에 효과가 있다.

62.② 63.④ 64.③

65 연육을 제조할 때 사용하는 첨가물이 아닌 것은?

① 솔비톨(Sorbitol)
② 중합인산염
③ 설탕
④ 감자 전분

66 갈조류에 함유된 다당류를 모두 고른 것은?

㉠ 알긴산(Alginic Acid)	㉡ 후코이단(Fucoidan)
㉢ 한천(Agar)	㉣ 카라기난(Carrageenan)

① ㉠㉡
② ㉠㉢
③ ㉡㉣
④ ㉢㉣

67 브라인 침지 동결법에 관한 설명으로 옳은 것은?

① 브라인으로 암모니아를 주로 사용한다.
② 참치 통조림용 원료어의 동결에 흔히 이용된다.
③ 포장된 수산물에는 적용할 수 없다.
④ 수산물을 개체 별로 동결할 수 없다.

ANSWER

65 연육을 제조할 때는 어육 외에 설탕, 합성착향료(D-솔비톨 등), 산도조절제(중합인산염 등) 등의 첨가물이 사용된다.

66 ㉠ 알긴산 : 갈조류의 세포막을 구성하는 다당류이다.
㉡ 후코이단 : 끈적끈적한 점질 구조의 황산염화한 다당류로 고미역, 다시마 등 갈조류에 들어있는 성분이다.
㉢ 한천 : 우뭇가사리 등 홍조류 안에 세포막 성분으로서 존재하는 점질물이다.
㉣ 카라기난 : 홍조류의 세포간물질을 추출하여 얻은 점성 고분자 전해질인 다당류이다.

67 브라인 침지 동결법 … 방수성 플라스틱 필름으로 밀착 포장한 식품에 브라인(일반적으로 염수)을 분무하거나 침지하여 동결하는 방법으로 어류 또는 새우 등의 급속동결에 이용된다.

65.④ 66.① 67.②

68 **통조림의 제조를 위한 주요 공정의 순서로 옳은 것은?**

① 탈기 – 밀봉 – 살균 – 냉각
② 탈기 – 살균 – 냉각 – 밀봉
③ 살균 – 냉각 – 탈기 – 밀봉
④ 밀봉 – 살균 – 냉각 – 탈기

69 **다음과 같은 특징을 가지는 알레르기 유발물질은?**

> • 비위생적으로 관리된 고등어에 함유되어 있다.
> • 바이오제닉아민의 일종이다.
> • 탈탄산 반응에 의해 유리 히스티딘으로부터 생성된다.

① 티라민(Tyramine)
② 라이신(Lysine)
③ 히스타민(Histamine)
④ 아르기닌(Arginine)

70 **식품첨가물 중 산화방지제에 해당하지 않는 것은?**

① 디부틸히드록시톨루엔(BHT)
② 부틸히드록시아니졸(BHA)
③ 소르빈산칼슘
④ 토코페롤

ANSWER

68 통조림 제조를 위한 주요 공정은 '탈기 → 밀봉 → 살균 → 냉각' 순이다.

69 **히스타민** … 장내에서의 생리작용 조절과 신경전달물질로서의 작용과 국소적인 면역반응에 관련된 생명활동에 필수불가결한 아민이다. 생체조직에 널리 분포되어 있으며, 부패균이나 장내세균에 의하여 단백질 속의 히스티딘에서 탈탄산 반응에 의하여 생기는데, 조직 내에서는 조직단백질과 결합하여 비활성 상태에 있고 항원항체반응에 의하여 알레르기나 아나필락시스가 보일 때는 비활성형인 히스타민이 어떤 작용으로 활성형이 되어 작용하는 것이다.

70 **소르빈산칼슘** … 미생물의 생육을 억제하여 가공식품의 보존료로 사용되는 식품첨가물이다.

68.① 69.③ 70.③

71 식품안전관리인증기준(HACCP)의 7원칙 12절차 체계 중 준비단계에 해당하는 것은?

① HACCP팀 구성
② 위해요소 분석
③ 중요관리점(CCP)의 결정
④ 중요관리점(CCP) 모니터링 체계 확립

72 해산어류를 통하여 감염되는 기생충인 아니사키스(Anisakis spp.)의 특징으로 옳은 것을 모두 고른 것은?

> ㉠ 숙주는 고래, 물개 등이다.
> ㉡ 인체 감염 시 복통 및 구토 등의 증상이 나타날 수 있다.
> ㉢ 고래회충으로도 불린다.

① ㉠
② ㉠㉡
③ ㉡㉢
④ ㉠㉡㉢

ANSWER

71 특정의 위해를 확인하고 효율적으로 관리함으로써 위해를 확실히 예방하기 위한 관리시스템인 HACCP의 적용에는 7원칙이 있으며, 이를 적용하기 위해서는 다음 12단계에 따라 시행된다.

㉠ **HACCP팀 구성** : 제품에 대한 특별한 지식이나 전문적 기술을 가진 사람으로 구성한다.
㉡ **최종 제품의 기술 및 유통방법** : 제품에 대한 특성, 성분조정 또는 유통조건 등의 내용을 기재한다.
㉢ **용도확인**(제품의 소비자) : 제품이 어디에서, 누가, 어떠한 용도로 사용된 것인가를 가정하여 위해분석을 실시한다.
㉣ **공정흐름도 작성** : 공정의 흐름도를 그림으로 작성한다.
㉤ **공정흐름도 현장 검증** : 공정흐름도가 실제 작업과 일치하는 가를 현장에서 확인한다.
㉥ **위해 분석**(원칙 1) : 원료, 제조공정 등에 대하여 생물학적 · 화학적 · 물리적 위해요소를 분석한다.
㉦ **중요관리점**(CCP) 결정(원칙 2) : HACCP를 적용하여 식품의 위해를 방지 · 제거하거나 안정성을 확보할 수 있는 결정을 한다.
㉧ **CCP에 대한 목표기준, 한계기준 설정**(원칙 3) : 모든 위해요소의 관리가 기준치 설정대로 충분히 이루어지고 있는지 여부를 판단할 수 있는 관리한계를 설정한다.
㉨ **각 CCP에 대한 모니터링 방법 설정**(원칙 4) : CCP관리가 정해진 관리기준에 따라 이루어지고 있는지 여부를 판단하기 위해 정기적으로 측정 또는 관찰한다.
㉩ **개선조치 방법 설정**(원칙 5) : 모니터링 결과 CCP에 대한 관리기준에서 벗어날 경우에 대비한 개선 · 조치 방법을 강구한다.
㉪ **HACCP시스템의 검증방법 설정**(원칙 6) : HACCP시스템이 적정하게 실행되고 있음을 검증하기 위한 절차를 설정한다.
㉫ **서류기록 유지 및 문서화**(원칙 7) : 모든 단계에서 절차에 관한 문서를 빠짐없이 정리하여 이를 매뉴얼로 규정하여 보관하고, CCP 모니터링 결과, 관리기준이탈 및 그에 따른 개선조치 등에 관한 기록을 유지한다.

72 아니사키스 … 고래류 등 바다산 포유류 위에 기생하는 회충으로, 인간에게는 유충(길이 약 3cm)이 기생하는 각종 바닷물고기나 말린 오징어 등을 생식하여 감염된다. 급성기의 증상으로는 섭취 후 몇 시간만에 일어나는 심한 복통, 만성기의 증상은 위의 호산구성 육아종 등이 있다.

71.① 72.④

73 **노로바이러스 식중독에 관한 설명으로 옳지 않은 것은?**

① 세균성 식중독의 일종이다.
② 사람의 분변에 오염된 물이나 식품에 의해 발생한다.
③ 메스꺼움, 설사, 구토 등의 증상을 유발한다.
④ 비가열 패류를 섭취할 경우 감염될 수 있다.

74 **다음 중 복어 독의 주요 성분은?**

① 솔라닌(Solanine)
② 고시폴(Gossypol)
③ 아미그달린(Amygdalin)
④ 테트로도톡신(Tetrodotoxin)

75 **식품의 생물학적 위해요소로 옳지 않은 것은?**

① 식중독 세균
② 잔류농약
③ 식중독 바이러스
④ 기생충

ANSWER

73 노로바이러스 식중독 … 노로바이러스에 의한 유행성 바이러스성 위장염으로 우리나라에서 발생하는 수인성 · 식품매개 질환 중 가장 흔하다.

74 ④ 테트로도톡신은 복어 독에 있는 신경독이다.
① 감자
② 목화씨
③ 살구씨, 복숭아씨

75 식품의 위해요소는 생물학적 · 화학적 · 물리적 위해요소로 구분되는데 잔류농약은 화학적 위해요소에 해당한다.

73.① 74.④ 75.②

Ⅳ 수산 일반

76 **다음에서 수산업법상 정의하는 수산업을 모두 고른 것은?**

㉠ 수산물유통업	㉡ 어촌관광업
㉢ 수산물가공업	㉣ 어업
㉤ 수산기자재업	㉥ 어획물운반업

① ㉠㉡　② ㉢㉣㉥
③ ㉠㉢㉣㉤　④ ㉡㉣㉤㉥

77 **다음에서 설명하는 내용으로 옳은 것은?**

> 특정 어장에서 특정 어종의 자원 상태를 조사 · 연구하여 분포하고 있는 자원의 범위 내에서 연간 어획할 수 있는 총량을 정하고, 그 이상의 어획을 금지함으로써 수산자원의 관리를 도모하고자 하는 제도

① ABC　② MSY
③ MEY　④ TAC

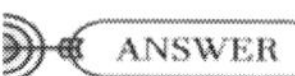

ANSWER

76 "수산업"이란 어업 · 양식업 · 어획물운반업 및 수산물가공업을 말한다〈수산업법 제2조 제1호〉.

77 **총허용어획량(TAC)제도** … 개별 어종에 대해 연간 잡을 수 있는 어획량을 설정하여 그 한도 내에서만 어획을 허용하는 수산자원 관리제도로 1999년 도입되어 현재까지 시행하고 있다.

76.② 77.④

78 **국제수산기구 중 다랑어류(참치) 관리기구로 옳은 것은?**

① 북서대서양수산위원회(NAFO)
② 남극해양생물보존위원회(CCAMLR)
③ 중서부태평양수산위원회(WCPFC)
④ 북태평양소하성어류위원회(NPAFC)

79 **수산물의 일반적 특징에 관한 설명으로 옳지 않은 것은?**

① 수산물은 부패가 느리고 상품 규격화가 쉽다.
② 수산물 기호는 부모들의 섭취 경험에 영향을 받는다.
③ 육상에서 생산되는 먹거리로부터 보충받기 어려운 각종 특수 영양소를 제공한다.
④ 쌀을 주식으로 하는 나라일수록 식품소비 중 수산물이 차지하는 비율이 높은 편이다.

80 **다음에서 ( ) 안에 들어갈 용어를 순서대로 나열한 것은?**

면허어업은 행정관청이 일정한 수면을 구획 또는 전용하여 어업을 할 수 있는 자를 지정하고, 일정 기간 동안 그 수면을 ( )하여 ( )으로 이용하도록 권한을 부여하는 것이다.

① 독점, 배타적
② 공유, 배타적
③ 과점, 비배타적
④ 협동, 비배타적

ANSWER

78 중서부태평양수산위원회(WCPFC : Western and Central Pacific Fisheries Commission) … 중서부태평양 참치자원의 장기적 보존과 지속적 이용을 목적으로 설립된 지역수산관리기구 중의 하나로, 「중서부태평양 고도회유성어족의 보존과 관리에 관한 협약」에 따라 2004년 설립되었다.

79 수산물은 부패가 빠르고 상품 규격화가 어렵다.

80 면허어업은 행정관청이 일정한 수면을 구획 또는 전용하여 어업을 할 수 있는 자를 지정하고, 일정 기간 동안 그 수면을 독점하여 배타적으로 이용하도록 권한을 부여하는 것이다.

78.③ 79.① 80.①

81 **수산자원조성의 적극적 활동에 해당하지 않는 것은?**

① 인공어초 투하
② 바다목장 조성
③ 어획량 제한
④ 인공종자(종묘) 방류

82 **다음에서 설명하는 법으로 옳은 것은?**

> 수산자원의 보호 · 회복 및 조성 등에 필요한 사항을 규정하여 수산자원을 효율적으로 관리함으로써 어업의 지속적 발전과 어업인의 소득증대에 기여할 목적으로 제정된 법

① 수산업법
② 어촌 · 어항법
③ 수산자원관리법
④ 수산업 · 어촌 발전 기본법

83 **다음에서 설명하는 양식어류 종은?**

> • 버들잎 모양의 렙토세팔루스(Leptocephalus) 유생기를 거치며, 성장하면서 해류를 따라 연안으로 이동한다.
> • 주로 2 ~ 5월에 우리나라 서해와 남해 연안에 인접한 강 하구에서 종자(종묘)의 용도로 채포(포획)된다.

① 연어
② 뱀장어
③ 가물치
④ 메기

ANSWER

81 어획량을 제한하는 것은 소극적 활동이다.

82 이 법은 수산자원관리를 위한 계획을 수립하고, 수산자원의 보호 · 회복 및 조성 등에 필요한 사항을 규정하여 수산자원을 효율적으로 관리함으로써 어업의 지속적 발전과 어업인의 소득증대에 기여함을 목적으로 한다〈수산자원관리법 제1조(목적)〉.

83 제시된 내용은 뱀장어 양식과 관련된 설명이다.

81.③ 82.③ 83.②

84 다음에서 어류의 양식 방법을 모두 고른 것은?

㉠ 지수식 양식	㉡ 가두리 양식
㉢ 수하식 양식	㉣ 바닥식 양식
㉤ 유수식 양식	

① ㉠㉡㉣ ② ㉠㉡㉤
③ ㉡㉢㉣ ④ ㉢㉣㉤

85 양식생물의 종자(종묘)생산에 관한 설명으로 옳지 않은 것은?

① 계획적으로 인공 종자를 생산할 수 있다.
② 자연산 어미를 이용하여 인공 종자를 생산할 수 있다.
③ 양식생물의 생태적인 습성에 맞추어 관리해야 한다.
④ 로티퍼(Rotifer)나 아테미아(Artermia)는 패류 종자의 초기 먹이로 주로 이용된다.

86 양식 대상 어종을 선택할 때 고려해야 할 조건으로 옳지 않은 것은?

① 사료의 확보가 용이해야 한다.
② 질병의 내성이 약해야 한다.
③ 대상 어종의 성장이 빨라야 한다.
④ 종자(종묘) 수급이 원활해야 한다.

ANSWER

84 ㉢ 수하식 양식은 굴을 양식하는 방법이다.
㉣ 바닥식 양식은 대합이나 조개 등을 양식하는 방법이다.

85 로티퍼나 알테미아는 어류 치어의 초기 먹이로 주로 이용된다.

86 질병의 내성이 강해야 한다.

84.② 85.④ 86.②

87 **다음 중 순환여과식 양식 어류의 배설물 및 먹이 찌꺼기에서 가장 많이 발생되는 독성 물질은?**

① 이산화탄소
② 중탄산나트륨
③ 암모니아
④ 철

88 **해조류 중 김의 생활사 단계가 아닌 것은?**

① 구상체
② 사상체
③ 중성포자
④ 각포자

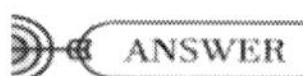

ANSWER

87 순환여과식 양식 어류의 배설물 및 먹이 찌꺼기에서 가장 많이 발생되는 독성 물질은 암모니아이다. 바이오플락 양식기술(BFT)은 미생물·식물 플랑크톤을 활용해 암모니아 등 양식 어류의 배설물을 정화하는 양식 기법으로 배출수를 거의 발생 시키지 않는 순환기술이다.

88 김의 형태는 세포가 한층으로 된 댓잎모양 또는 둥근 엽상체이며 수온이 낮은 가을과 봄에 본체가 나타난다. 수온이 높은 시기에는 곰팡이의 균사처럼 생긴 사상체로서, 조가비 속에서 살다가 가을에 각포자를 내어 김으로 성숙하게 된다.

87.③ 88.①

89 **일정 시간 동안 어구를 수중에 고정 설치하여 물고기를 채포(포획)하는 어구분류와 어업이 옳게 연결된 것은?**

① 끌어구류 – 통발어업

② 끌어구류 – 잠수기어업

③ 걸어구류 – 자망어업

④ 걸어구류 – 쌍글이기선저인망어업

90 **일반적으로 집어등을 사용하지 않는 어업은?**

① 채낚기어업

② 봉수망어업

③ 근해선망어업

④ 자망어업

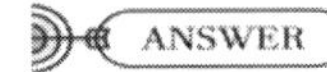

89 걸어구류 · 자망어업

㉠ 걸어구류 : 방추형의 어류를 주 대상으로 긴 띠 모양의 그물을 고기가 지나가는 곳에 부설하여, 대상 생물이 그물코에 꽂히도록 하여 잡는 것이다. 다른 어구에 비해 그물감의 선택과 성형률 결정이 매우 중요한 어구이다. 그물감의 선택은 일반적으로 대상 생물의 눈에 잘 보이지 않아야 하고, 유연성이 있어야 하고, 그물코의 매듭이 밀리지 않아야 하며, 그물코의 크기가 일정하여야 한다. 그러기 위하여 그물실은 가늘면서 질기고, 적당한 탄력이 있고, 매듭 짓기가 쉬운 것을 택하여야 한다. 또한 성형률은 그물코의 모양을 결정하는 것으로서 이론상으로는 성형률이 약 71%일 때 그물코가 정 마름모꼴로 가장 이상적인 코를 형성하나, 실제로는 대상 어종의 체형에 따라 또는 조업 중 어구의 파손 등을 고려하여 이보다 작게 하여 사용한다. 어구 부설방법에 따라 고정 걸그물류, 흘림 걸그물류, 두리 걸그물류, 깔 걸그물류로 분류하며 우리나라 연근해 어업 중 매우 중요한 어업이다.

㉡ 자망어업 : 수건 모양의 그물을 수면에 수직으로 펼쳐 조류를 따라 흐르게 하고 대상물이 그물코에 꽂히게 하여 잡는 어업

※ 어구의 대분류

맨손 어법	실상어구류	마비어구류	낚기어구류
함정어구류	도약어받이어구류	입구일정어구류	골어구류
후리어구류	두리어구류	몰이어구류	들어구류
덮어구류	걸어구류	얽애어구류	기계적어구류

90 자망어업은 수건 모양의 그물을 수면에 수직으로 펼쳐 조류를 따라 흐르게 하고 대상물이 그물코에 꽂히게 하여 잡는 어업으로 집어등을 사용하지 않는다.

89.③ 90.④

91 우리나라 해역별 대표 어종 및 어업이 옳게 연결된 것은?

① 동해안 – 대게 – 자망어업
② 동해안 – 붉은대게 –기선권현망어업
③ 서해안 –멸치 –채낚기어업
④ 서해안 –도루묵 – 통발어업

92 다음에서 설명하는 어업은?

> 바다의 표층이나 중층에 서식하는 고등어, 전갱이 등의 어군을 길다란 수건 모양의 그물로 둘러싸서 포위 범위를 좁혀 어획하는 어업

① 통발어업 ② 정치망어업
③ 자망어업 ④ 선망어업

93 다음 중 고도 회유성 어종(Highly Migratory Species)은?

① 참다랑어 ② 쥐노래미
③ 짱뚱어 ④ 조피볼락

ANSWER

91 ② 동해안 – 붉은대게 – 통발어업
③ 남해안 – 멸치 – 정치망어업
④ 동해안 – 도루묵 – 저층 트롤어업, 정치망어업 등

92 ① **통발어업** : 미끼를 사용한 통발이나 은신처를 제공하기 위한 단지를 사용하여 대상물을 유인한 후, 함정에 빠뜨려 잡는 어업을 말한다.
② **정치망어업** : 그물 따위의 어구를 일정한 수면에 설치하고 고기 떼가 들어오면 그물을 끌어 올려 한꺼번에 잡는 어업을 말한다.
③ **자망어업** : 수건 모양의 그물을 수면에 수직으로 펼쳐 조류를 따라 흐르게 하고 대상물이 그물코에 꽂히게 하여 잡는 어업을 말한다.

93 고도 회유성 어종이란 2개국 혹은 그 이상의 연안국이나 국제 수역의 EEZ를 통하여 회유하는 종으로 다랑어, 새치류 등이 이에 속한다.

91.① 92.④ 93.①

94 **수산자원량을 추정하는 방법 중 직접자원조사 방법이 아닌 것은?**

① 트롤조사법
② 어업통계조사법
③ 수중음향조사법
④ 목시조사법

95 **경골어류의 종류와 어종이 옳게 연결된 것은?**

① 갑각류 – 붉은대게
② 농어류 – 농어
③ 상어류 – 백상아리
④ 두족류 – 갑오징어

96 **어류의 계군을 구분하기 위한 조사방법으로 옳지 않은 것은?**

① 표지방류법
② 형태학적방법
③ 연령사정법
④ 생태학적방법

97 **수산생물의 종류와 연령형질의 연결이 옳지 않은 것은?**

① 명태 – 이석
② 키조개 – 패각
③ 돌고래 – 이빨
④ 꽃새우 – 수염길이

ANSWER

94 어업통계조사법은 간접적인 방법이다.

95 연골어류와 경골어류

㉠ 연골어류 : 뼈는 연골로 이루어져 있으며 부레가 없는 것이 특징인 이 무리는 약 4억 년 전에 지구상에 나타났으며 상어, 가오리류가 여기에 속한다.

㉡ 경골어류 : 지구상에 살고 있는 어류 중 가장 큰 무리이며 청어류, 잉어류, 농어류, 복어류 등이 여기에 속한다.

96 연령사정법 … 어류의 이석이나 비늘, 연체류의 껍질, 고래의 이빨 등에서 정확한 연령사정을 할 수 있는 성장선을 찾아 생물의 연령을 판정하는 것을 말한다.

97 꽃새우의 경우 1촉각의 편상부절수로 연령형질을 파악한다.

94.② 95.② 96.③ 97.④

98 **수산업법령상 수산업 관리제도와 어업의 연결이 옳지 않은 것은?**

① 면허어업 – 정치망어업
② 허가어업 – 연안어업
③ 신고어업 – 나잠어업
④ 등록어업 – 구획어업

99 **어류양식에서 발생하는 진균성 질병은?**

① 수생균병
② 구멍갯병
③ 쪼그랑병
④ 물렁증

100 **다음에서 A의 값과 B에 들어갈 내용으로 옳게 연결된 것은?**

• 1,350kg의 사료를 공급해 50kg의 조피볼락 치어를 500kg으로 성장시킨 경우 사료계수 값은 (A) 이다.
• 사료계수 값이 작을수록 (B)이다.

	A	B
①	3	경제적
②	3	비경제적
③	10	경제적
④	10	비경제적

ANSWER

98 구획어업은 허가어업이다.

99 **수생균병** … 물 곰팡이류인 Saprolegnia속에 의해 발생되는 병으로, 몸체가 긁힌다거나, 외상이 생겼을 때 포자가 착생하여 균사를 번식시켜 발생된다.

100 **사료계수** … 양식어류에게 투여한 사료의 효율성을 나타내는 기준으로서 사육동물 1단위 무게를 증가시키는데 필요한 사료의 무게를 의미한다. 사료계수가 1에 가까울수록 가장 이상적이라 할 수 있다. 사료계수 = 먹인 총사료량(건조중량) ÷ 체중순증가량(습중량)이므로 1,350 ÷ (500 − 50) = 3이다. 사료계수 값이 작을수록 경제적이다.

98.④ 99.① 100.①

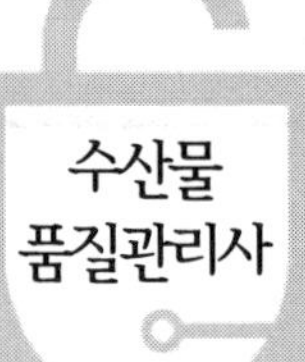

제4회 수산물품질관리사 | 2018년 7월 21일 시행

Ⅰ 수산물 품질관리 관련 법령

1 농수산물 품질관리법 제1조(목적)에 관한 내용이다. ( ) 안에 들어갈 내용을 순서대로 옳게 나열한 것은?

> 농수산물의 ( )을 확보하고 상품성을 향상하며 공정하고 투명한 거래를 유도함으로써 ( )의 소득증대와 ( ) 보호에 이바지하는 것을 목적으로 한다.

① 안전성, 농어업인, 소비자
② 위생성, 농어업인, 판매자
③ 안전성, 생산자, 판매자
④ 위생성, 생산자, 소비자

2 농수산물 품질관리법령상 용어의 정의로 옳지 않은 것은?

① 수산물 : 수산업 · 어촌 발전 기본법에 따른 어업활동으로부터 생산되는 산물
② 수산가공품 : 수산물을 국립수산과학원장이 정하는 재료 등의 기준에 따라 가공한 제품
③ 지리적표시권 : 등록된 지리적표시를 배타적으로 사용할 수 있는 지식재산권
④ 유해물질 : 항생물질, 병원성 미생물, 곰팡이 독소 등 식품에 잔류하거나 오염되어 사람의 건강에 해를 끼칠 수 있는 물질로서 총리령으로 정하는 것

ANSWER

1 이 법은 농수산물의 적절한 품질관리를 통하여 농수산물의 안전성을 확보하고 상품성을 향상하며 공정하고 투명한 거래를 유도함으로써 농어업인의 소득 증대와 소비자 보호에 이바지하는 것을 목적으로 한다〈농수산물 품질관리법 제1조(목적)〉

2 ② **수산가공품** : 수산물을 대통령령으로 정하는 원료 또는 재료의 사용비율 또는 성분함량 등의 기준에 따라 가공한 제품
※ **수산가공품**의 기준〈농수산물 품질관리법 시행령 제2조〉
㉠ 수산물을 원료 또는 재료의 50퍼센트를 넘게 사용하여 가공한 제품
㉡ ㉠에 해당하는 제품을 원료 또는 재료의 50퍼센트를 넘게 사용하여 2차 이상 가공한 제품
㉢ 수산물과 그 가공품, 농산물(임산물 및 축산물을 포함)과 그 가공품을 함께 원료 · 재료로 사용한 가공품인 경우에는 수산물 또는 그 가공품의 함량이 농산물 또는 그 가공품의 함량보다 많은 가공품

1.① 2.②

3 농수산물 품질관리법령상 수산물품질관리사에 관한 설명으로 옳지 않은 것을 모두 고른 것은?

> ㉠ 수산물품질관리사 제도는 수산물의 품질 향상과 유통의 효율화를 촉진하기 위해 도입되었다.
> ㉡ 수산물품질관리사는 수산물 등급 판정의 직무를 수행할 수 있다.
> ㉢ 수산물품질관리사는 국립수산물품질관리원장이 지정하는 교육 실시기관에서 교육을 받아야 한다.
> ㉣ 다른 사람에게 수산물품질관리사의 자격증을 빌려준 자는 3년 이하의 징역 또는 3천만 원 이하의 벌금에 처한다.

① ㉠㉡　　② ㉠㉢

③ ㉢㉣　　④ ㉡㉢㉣

ANSWER

3 ㉢ 농산물품질관리사 또는 수산물품질관리사의 교육방법 및 실시기관 등 … 교육 실시기관은 다음의 어느 하나에 해당하는 기관으로서 수산물품질관리사의 교육 실시기관은 해양수산부장관이, 농산물품질관리사의 교육 실시기관은 국립농산물품질관리원장이 각각 지정하는 기관으로 한다〈농수산물 품질관리법 시행규칙 제136조의5 제1항〉.

- 「한국농수산식품유통공사법」에 따른 한국농수산식품유통공사
- 「한국해양수산연수원법」에 따른 한국해양수산연수원
- 농림축산식품부 또는 해양수산부 소속 교육기관
- 「민법」에 따라 설립된 비영리법인으로서 농산물 또는 수산물의 품질 또는 유통 관리를 목적으로 하는 법인

㉣ 다른 사람에게 농산물검사관, 농산물품질관리사 또는 수산물품질관리사의 명의를 사용하게 하거나 그 자격증을 빌려준 자는 1년 이하의 징역 또는 1천만 원 이하의 벌금에 처한다〈농수산물 품질관리법 제120조(벌칙) 제12호〉.

3.③

4 농수산물 품질관리법령상 수산물 품질인증에 관한 설명으로 옳은 것은?

① 품질인증의 유효기간은 인증을 받은 날부터 5년으로 한다.
② 품질인증 대상품목은 식용을 목적으로 생산한 수산물로 한다.
③ 품질인증을 받으려는 자는 관련서류를 첨부하여 국립수산과학원장에게 신청하여야 한다.
④ 거짓이나 그 밖의 부정한 방법으로 인증을 받은 경우 품질인증 취소사유에는 해당되지 않는다.

5 농수산물 품질관리법령상 유전자변형수산물에 관한 설명으로 옳지 않은 것은?

① 인공적으로 유전자를 재조합하여 의도한 특성을 갖도록 한 수산물을 유전자변형수산물이라 한다.
② 유전자변형수산물의 표시대상품목은 해양수산부장관이 정하여 고시한다.
③ 유전자변형수산물을 판매하기 위하여 보관하는 경우에는 해당 수산물이 유전자변형수산물임을 표시하여야 한다.
④ 유전자변형수산물의 표시를 거짓으로 한 자는 7년 이하의 징역 또는 1억 원 이하의 벌금에 처한다.

ANSWER

4 품질인증 대상품목은 식용을 목적으로 생산한 수산물로 한다〈농수산물 품질관리법 시행규칙 제28조(수산물의 품질인증 대상품목)〉.
① 품질인증의 유효기간은 품질인증을 받은 날부터 2년으로 한다. 다만, 품목의 특성상 달리 적용할 필요가 있는 경우에는 4년의 범위에서 해양수산부령으로 유효기간을 달리 정할 수 있다〈농수산물 품질관리법 제15조(품질인증의 유효기간 등) 제1항〉.
③ 품질인증을 받으려는 자는 해양수산부령으로 정하는 바에 따라 해양수산부장관에게 신청하여야 한다〈농수산물 품질관리법 제14조 제2항〉.
④ **품질인증의 취소** : 해양수산부장관은 품질인증을 받은 자가 다음의 어느 하나에 해당하면 품질인증을 취소할 수 있다. 다만, ㉠에 해당하면 품질인증을 취소하여야 한다〈농수산물 품질관리법 제16조〉.
㉠ 거짓이나 그 밖의 부정한 방법으로 인증을 받은 경우
㉡ 품질인증의 기준에 현저하게 맞지 아니한 경우
㉢ 정당한 사유 없이 품질인증품 표시의 시정명령, 해당 품목의 판매금지 또는 표시정지 조치에 따르지 아니한 경우
㉣ 업종전환 · 폐업 등으로 인하여 품질인증품을 생산하기 어렵다고 판단되는 경우

5 유전자변형농수산물의 표시대상품목은 「식품위생법」에 따른 안전성 평가 결과 식품의약품안전처장이 식용으로 적합하다고 인정하여 고시한 품목(해당 품목을 싹틔워 기른 농산물을 포함)으로 한다〈농수산물 품질관리법 시행령 제19조(유전자변형농수산물의 표시대상품목)〉.

4.② 5.②

6 농수산물 품질관리법상 수산물 생산 · 가공시설의 등록 · 관리에 관한 내용이다. ( ) 안에 들어갈 내용으로 옳은 것은?

> 해양수산부장관은 외국과의 협약을 이행하기 위하여 (㉠)을/를 목적으로 하는 수산물의 생산 · 가공시설의 (㉡)을 정하여 고시한다.

	㉠	㉡
①	수출	위생관리기준
②	수입	검역기준
③	판매	검역기준
④	유통	위생관리기준

7 농수산물 품질관리법상 해양수산부장관으로부터 다음 기준으로 수산물 및 수산가공품의 검사를 받는 대상이 아닌 것은?

> • 수산물 및 수산가공품이 품질 및 규격에 맞을 것
> • 수산물 및 수산가공품에 유해물질이 섞여 들어있지 않을 것

① 정부에서 수매하는 수산물
② 정부에서 비축하는 수산가공품
③ 검사기준이 없는 수산물
④ 수출 상대국의 요청에 따라 검사가 필요하여 해양수산부장관이 고시한 수산물

ANSWER

6 해양수산부장관은 외국과의 협약을 이행하거나 외국의 일정한 위생관리기준을 지키도록 하기 위하여 수출을 목적으로 하는 수산물의 생산 · 가공시설 및 수산물을 생산하는 해역의 위생관리기준을 정하여 고시한다〈농수산물 품질관리법 제69조(위생관리기준) 제1항〉.

7 수산물 등에 대한 검사〈농수산물 품질관리법 제88조 제1항, 제2항〉
㉠ 다음의 어느 하나에 해당하는 수산물 및 수산가공품은 품질 및 규격이 맞는지와 유해물질이 섞여 들어오는지 등에 관하여 해양수산부장관의 검사를 받아야 한다.
- 정부에서 수매 · 비축하는 수산물 및 수산가공품
- 외국과의 협약이나 수출 상대국의 요청에 따라 검사가 필요한 경우로서 해양수산부장관이 정하여 고시하는 수산물 및 수산가공품

㉡ 해양수산부장관은 ㉠ 외의 수산물 및 수산가공품에 대한 검사 신청이 있는 경우 검사를 하여야 한다. 다만, 검사기준이 없는 경우 등 해양수산부령으로 정하는 경우에는 그러하지 아니한다.

6.① 7.③

8 **농수산물 품질관리법상 생산단계 수산물 안전기준을 위반한 경우에 시 · 도지사가 해당 수산물을 생산한 자에게 처분할 수 있는 조치로 옳은 것을 모두 고른 것은?**

> ㉠ 해당 수산물의 폐기
> ㉡ 해당 수산물의 용도 전환
> ㉢ 해당 수산물의 출하 연기

① ㉠㉡ ② ㉠㉢
③ ㉡㉢ ④ ㉠㉡㉢

9 **농수산물 품질관리법상 지정해역의 보존 · 관리를 위하여 지정해역 위생관리종합대책을 수립 · 시행하는 기관은?**

① 대통령 ② 국무총리
③ 해양수산부장관 ④ 식품의약품안전처장

ANSWER

8 안전성조사 결과에 따른 조치 … 식품의약품안전처장이나 시 · 도지사는 생산과정에 있는 농수산물 또는 농수산물의 생산을 위하여 이용 · 사용하는 농지 · 어장 · 용수 · 자재 등에 대하여 안전성조사를 한 결과 생산단계 안전기준을 위반한 경우에는 해당 농수산물을 생산한 자 또는 소유한 자에게 다음의 조치를 하게 할 수 있다〈농수산물 품질관리법 제63조 제1항〉.
㉠ 해당 농수산물의 폐기, 용도 전환, 출하 연기 등의 처리
㉡ 해당 농수산물의 생산에 이용 · 사용한 농지 · 어장 · 용수 · 자재 등의 개량 또는 이용 · 사용의 금지
㉢ 그 밖에 총리령으로 정하는 조치(해당 농수산물의 생산자에 대하여 법에 따른 농수산물안전에 관한 교육을 받게 하는 조치)

9 해양수산부장관은 지정해역의 보존 · 관리를 위한 지정해역 위생관리종합대책을 수립 · 시행하여야 한다〈농수산물 품질관리법 제72조(지정해역 위생관리종합대책) 제1항〉.

8.④ 9.③

10 **농수산물 유통 및 가격 안정에 관한 법령상 '주산지'에 관한 시 · 도지사의 권한이 아닌 것은?**

① 주산지의 변경 · 해제
② 주산지협의체의 설치
③ 주요 농수산물의 생산지역이나 생산수면의 지정
④ 주요 농수산물의 생산 · 출하 조절이 필요한 품목의 지정

11 **농수산물 유통 및 가격 안정에 관한 법령상 수산부류 거래품목이 아닌 것은?**

① 염장어류　② 젓갈류
③ 염건어류　④ 조수육류

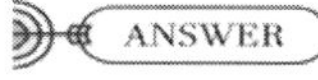

10　주산지의 지정 및 해제 등〈농수산물 유통 및 가격안정에 관한 법률 제4조 제1항, 제2항〉
㉠ 시 · 도지사는 농수산물의 경쟁력 제고 또는 수급을 조절하기 위하여 생산 및 출하를 촉진 또는 조절할 필요가 있다고 인정할 때에는 주요 농수산물의 생산지역이나 생산수면(주산지)을 지정하고 그 주산지에서 주요 농수산물을 생산하는 자에 대하여 생산자금의 융자 및 기술지도 등 필요한 지원을 할 수 있다.
㉡ ㉠에 따른 주요 농수산물은 국내 농수산물의 생산에서 차지하는 비중이 크거나 생산 · 출하의 조절이 필요한 것으로서 농림축산식품부장관 또는 해양수산부장관이 지정하는 품목으로 한다.

11　농수산물도매시장의 거래품목〈농수산물 유통 및 가격안정에 관한 법률 시행령 제2조〉
㉠ 양곡부류 : 미곡 · 맥류 · 두류 · 조 · 좁쌀 · 수수 · 수수쌀 · 옥수수 · 메밀 · 참깨 및 땅콩
㉡ 청과부류 : 과실류 · 채소류 · 산나물류 · 목과류(木果類) · 버섯류 · 서류(薯類) · 인삼류 중 수삼 및 유지작물류와 두류 및 잡곡 중 신선한 것
㉢ 축산부류 : 조수육류(鳥獸肉類) 및 난류
㉣ 수산부류 : 생선어류 · 건어류 · 염(鹽)건어류 · 염장어류(鹽藏魚類) · 조개류 · 갑각류 · 해조류 및 젓갈류
㉤ 화훼부류 : 절화(折花) · 절지(折枝) · 절엽(切葉) 및 분화(盆花)
㉥ 약용작물부류 : 한약재용 약용작물(야생물이나 그 밖에 재배에 의하지 아니한 것을 포함한다). 다만, 「약사법」에 따른 한약은 같은 법에 따라 의약품판매업의 허가를 받은 것으로 한정한다.
㉦ 그 밖에 농어업인이 생산한 농수산물과 이를 단순가공한 물품으로서 개설자가 지정하는 품목

10.④　11.④

12 **농수산물 유통 및 가격 안정에 관한 법령상 '생산자 관련 단체'를 모두 고른 것은?**

㉠ 영농조합법인	㉡ 산지유통인
㉢ 영어조합법인	㉣ 농협경제지주회사의 자회사

① ㉠㉡　　② ㉡㉢

③ ㉢㉣　　④ ㉠㉢㉣

13 **농수산물 유통 및 가격 안정에 관한 법령상 경매 또는 입찰의 방법에 관한 설명으로 옳지 않은 것은?**

① 경매 또는 입찰의 방법은 전자식을 원칙으로 한다.

② 공개경매를 실현하기 위하여 도매시장 개설자는 도매시장별로 경매방식을 제한할 수 있다.

③ 도매시장 개설자는 해양수산부령으로 정하는 바에 따라 예약출하품 등을 우선적으로 판매하게 할 수 있다.

④ 출하자가 서면으로 거래성립 최저가격을 제시한 경우에는 도매시장법인은 그 가격 미만으로 판매할 수 있다.

ANSWER

12 농수산물 공판장의 개설자 … "대통령령으로 정하는 생산자 관련 단체"란 다음의 단체를 말한다〈농수산물 유통 및 가격안정에 관한 법률 시행령 제3조 제1항〉.

㉠ 「농어업경영체 육성 및 지원에 관한 법률」에 따른 영농조합법인 및 영어조합법인과 농업회사법인 및 어업회사법인

㉡ 「농업협동조합법」에 따른 농협경제지주회사의 자회사

13 도매시장법인은 도매시장에 상장한 농수산물을 수탁된 순위에 따라 경매 또는 입찰의 방법으로 판매하는 경우에는 최고가격 제시자에게 판매하여야 한다. 다만, 출하자가 서면으로 거래 성립 최저가격을 제시한 경우에는 그 가격 미만으로 판매하여서는 아니 된다〈농수산물 유통 및 가격안정에 관한 법률 제33조(경매 또는 입찰의 방법) 제1항〉.

12.④ 13.④

14 농수산물 유통 및 가격 안정에 관한 법령상 농수산물 공판장에 관한 설명으로 옳지 않은 것은?

① 생산자 단체가 공판장을 개설하려면 시·도지사의 승인을 받아야 한다.

② 공판장의 경매사는 공판장의 개설자가 임면한다.

③ 공판장에는 중도매인, 산지유통인 및 경매사를 둘 수 있다.

④ 공판장의 중도매인은 공판장 개설자의 허가를 받아야 한다.

15 농수산물 유통 및 가격 안정에 관한 법령상 농수산물 전자거래소의 거래수수료에 관한 설명으로 옳지 않은 것은?

① 전자거래소는 구매자로부터 사용료를 징수한다.

② 거래수수료는 거래금액의 1천분의 70을 초과할 수 없다.

③ 전자거래소는 판매자로부터 사용료 및 판매수수료를 징수한다.

④ 거래계약이 체결된 경우에는 한국농수산식품유통공사가 구매자를 대신하여 그 거래대금을 판매자에게 직접 결제할 수 있다.

ANSWER

14 ④ 공판장의 중도매인은 공판장의 개설자가 지정한다〈농수산물 유통 및 가격안정에 관한 법률 제44조 제2항 참조〉.

15 **사용료 및 수수료 등** … 도매시장 개설자가 징수하는 도매시장 사용료는 다음의 기준에 따라 도매시장 개설자가 이를 정한다. 다만, 도매시장의 시설중 도매시장 개설자의 소유가 아닌 시설에 대한 사용료는 징수하지 아니한다〈농수산물 유통 및 가격안정에 관한 법률 시행규칙 제39조 제1항〉.

㉠ 도매시장 개설자가 징수할 사용료 총액이 해당 도매시장 거래금액의 1천분의 5(서울특별시 소재 중앙도매시장의 경우에는 1천분의 5.5)를 초과하지 아니할 것. 다만, 다음의 방식으로 거래한 경우 그 거래한 물량에 대해서는 해당 거래금액의 1천분의 3을 초과하지 아니하여야 한다.

- 농수산물 전자거래소에서 거래한 경우
- 정가·수의매매를 전자거래방식으로 한 경우와 거래 대상 농수산물의 견본을 도매시장에 반입하여 거래한 경우

㉡ 도매시장법인·시장도매인이 납부할 사용료는 해당 도매시장법인·시장도매인의 거래금액 또는 매장면적을 기준으로 하여 징수할 것

14.④ 15.②

16 **농수산물 유통 및 가격 안정에 관한 법령상 도매시장 개설자에게 '산지유통인 등록 예외'의 경우가 아닌 것은?**

① 종합유통센터 · 수출업자 등이 남은 농수산물을 도매시장에 상장하는 경우
② 중도매인이 상장 농수산물을 매매하는 경우
③ 도매시장법인이 다른 도매시장법인으로부터 매수하여 판매하는 경우
④ 시장도매인이 도매시장법인으로부터 매수하여 판매하는 경우

17 **농수산물의 원산지 표시에 관한 법령상 용어의 정의로 옳지 않은 것은?**

① 원산지 : 농산물이나 수산물이 생산 · 채취 · 포획된 국가 · 지역이나 해역
② 식품접객업 : 식품위생법에 따른 식품접객업
③ 집단급식소 : 수산업 · 어촌 발전 기본법에 따른 집단급식소
④ 통신판매 : 전자상거래 등에서의 소비자보호에 관한 법률에 따른 통신판매 중 우편, 전기통신 등을 이용한 판매

ANSWER

16 산지유통인 등록의 예외〈농수산물 유통 및 가격안정에 관한 법률 시행규칙 제25조〉
㉠ 종합유통센터 · 수출업자 등이 남은 농수산물을 도매시장에 상장하는 경우
㉡ 도매시장법인이 다른 도매시장법인 또는 시장도매인으로부터 매수하여 판매하는 경우
㉢ 시장도매인이 도매시장법인으로부터 매수하여 판매하는 경우

17 "집단급식소"란 「식품위생법」에 따른 집단급식소를 말한다〈농수산물의 원산지 표시에 관한 법률 제2조(정의) 제6호〉.
※ 정의 … "집단급식소"란 영리를 목적으로 하지 아니하면서 특정 다수인에게 계속하여 음식물을 공급하는 다음의 어느 하나에 해당하는 곳의 급식시설로서 대통령령으로 정하는 시설을 말한다〈식품위생법 제2조 12호〉.
㉠ 기숙사
㉡ 학교, 유치원, 어린이집
㉢ 병원
㉣ 「사회복지사업법」의 사회복지시설
㉤ 산업체
㉥ 국가, 지방자치단체 및 「공공기관의 운영에 관한 법률」에 따른 공공기관
㉦ 그 밖의 후생기관 등

16.② 17.③

18 **농수산물의 원산지 표시에 관한 법령상 일반음식점에서 뱀장어, 대구, 명태, 꽁치를 조리하여 판매하는 중 원산지를 표시하지 않아 과태료를 부과 받았다. 부과된 과태료의 총 합산금액은? (단, 모두 1차 위반이며, 경감을 고려하지 않는다.)**

① 30만 원

② 60만 원

③ 90만 원

④ 120만 원

19 **농수산물의 원산지 표시에 관한 법령상 수산물 등의 원산지 표시방법에 관한 설명으로 옳지 않은 것은?**

① 포장재의 원산지 표시 위치는 소비자가 쉽게 알아볼 수 있는 곳에 표시한다.

② 포장재의 원산지표시 글자색은 포장재의 바탕색 또는 내용물의 색깔과 다른 색깔로 선명하게 표시한다.

③ 살아있는 수산물의 경우 원산지 표시 글자 크기는 30포인트 이상으로 한다.

④ 포장재의 원산지 표시 글자크기는 포장면적이 3,000cm^2 이상인 경우는 10포인트 이상으로 한다.

ANSWER

18 과태료의 부과기준〈농수산물의 원산지 표시에 관한 법률 시행령 별표 2〉

위반행위	근거 법조문	과태료 금액		
		1차 위반	2차 위반	3차 위반
넙치, 조피볼락, 참돔, 미꾸라지, 뱀장어, 낙지, 명태, 고등어, 갈치, 오징어, 꽃게, 참조기, 다랑어, 아귀 및 주꾸미의 원산지를 표시하지 않은 경우	법 제18조 제1항 제1호	품목별 30만원	품목별 60만원	품목별 100만원

19 농수산물 등의 원산지 표시방법(글자크기)〈농수산물의 원산지 표시에 관한 법률 시행규칙 별표 1〉

㉠ 포장 표면적이 3,000㎠ 이상인 경우 : 20포인트 이상

㉡ 포장 표면적이 50㎠ 이상 3,000㎠ 미만인 경우 : 12포인트 이상

㉢ 포장 표면적이 50㎠ 미만인 경우 : 8포인트 이상. 다만, 8포인트 이상의 크기로 표시하기 곤란한 경우에는 다른 표시사항의 글자 크기와 같은 크기로 표시할 수 있다.

㉣ ㉠, ㉡ 및 ㉢의 포장 표면적은 포장재의 외형면적을 말한다. 다만, 「식품 등의 표시 · 광고에 관한 법률」에 따른 식품 등의 표시기준에 따른 통조림 · 병조림 및 병 제품에 라벨이 인쇄된 경우에는 그 라벨의 면적으로 한다.

18.② 19.④

20 **농수산물의 원산지 표시에 관한 법령상 수산물의 원산지 표시를 혼동하게 할 목적으로 그 표시를 손상 · 변경하는 행위를 한 경우의 벌칙기준은?**

① 3년 이하의 징역이나 5천만 원 이하의 벌금에 처하거나 이를 병과할 수 있다.
② 5년 이하의 징역이나 1억 원 이하의 벌금에 처하거나 이를 병과할 수 있다.
③ 7년 이하의 징역이나 1억 원 이하의 벌금에 처하거나 이를 병과할 수 있다.
④ 10년 이하의 징역이나 1억 5천만 원 이하의 벌금에 처하거나 이를 병과할 수 있다.

21 **농수산물의 원산지 표시에 관한 법률상 수산물의 원산지 표시대상자가 원산지를 2회 이상 표시하지 않아 처분이 확정된 경우, 원산지 표시제도 교육 이수명령의 이행기간은?**

① 교육 이수명령을 통지받은 날부터 최대 1개월 이내
② 교육 이수명령을 통지받은 날부터 최대 2개월 이내
③ 교육 이수명령을 통지받은 날부터 최대 3개월 이내
④ 교육 이수명령을 통지받은 날부터 최대 5개월 이내

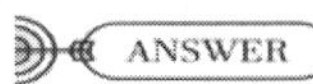

20 거짓 표시 등의 금지 규정을 위반한 자는 7년 이하의 징역이나 1억 원 이하의 벌금에 처하거나 이를 병과(倂科)할 수 있다〈농수산물의 원산지 표시에 관한 법률 제14조(벌칙) 제1항〉.

21 이수명령의 이행기간은 교육 이수명령을 통지받은 날부터 최대 4개월 이내로 정한다〈농수산물의 원산지 표시에 관한 법률 제9조의2(원산지 표시 위반에 대한 교육) 제2항〉.

20.③ 21.③

22 **농수산물의 원산지 표시에 관한 법률상 수산물의 원산지 표시의 정보제공에 관한 설명이다. (　　) 안에 들어갈 내용으로 옳은 것은?**

> 해양수산부장관은 수산물의 원산지 표시와 관련된 정보 중 (　　)이 유출된 국가 또는 지역 등 국민이 알아야 할 필요가 있다고 인정되는 정보에 대하여 국민에게 제공하도록 노력하여야 한다.

① 방사성물질
② 패류독소물질
③ 항생물질
④ 유기독성물질

23 **농수산물의 원산지 표시에 관한 법률상 원산지의 표시여부 · 표시사항과 표시방법 등의 적정성을 확인하기 위하여 관계 공무원으로 하여금 원산지 표시대상 수입 수산물에 대해 수거 또는 조사하게 할 수 있는 기관의 장이 아닌 것은?**

① 해양수산부장관
② 관세청장
③ 식품의약품안전처장
④ 시 · 도지사

ANSWER

22 농림축산식품부장관 또는 해양수산부장관은 농수산물의 원산지 표시와 관련된 정보 중 방사성물질이 유출된 국가 또는 지역 등 국민이 알아야 할 필요가 있다고 인정되는 정보에 대하여는 「공공기관의 정보공개에 관한 법률」에서 허용하는 범위에서 이를 국민에게 제공하도록 노력하여야 한다〈농수산물의 원산지 표시에 관한 법률 제10조(농수산물의 원산지 표시에 관한 정보제공) 제1항〉.

23 농림축산식품부장관, 해양수산부장관, 관세청장, 시 · 도지사 또는 시장 · 군수 · 구청장은 원산지의 표시 여부 · 표시사항과 표시방법 등의 적정성을 확인하기 위하여 대통령령으로 정하는 바에 따라 관계 공무원으로 하여금 원산지 표시대상 농수산물이나 그 가공품을 수거하거나 조사하게 하여야 한다. 이 경우 관세청장의 수거 또는 조사 업무는 원산지 표시 대상 중 수입하는 농수산물이나 농수산물 가공품(국내에서 가공한 가공품은 제외)에 한정한다〈농수산물의 원산지 표시에 관한 법률 제7조(원산지 표시 등의 조사) 제1항〉.

22.① 23.③

24 친환경 농어업 육성 및 유기식품 등의 관리 · 지원에 관한 법률상 유기수산물의 인증 유효기간은?

① 인증을 받은 날부터 1년
② 인증을 받은 날부터 2년
③ 인증을 받은 날부터 3년
④ 인증을 받은 날부터 4년

25 친환경 농어업 육성 및 유기식품 등의 관리 · 지원에 관한 법률에 관한 설명으로 옳지 않은 것은?

① 유기식품에는 유기수산물, 유기가공식품, 비식용유기가공품이 있다.
② 친환경수산물에는 유기수산물, 무항생제 수산물, 활성처리제 비사용 수산물이 있다.
③ 유기어업자재는 유기수산물을 생산하는 과정에서 사용할 수 있는 허용물질로 만든 제품을 말한다.
④ 친환경어업을 경영하는 사업자는 화학적으로 합성된 자재를 사용하지 아니하거나 그 사용을 최소화하도록 노력하여야 한다.

ANSWER

24 유기식품 등의 인증 신청 및 심사 등에 따른 인증의 유효기간은 인증을 받은 날부터 1년으로 한다〈친환경 농어업 육성 및 유기식품 등의 관리 · 지원에 관한 법률 제21조(인증의 유효기간 등) 제1항〉.

25 "유기식품"이란 「농업 · 농촌 및 식품산업 기본법」의 식품과 「수산식품산업의 육성 및 지원에 관한 법률」의 수산식품 중에서 유기적인 방법으로 생산된 유기농수산물과 유기가공식품(유기농수산물을 원료 또는 재료로 하여 제조 · 가공 · 유통되는 식품 및 수산식품을 말한다. 이하 같다)을 말한다〈친환경 농어업 육성 및 유기식품 등의 관리 · 지원에 관한 법률 제2조(정의) 제4호〉.
※ "비식용유기가공품"이란 사람이 직접 섭취하지 아니하는 방법으로 사용하거나 소비하기 위하여 유기농수산물을 원료 또는 재료로 사용하여 유기적인 방법으로 생산, 제조 · 가공 또는 취급되는 가공품을 말한다. 다만, 「식품위생법」에 따른 기구, 용기 · 포장, 「약사법」에 따른 의약외품 및 「화장품법」에 따른 화장품은 제외한다〈친환경 농어업 육성 및 유기식품 등의 관리 · 지원에 관한 법률 제2조(정의) 제5호〉.

24.① 25.①

II 수산물 유통론

26 '선어'에 해당하는 것을 모두 고른 것은?

> ㉠ 생물고등어
> ㉡ 활돔
> ㉢ 신선갈치
> ㉣ 냉장조기

① ㉠㉡㉢
② ㉠㉡㉣
③ ㉠㉢㉣
④ ㉡㉢㉣

27 국내산 고등어 유통에 관한 설명으로 옳지 않은 것은?

① 주 생산 업종은 근해채낚기어업이다.
② 총허용어획량(TAC) 대상 어종이다.
③ 대부분 산지수협 위판장을 통해 유통된다.
④ 크기에 따라 갈사, 갈고 갈소고, 소소고, 소고, 중고, 대고 등으로 구분한다.

ANSWER

26 ㉡ 활돔은 살아있는 상태로 유통과정에 오르는 활어이다.
※ 선어 … 경직 중 또는 해경(사후 경직 후 시간이 경과하여 다시 유연하게 되는 현상) 직후의 신선한 어류를 지칭한다. 품질면으로 보아 악변이 일어나지 않은 상태의 것으로, 시장 용어로서는 저온에서 보존되어 있는 미동결어를 가리킨다.

27 연근해어업 중 가장 규모화 된 어업으로 자리매김한 대형선망어업은 국내 고등어 생산량의 90% 이상을 담당한다. 근해채낚기어업의 대상어종은 주로 오징어, 복어, 갈치 등이다.

26.③ 27.①

28 **활어는 공영도매시장보다 유사 도매시장에서 거래량이 많다. 이에 관한 설명으로 옳지 않은 것은?**

① 유사도매시장은 부류별 전문도매상의 수집활동을 중심으로 운영된다.
② 유사도매시장은 생산자의 위탁을 중심으로 운영된다.
③ 유사도매시장은 주로 활어를 취급하기 때문에 넓은 공간(수조)을 갖추고 있다.
④ 유사도매시장은 활어차, 산소공급기, 온도조절기 등 전문 설비를 갖추고 있다.

29 **양식 넙치의 유통 특성에 관한 설명으로 옳은 것을 모두 고른 것은?**

㉠ 주로 산지수협 위판장을 통해 유통된다. ㉡ 대부분 유사도매시장을 경유한다. ㉢ 주산지는 제주와 완도이다. ㉣ 최대 수출대상국은 미국이다.

① ㉠ ② ㉠㉣
③ ㉡㉢ ④ ㉡㉢㉣

ANSWER

28 유사 도매시장은 위탁상들이 수십 년간 자연발생적으로 집단을 형성하며 번영회 등 상인조직을 구성하여 운영하고 있으며, 위탁상 개인별로 직접 산지에서 매취하거나 위탁받아 판매하고 일정 수수료를 징수하거나 물량집하를 위해 선도금을 지급하는 등 집하활동을 수행하고 있다.

※ 시 · 도지사는 농수산물의 공정거래질서 확립을 위하여 필요한 경우에는 농수산물도매시장과 유사한 형태의 시장을 정비하기 위하여 유사 도매 시장구역을 지정하고 농림축산식품부령 또는 해양수산부령으로 정하는 바에 따라 그 구역의 농수산물도매업자의 거래방법 개선, 시설개선, 이전대책 등에 관한 정비계획을 수립 · 시행할 수 있다. 특별시 · 광역시 · 특별자치도 또는 시는 정비계획에 따라 유사도매시장구역에 도매시장을 개설하고 그 구역의 농수산물도매업자를 도매 장법인 또는 시장도매인으로 지정하여 운영하게 할 수 있다〈농수산물 유통 및 가격안정에 관한 법률 제64조(유사 도매 시장의 정비) 제1항, 제2항〉.

29 ㉠ 양식 넙치는 산지수협 위판장 같은 제도권 시장이 아니라 사매매 형태의 사적 거래를 통하여 유통된다는 특징이 있다. 제주와 완도에서 생산되는 양식 넙치 중 약 57%가 산지위판장이 아니라 양식업자와 산지수집상 간의 거래를 통하여 소비지로 분산되고 있는다.
㉣ 국내 양식 활넙치 수출비중은 일본이 약 77%로 대부분을 차지하고 있다.

28.② 29.③

30 수산물 공급의 직접적인 증감요인에 해당하지 않는 것은?

① 생산기술(비용)　　② 인구 규모
③ 소비자 선호도　　④ 소득 수준

31 국내 수산물 가격이 폭등하는 원인에 해당하지 않는 것은?

① 수산식품 안전성 문제 발생
② 생산(어획)량 급감
③ 국제 수급문제로 수입 급감
④ 국제 유류가격 급등

32 수산가공품의 장점이 아닌 것은?

① 장기저장이 가능하다.
② 수송이 편리하다.
③ 안전한 생산으로 상품성이 향상된다.
④ 수산물 본연의 맛과 질감을 유지할 수 있다.

33 냉동상태로 유통되는 비중이 가장 높은 수산물은?

① 명태　　② 조피볼락
③ 고등어　　④ 전복

ANSWER

30 수산물 공급의 직접적인 증감요인에는 인구 규모, 소비자 선호도, 소득 수준 등이 있다. 생산기술(비용)은 간접적인 증감요인에 해당한다.

31 수산식품 안전성 문제가 발생할 경우 수산물 가격이 폭락하는 원인이 된다.

32 수산물가공품은 저장, 수송, 상품성 면에서 장점이 있지만, 수산물 본연의 맛과 질감을 변화시킨다.

33 명태는 다른 수산물에 비해 냉동상태로 유통되는 비중이 높다. 따라서 냉동창고비 등 유통비 비중이 높아진다.

30.① 31.① 32.④ 33.①

34 최근 연어류 수입이 급증하고 있는데, 이에 관한 설명으로 옳은 것은?

① 국내에 수입되는 연어류는 대부분 일본산이다.
② 국내에 수입되는 연어류는 대부분 자연산이다.
③ 최근에는 냉동보다 신선냉장 연어류 수입이 많다.
④ 국내에서 연어류는 대부분 통조림으로 소비된다.

35 활오징어의 유통단계별 가격이 다음과 같을 때, 소비지 도매단계의 유통마진율(%)은 약 얼마인가? (단, 유통비용은 없는 것으로 가정한다.)

구분	오징어 생산자	산지유통인	소비지도매상	횟집
가격(원/마리)	7,000	7,400	8,400	12,000

① 12
② 15
③ 18
④ 21

ANSWER

34 ①② 전 세계 양식 연어 생산량의 50%를 담당하는 나라는 노르웨이로, 국내에 수입되는 연어류는 대부분 노르웨이산 양식 연어이다.
④ 국내에서 연어류는 대부분 훈제된 형태나, 냉장된 날것의 형태로 소비된다.

35 $\frac{8,400-7,400}{8,400} \times 100 = 11.9 \cdots$
따라서 소비지 도매단계의 유통마진율은 약 12%이다.

34.③ 35.①

36 **다음 사례에 나타난 수산물의 유통기능이 아닌 것은?**

> 제주도 서귀포시에 있는 A 영어조합법인이 가을철에 어획한 갈치를 냉동창고에 보관하였다가 이듬해 봄철에 수도권의 B 유통업체에 전량 납품하였다.

① 장소효용
② 소유효용
③ 시간효용
④ 품질효용

37 **수산물 유통의 일반적 특성으로 옳은 것은?**

① 생산 어종이 다양하지 않다.
② 공산품에 비해 물류비가 낮다.
③ 품질의 균질성이 낮다.
④ 계획 생산 및 판매가 용이하다.

ANSWER

36 유통의 기능
㉠ **장소효용**(공간효용) : 소비자가 어디에서나 원하는 장소에서 제품이나 서비스를 구매할 수 있는 편의를 제공한다.
㉡ **소유효용** : 생산자나 중간상으로부터 제품이나 서비스의 소유권이 이전되는 편의를 제공한다.
㉢ **시간효용** : 소비자가 원하는 시기에 언제든지 제품을 구매할 수 있는 편의를 제공한다.
㉣ **품질효용**(형태효용) : 제품과 서비스를 고객에게 좀 더 매력적으로 보이기 위하여 그 형태나 모양을 변경시키는 모든 활동을 말한다.

37 ① 생산 어종이 다양하다.
② 공산품에 비해 물류비가 높다.
④ 계획 생산 및 판매가 용이하지 않다.

36.④ 37.③

38 수산물 소매상에 관한 설명으로 옳은 것은?

① 브로커(Broker)는 소매상에 속한다.
② 백화점과 대형마트는 의무휴무제 적용을 받는다.
③ 수산물 가공업체에 판매하는 것은 소매상이다.
④ 수산물 전문점의 품목은 제한적이나 상품 구성은 다양하다.

39 수산물 전자상거래에 관한 설명으로 옳은 것을 모두 고른 것은?

> ㉠ 거래방법을 다양하게 선택할 수 있다.
> ㉡ 소비자 정보를 파악하기 어렵다.
> ㉢ 소비자 의견을 반영하기 쉽다.
> ㉣ 불공정한 거래의 피해자 구제가 쉽다.

① ㉠㉡
② ㉠㉢
③ ㉡㉢
④ ㉢㉣

40 수산물 소비자를 대상으로 하는 직접적인 판매촉진 활동이 아닌 것은?

① 시식 행사
② 쿠폰 제공
③ 경품 추첨
④ PR

ANSWER

38 ① 브로커는 상품에 대한 소유권 없이 단지 상품의 거래를 도와주고 그에 따른 대가로 수수료를 받는 존재로, 도매상에 속한다.
② 백화점은 의무휴무제 적용을 받지 않는다.
③ 수산물 가공업체에 판매하는 것은 도매상이다.

39 ㉡ 전자상거래는 실물시장거래에 비해 소비자 정보를 파악하기 용이하다.
㉣ 전자상거래의 단점으로 불공정한 거래의 피해자 구제가 어렵다는 것이 있다.

40 PR(Public Relation) … 불특정 다수의 일반 대중을 대상으로 이미지의 제고나 제품의 홍보 등을 주목적으로 전개하는 커뮤니케이션 활동으로, 시식 행사, 쿠폰 제공, 경품 추첨 등과 같이 소비자를 대상으로 하는 직접적인 판매촉진 활동으로 보기 어렵다.

38.④ 39.② 40.④

41 수산물 공동판매의 장점이 아닌 것은?

① 출하조절이 용이하다.
② 투입 노동력이 증가한다.
③ 시장교섭력이 향상된다.
④ 운송비가 절감된다.

42 심리적 가격전략에 해당하지 않는 것은?

① 단수가격 ② 침투가격
③ 관습가격 ④ 명성가격

43 국내 수산물 유통이 직면한 문제점이 아닌 것은?

① 표준화 · 등급화의 미흡
② 수산가공식품의 소비 증가
③ 복잡한 유통단계
④ 저온물류시설의 부족

ANSWER

41 ② 수산물 공동판매의 경우, 개별판매에 비해 투입 노동력이 감소한다.

42 심리적 가격전략 … 소비자를 대상으로 소비자의 심리적 반응과 소비행동에 착안해서 가격을 설정함으로써 상품에 대한 이미지를 바꾸거나 구입의욕을 높이는 것을 말한다.
※ 가격전략
㉠ 명성가격전략 : 품질과 브랜드 이름, 높은 품격을 호소하는 가격설정법이다.
㉡ 단수가격전략 : 990원과 같이 일부러 단수를 매기는 방법으로 소비자가 가격표를 보는 순간에 저렴하다는 인상을 받게 하는 효과를 노리는 가격설정법이다.
㉢ 단계가격전략 : 소비자가 예산을 기준으로 구매하는 경우에 대응하는 가격설정법으로 명절 선물세트 가격이 1만 원, 2만 원, 3만 원 등 단계별로 설정되는 것이 그 예이다.
㉣ 관습가격전략 : 오래 전부터 설정된 제품의 가격이 변하지 않은 것이다.

43 국내 수산물 유통이 직면한 문제점으로는 표준화 · 등급화의 미흡, 복잡한 유통단계, 저온물류시설의 부족 등이 있다.

41.② 42.② 43.②

44 **공영도매시장의 수산물 거래방법 중 협의 · 조정하여 가격을 결정하는 것은?**

① 경매
② 입찰
③ 수의매매
④ 정가매매

45 **소비지 공영도매시장에서 수산물의 수집과 분산기능을 모두 수행할 수 있는 유통주체는?**

① 산지유통인
② 매매참가인
③ 중도매인(단, 허가받은 비상장 수산물은 제외)
④ 시장도매인

46 **A는 중국에 수산물을 수출하기 위해 생산 · 가공시설을 부산광역시 남항에서 운영하고자 한다. 해당 생산 · 가공시설 등록신청서를 어느 기관에 제출하여야 하는가?**

① 부산광역시장
② 국립수산과학원장
③ 국립수산물품질관리원장
④ 식품의약품안전처장

ANSWER

44 **수의매매** … 도매시장법인 등이 농산물 출하자 및 구매자와 협의 · 조정하여 가격과 수량, 기타 거래조건을 결정하는 방식으로 상대매매라고도 한다.

45 **시장도매인 제도** … 출하자 선택권 확대, 도매시장 경쟁촉진 등을 위해 도입한 거래제도로 농산물의 수집과 분산 기능을 동시에 수행할 수 있는 법인(시장도매인)을 시장개설자가 지정하여 운영하는 제도이다.

46 수산물 수출을 위해 생산 · 가공시설을 운영하고자 하는 해당 생산 · 가공시설 등록신청서를 국립수산물품질관리원장에게 제출해야 한다. 국립수산물품질관리원은 수산생물 국경검역, 국내 수산물의 안전성 조사, 원산지표시 단속, 수출지원, 수산물 인증제도 등의 업무를 수행한다.

44.③ 45.④ 46.③

47 **최근 완도지역의 전복 산지가격이 kg당(10마리) 50,000원에서 30,000원으로 급락하자, 생산자단체에서는 전복 소비촉진 행사를 추진하였다. 이 사례에 해당되는 사업은?**

① 유통협약사업
② 유통명령사업
③ 정부 수매비축사업
④ 수산물자조금사업

48 **수산물 산지 유통정보에 해당하지 않는 것은?**

① 수산물 시장별정보(한국농수산식품유통공사)
② 어류양식동향조사(통계청)
③ 어업생산동향조사(통계청)
④ 어업경영조사(수협중앙회)

ANSWER

47 **농수산자조금** … 자조금단체가 농수산물의 소비촉진, 품질향상, 자율적인 수급조절 등을 도모하기 위하여 농수산업자가 납부하는 금액을 주요 재원으로 하여 조성 · 운용하는 자금이다.

※ **자조금의 용도**〈농수산자조금의 조성 및 운용에 관한 법률 제4조〉

㉠ 농수산물의 소비촉진 홍보
㉡ 농수산업자, 소비자, 대납기관 및 수납기관 등에 대한 교육 및 정보제공
㉢ 농수산물의 자율적 수급 안정, 유통구조 개선 및 수출활성화 사업
㉣ 농수산물의 소비촉진, 품질 및 생산성 향상, 안전성 제고 등을 위한 사업 및 이와 관련된 조사 · 연구
㉤ 자조금사업의 성과에 대한 평가
㉥ 자조금단체 가입율 제고를 위한 교육 및 홍보
㉦ 그 밖에 자조금의 설치 목적을 달성하기 위하여 의무자조금관리위원회 또는 임의자조금위원회가 필요하다고 인정하는 사업

48 한국농수산식품유통공사에서 제공하는 수산물 시장별정보는 산지 유통 정보가 아닌 시장 유통정보이다.

47.④ 48.①

49 수산물의 상적 유통기관에 해당하는 것은?

① 운송업체
② 포장업체
③ 물류정보업체
④ 도매업체

50 소비지 공영도매시장에 관한 설명으로 옳지 않은 것은?

① 다양한 품목의 대량 수집 · 분산이 용이하다.
② 콜드체인시스템이 완비되어 저온유통이 활발하다.
③ 공정한 가격을 형성하고 유통정보를 제공한다.
④ 원산지 표시 점검, 안전성 검사 등 소비자 식품 안전을 도모한다.

ANSWER

49 상적유통과 물적유통
㉠ 상적유통(상류) : 마케팅, 매매, 소유권이전 등
예 도매업, 소매업, 중개업, 무역업 등
㉡ 물적유통(물류) : 운송, 보관, 하역, 포장, 유통가공, 물류정보, 물류관리 등
예 운송업, 창고업, 하역업 등

50 ② 소비지 공영도매시장은 저온 유통시스템 구축이 미비하다.

49.④ 50.②

Ⅲ 수확 후 품질관리론

51 다음은 어류의 사후경직 현상에 관한 설명으로 옳은 것을 모두 고른 것은?

㉠ 근육이 강하게 수축되어 단단해진다. ㉡ 어육의 투명도가 떨어진다. ㉢ 물리적으로 탄성을 잃게 된다. ㉣ 사후경직의 수축현상은 일반적으로 혈압육(적색육)이 보통육(백색육)에 비해 더 잘 일어난다.

① ㉠㉣
② ㉠㉡㉢
③ ㉡㉢㉣
④ ㉠㉡㉢㉣

52 수산물의 선도에 관한 설명으로 옳지 않은 것은?

① 휘발성염기질소(VBN)는 사후 직후부터 계속적으로 증가한다.
② K값은 ATP(Adenosine Triphosphate) 관련 물질 분해에 따라 사후 신속히 증가하다가 K값의 변화가 완료된다.
③ 수산물을 가공원료로 이용하는 경우에는 휘발성염기질소(VBN)가 적합한 선도지표이다.
④ 넙치를 선어용 횟감으로 이용하는 경우에는 K값이 적합한 선도지표이다.

ANSWER

51 ㉠㉡㉢㉣ 모두 사후경직 현상에 대한 옳은 설명이다.

52 휘발성염기질소는 보통 단백질이 미생물 등의 작용으로 분해되면서 발생한다. 따라서 사후 직후에는 극히 적으며, 선도저하가 시작되면서 급격히 증가한다.

51.④ 52.①

53 **어육단백질에 관한 설명으로 옳지 않은 것은?**

① 근육단백질은 용매에 대한 용해성 차이에 따라 3종류로 구별된다.
② 혈압육(적색육)은 보통육(백색육)에 비해 근형질단백질이 적다.
③ 어육단백질은 근기질단백질이 적고 근원섬유단백질이 많아 축육에 비해 어육의 조직이 연하다.
④ 콜라겐(Collagen)은 근기질단백질에 해당된다.

54 **말린 오징어나 말린 전복의 표면에 형성되는 백색 분말의 주성분은?**

① 티로신(Tyrosine)
② 만니톨(Mannitol)
③ MSG
④ 타우린(Taurine)

55 **다음에서 시간 – 온도 허용한도(T.T.T.)에 의한 냉동오징어의 품질저하량은? (단, – 18℃에서 품질유지 기한은 100일로 한다.)**

A 과장은 냉동오징어를 구매하여 – 18℃ 냉동창고에서 500일간 냉동저장 후 B 구매자에게 판매하였다. 이때, B 구매자로부터 품질에 대한 클레임을 받게 되었으며 이에 A 과장은 "– 18℃ 냉동보관제품으로 품질에 이상이 없다"라고 주장하였다.

① 2.5
② 5
③ 7.5
④ 10

ANSWER

53 근형질은 근조직의 근원섬유 사이에 있는 세로의 간질물질로, 혈압육이 보통육에 비해 근형질단백질이 많다.

54 오징어와 낙지 등의 신경섬유에 풍부하게 들어있는 타우린이 건조 과정에서 표면에 백색 분말로 형성된다.

55 – 18℃에서 100일간 품질이 유지되므로 1일 품질저하량은 $\frac{1}{100} = 0.01$이다. 따라서 500일간 냉동저장된 냉동오징어의 품질저하량은 $0.01 \times 500 = 5$이다.

53.② 54.④ 55.②

56 **냉동기의 냉동능력을 나타내는 '1 냉동톤(Ton of Refrigeration)'의 정의는?**

① 0℃의 물 1톤을 12시간에 0℃의 얼음으로 만드는 냉동능력을 말한다.
② 0℃의 물 1톤을 24시간에 0℃의 얼음으로 만드는 냉동능력을 말한다.
③ 0℃의 물 1톤을 12시간에 －4℃의 얼음으로 만드는 냉동능력을 말한다.
④ 0℃의 물 1톤을 24시간에 －4℃의 얼음으로 만드는 냉동능력을 말한다.

57 **수산물의 냉동 및 해동에 관한 설명으로 옳지 않은 것은?**

① 상온보다 낮은 온도로 낮추기 위한 냉각방법으로는 증발잠열을 이용하는 방법이 산업적으로 널리 이용된다.
② 수산물을 냉동할 경우 일반적으로 제품내부온도가 －1℃에서 －5℃ 사이의 온도범위에서 빙결점이 가장 많이 생성된다.
③ 냉동수산물 해동 시 제품의 내부로 들어갈수록 평탄부의 형성없이 급속히 해동되는 경향이 있다.
④ 수산물 동결 시 빙결정 수가 적으면 빙결정의 크기가 커진다.

58 **어육소시지와 같은 제품을 봉합 · 밀봉하는 방법으로 실, 끈 또는 알루미늄 재질을 사용하여 포장용기의 끝을 묶는 방법은?**

① 기계적 밀봉법
② 접착제 사용법
③ 결속법
④ 고주파 접착법

ANSWER

56 **1 냉동 톤** … 0℃의 물 1톤을 24시간에 0℃의 얼음으로 만드는 냉동능력을 나타내는 단위로, RT(Refrigerator Ton)라는 단위를 사용한다.

57 냉동수산물은 해동 시 제품의 내부로 들어갈수록 천천히 해동되는 경향이 있다.

58 **결속법** … 실, 끈 또는 알루미늄 재질을 이용하여 포장용기의 끝을 묶는 방법으로, 어육소시지, 김치 등과 같은 제품을 봉합, 밀봉할 때 활용한다.

56.② 57.③ 58.③

59 수산물 표준규격 제3조(거래단위)에 따라 '기본으로 하는 수산물의 표준거래단위'에 해당되지 않은 것은?

① 5kg
② 10kg
③ 20kg
④ 50kg

60 고밀도 폴리에틸렌 등을 이용한 적층 필름 주머니에 식품을 넣고 밀봉한 후 가열 살균한 식품은?

① 레토르트 파우치 식품
② 통조림 식품
③ 진공 포장한 건조식품
④ 저온 살균 우유

61 수산식품의 냉동 · 저장 시, 품질변화와 방지책의 연결로 옳지 않은 것은?

① 건조 – 포장
② 지질산화 – 글레이징(Glazing)
③ 단백질 변성 – 동결변성방지제 첨가
④ 드립 발생 – 급속 동결 후 저장 온도의 변동을 크게 함

ANSWER

59 수산물의 표준거래단위는 3kg, 5kg, 10kg, 15kg 및 20kg을 기본으로 한다〈수산물 표준규격 제3조(거래단위) 제1항〉.

60 **레토르트 파우치** … 식품을 충전한 다음 밀봉하여 100 ~ 140℃로 가열 · 살균하기 위한 유연한 작은 주머니(Pouch)로, 고밀도 폴리에틸렌 등을 이용한 적층 필름 등이 재료로 쓰인다.

61 **드립** … 냉동식품을 해동하면 유출되는 액으로, 드립 속에는 맛 성분이 용해되어 드립이 많이 유출되는 것은 바람직하지 못하다. 이를 방지하기 위해서는 급속 동결 후 저장 온도의 변동을 적게 해야 한다.

59.④ 60.① 61.④

62 **수산식품을 냉동하여 빙결정을 승화 · 건조시키는 장치는?**

① 열풍 건조 장치
② 분무 건조 장치
③ 동결 건조 장치
④ 냉풍 건조 장치

63 **훈제품 중 냉훈품의 저장성을 증가시키는 요인에 해당되지 않는 것은?**

① 훈연 중 건조에 의한 수분의 감소
② 가열에 의한 미생물의 사멸
③ 훈연 성분 중의 항균성 물질
④ 첨가된 소금의 영향

64 **가다랑어 자배건품(가쓰오부시) 제조 시, 곰팡이를 붙이는 이유에 해당하지 않는 것은?**

① 병원성 세균의 증가
② 지방 함량의 감소
③ 수분 함량의 감소
④ 제품의 풍미 증가

ANSWER

62 **동결 건조 장치** … 식품의 동결건조를 위해 승화열을 공급하는 가열판, 건조 중에 생성된 수증기를 얼음으로 응축시키는 응축기, 진공실 및 진공펌프로 구성되어 있는 장치를 말한다.

63 ② 가열은 냉훈법과 관련이 적다.
※ **냉훈법** … 단백질이 열에 응고하지 않을 정도의 비교적 저온(보통 25℃ 이하)에서 장기간(1 ~ 3주)에 걸쳐 훈건하는 방법이다.

64 가쓰오부시는 가다랑어의 살을 저며 김에 찌고 건조시켜 곰팡이가 피게 한 일본 가공식품으로, 곰팡이를 피우는 이유로는 지방과 수분 함량을 감소시키고, 향미와 빛깔을 좋게 하기 위해서이다.

62.③ 63.② 64.①

65 **수산가공품 중에서 건제품의 연결이 옳은 것은?**

① 동건품 – 황태
② 소건품 – 마른 멸치
③ 염건품 – 마른 오징어
④ 자건품 – 굴비

66 **식품공전상 액젓의 규격 항목에 해당하는 것을 모두 고른 것은?**

㉠ 총질소	㉡ 타르색소
㉢ 대장균군	㉣ 세균 수

① ㉠㉣ ② ㉠㉡㉢
③ ㉡㉢㉣ ④ ㉠㉡㉢㉣

ANSWER

65 ① **동건품** : 원료를 자연저온에 의해서 동결한 후 융해하는 과정을 반복시키면서 건조한 제품
예 황태 등
② **소건품** : 원료를 그대로 또는 적당한 형태로 조리하여 잘 씻은 다음 건조한 제품
예 마른 오징어, 마른 김, 마른 미역 등
③ **염건품** : 염장 후 건조한 식품
예 굴비, 고등어, 정어리 등
④ **자건품** : 원료를 자숙한 다음 건조한 제품
예 마른 멸치 등

66 식품공전상 젓갈류의 규격 항목
㉠ **총질소(%)** : 액젓 1.0 이상(다만 곤쟁이 액젓은 0.8 이상), 조미액젓 0.5 이상
㉡ **대장균군** : n = 5, c = 1, m = 0, M = 10(액젓, 조미액젓에 한한다)
㉢ **타르색소** : 검출되어서는 아니 된다. 다만 명란젓은 제외한다.
㉣ **보존료(g/kg)** : 다음에서 정하는 것 이외의 보존료가 검출되어서는 아니 된다. 다만 식염함량이 8% 이하의 제품에 한한다.

구분	내용
소브산	1.0 이하(소브산으로서)
소브산칼륨	
소브산칼슘	

㉤ **대장균** : n = 5, c = 1, m = 0, M = 10(액젓, 조미액젓은 제외한다)

65.① 66.②

67 꽁치 통조림의 진공도를 측정한 결과 진공도가 25.0cmHg일 때, 관의 내기압(cmHg)은? (단, 측정 당시 관의 외기압은 75.3cmHg로 한다.)

① 25.0cmHg
② 50.3cmHg
③ 75.3cmHg
④ 100.3cmHg

68 수산식품의 비효소적 갈변현상이 아닌 것은?

① 냉동 참치육의 갈변
② 참치 통조림의 갈변
③ 동결 가리비 패주의 황변
④ 새우의 흑변

69 세균성 식중독을 예방하는 방법이 아닌 것은?

① 익혀먹기
② 냉동식품을 실온에서 장시간 해동하기
③ 청결 및 손 씻기
④ 교차오염방지

ANSWER

67 진공도는 통조림 내부의 감압도를 수은주의 높이로 나타낸 것으로, 통조림 내 압력과 대기압의 차를 가리킨다. 따라서 75.3 − 25.0 = 50.3cmHg이다.

68 **효소적 갈변현상** … 식품 중에 존재하는 폴리페놀화합물이 산소와 결합하여 색의 Melanin 색소를 생성시키는 반응을 말한다. 과일이나 야채 등이 공기와 접촉하였을 때 주로 나타나고 수산식품에서는 게, 새우 등의 가공 시에 발생하기도 한다.

69 냉동식품을 실온에서 장시간 해동할 경우 식중독 균이 쉽게 번식할 수 있다. 냉동식품은 냉장실에서 해동해야 한다.

67.② 68.④ 69.②

70 간 기능이 약한 60대 남자가 여름철에 조개류를 날것으로 먹은 후 발한 · 오한 증세가 있었고, 수일 후 패혈증으로 입원하였다. 가장 의심되는 원인세균은?

① 대장균(Escherichia Coli)
② 캄필로박터 제주니(Campylobacter Jejuni)
③ 살모넬라 엔테리티디스(Salmonella Enteritidis)
④ 비브리오 불니피쿠스(Vibrio Vulnificus)

71 식품안전관리인증기준(HACCP)의 7가지 원칙 중 다음 4개의 적용과정을 순서대로 나열한 것은?

㉠ 중요관리점(CCP)의 결정 ㉡ 모든 잠재적 위해요소 분석 ㉢ 각 CCP에서의 모니터링 체계 확립 ㉣ 각 CCP에서 한계기준(CL) 결정

① ㉠ - ㉡ - ㉣ - ㉢
② ㉠ - ㉣ - ㉢ - ㉡
③ ㉡ - ㉠ - ㉢ - ㉣
④ ㉡ - ㉠ - ㉣ - ㉢

ANSWER

70 비브리오 불니피쿠스 … 주로 어패류에 존재하며 비브리오 패혈증을 일으킨다. 간이 안 좋거나 면역이 저하된 사람과 같은 고위험군은 어패류를 날 것으로 먹는 것을 피하는 것이 좋다.

71 Haccp 7원칙
㉠ 위해요소 분석
㉡ 중요관리점 결정
㉢ 한계기준 설정
㉣ 모니터링 체계 확립
㉤ 개선 조치 방법 수립
㉥ 검증 절차 및 방법 수립
㉦ 문서화 및 기록 유지

70.④ 71.④

72 (　) 안에 들어갈 적합한 중금속의 종류는?

> • 1952년 일본 규슈 미나마타만 어촌바다에서 어패류를 먹은 주민들이 중추신경이상증세를 보였고, 그 원인은 아세트알데히드 제조공장에서 방류한 폐수 중 (　)에 의해 발생되었다.
> • (　)중독 증상은 사지마비, 언어장애, 정신장애 등이 나타나고, 임산부의 경우 자폐증, 기형아의 원인이 된다.

① 납　　② 구리
③ 수은　　④ 비소

73 수산식품 제조 · 가공업소가 HACCP인증을 받기 위해 준수하여야 하는 선행요건이 아닌 것은?

① 우수인력 채용관리
② 냉장 · 냉동설비관리
③ 영업장(작업장)관리
④ 위생관리

ANSWER

72 제시된 내용은 미나마타병과 관련된 설명이다. 미나마타병은 수은 중독으로 인해 발생하는 다양한 신경학적 증상과 징후를 특징으로 하는 증후군이다.

73 HACCP을 적용하고자 하는 업체의 영업자는 식품위생법 등 관련 법적 요구사항을 준수하면서 위생적으로 식품을 제조 · 가공 · 조리하기 위한 기본시스템을 갖추기 위하여 작업기준 및 위생관리기준을 포함하는 선행요건 프로그램을 먼저 개발하여 시행하여야 한다. 선행요건프로그램에 포함되어야 할 사항은 영업장 · 종업원 · 제조시설 · 냉동설비 · 용수 · 보관 · 검사 · 회수관리 등 영업장을 위생적으로 관리하기 위해 기본적이고도 필수적인 위생관리 내용이다.

72.③ 73.①

74 **식품위생법상 판매 가능한 수산물은?**

① 말라카이트그린이 검출된 메기
② 메틸 수은이 5.0mg/kg 검출된 새치
③ 마비성 패독이 0.3mg/kg 검출된 홍합
④ 복어 독(Tetrodotoxin)이 20MU/g 검출된 복어

75 **패류독소 식중독에 관한 설명으로 옳지 않은 것은?**

① 패류독소는 주로 패류의 내장에 존재하며 조리 시 쉽게 열에 파괴된다.
② 마비성패류독소 식중독(PSP) 증상은 섭취 후 30분 내지 3시간 이내에 마비, 언어장애, 오심, 구토 증상을 나타낸다.
③ 설사성패류독소 식중독(DSP)은 설사가 주요 증상으로 나타나고 구토, 복통을 일으킬 수 있다.
④ 기억상실성패류독소 식중독(ASP)은 기억상실이 주요 증상으로 나타나고 메스꺼움, 구토를 일으킬 수 있다.

ANSWER

74 ③ 마비성 패독기준은 0.8mg/kg 이하로 0.3mg/kg의 마비성 패독이 검출된 홍합은 판매 가능하다.
① 말라카이트그린 및 대사물질은 식품에서 검출되어서는 안 된다.
② 새치의 매틸 수은 기준은 1.0mg/kg 이하이다.
④ 복어 독 기준은 10MU/g 이하이다.

75 패류독소는 냉장, 동결 등의 저온에서 파괴되지 않을 뿐 아니라 가열, 조리하여도 잘 파괴되지 않으므로 허용기준 이상의 패류독소가 검출된 패류채취금지해역에서는 패류를 채취하거나 섭취해서는 안 된다.

74.③ 75.①

Ⅳ 수산일반

76 우리나라 수산업의 자연적 입지조건에 관한 설명으로 옳지 않은 것은?

① 동해의 하층에는 동해 고유수가 있다.
② 남해는 난류성 어족의 월동장이 된다.
③ 서해(황해) 연안에서는 강한 조류로 상 · 하층의 혼합이 잘 일어난다.
④ 서해(황해), 동해, 남해 중 가장 넓은 해역은 서해이다.

77 우리나라 수산업법에서 규정하고 있는 수산업에 해당하는 것을 모두 고른 것은?

> ㉠ 연안 낚시터를 조성하여 유어 · 수상레저를 제공하는 사업
> ㉡ 동해 연안에서 자망으로 대게를 잡는 활동
> ㉢ 어획물을 어업현장에서 양륙지까지 운반하는 사업
> ㉣ 노르웨이 연어를 수입하여 대형마트에 공급
> ㉤ 실뱀장어를 양식하여 판매

① ㉠㉢　② ㉡㉣
③ ㉡㉢㉤　④ ㉢㉣㉤

78 2010년 이후 우리나라 정부 수산통계에서 연간 양식 생산량이 가장 많은 것은?

① 해조류　② 패류
③ 어류　④ 갑각류

ANSWER

76　④ 동해 > 서해 > 남해 순으로 면적이 넓다.

77　"수산업"이란 어업 · 양식업 · 어획물운반업 및 수산물가공업을 말한다〈수산업법 제2조(정의) 제1호〉.

78　2010년 이후 우리나라 양식수산물 생산량 증가는 해조류 생산량 증가가 견인해 왔다.

76.④ 77.③ 78.①

79 수산업의 특성에 관한 설명으로 옳은 것을 모두 고른 것은?

> ㉠ 수산 생물자원은 주인이 명확하지 않다.
> ㉡ 수산 생물자원은 관리만 잘 하면 재생성이 가능한 자원이다.
> ㉢ 생산은 수역의 위치 및 해양 기상 등의 영향을 많이 받는다.
> ㉣ 수산물의 생산량은 매년 일정하다.

① ㉠　　② ㉡㉢
③ ㉠㉡㉢　　④ ㉡㉢㉣

80 식물 플랑크톤에 관한 설명으로 옳지 않은 것은?

① 부영부(Pelagic Zone)에 서식한다.
② 다세포 식물도 포함된다.
③ 광합성 작용을 한다.
④ 규조류(돌말류)는 주요 식물 플랑크톤이다.

81 미역에 관한 설명으로 옳지 않은 것은?

① 통로조직이 없다.
② 다세포 식물이다.
③ 몸은 뿌리, 줄기, 잎으로 나누어진다.
④ 물속의 영양염을 몸 표면에서 직접 흡수한다.

ANSWER

79 ㉣ 수산물의 생산량은 일정하지 않다.

80 식물 플랑크톤은 수중에서 부유생활을 하고 있는 단세포 조류이다.

81 미역과 같은 해조류는 뿌리, 줄기, 잎의 구분이 없다. 뿌리는 헛뿌리로 땅에 얕게 묻혀 있고 몸 전체가 광합성을 하는 잎의 역할을 한다.

79.③ 80.② 81.③

82 몸은 좌우대칭이고 팔, 머리, 몸통으로 구분되며, 10개의 팔과 2개의 눈을 가진 두족류는?

① 문어
② 낙지
③ 주꾸미
④ 갑오징어

83 수산자원생물의 계군을 식별하기 위한 방법으로 옳은 것을 모두 고른 것은?

㉠ 산란기의 조사	㉡ 체장 조성 조사
㉢ 회유 경로 조사	㉣ 기생충의 종류 조사

① ㉡ ② ㉡㉣
③ ㉠㉢㉣ ④ ㉠㉡㉢㉣

84 자원량의 변동을 나타내는 러셀(Russell)의 방정식에서 '자연 증가량'을 결정하는 요소가 아닌 것은?

① 가입량
② 성장량
③ 어획 사망량
④ 자연 사망량

ANSWER

82 문어, 낙지, 주꾸미의 팔은 8개이다.

83 ㉠㉡㉢㉣ 모두 수산자원생물의 계군을 식별하기 위해 사용되는 방법이다.

84 자연증가량은 가입량과 성장량의 합에서 자연 사망량을 뺀 값이다. 어획 사망량은 인위적 요소로 자연 증가량과 관계 없다.
※ 러셀의 방정식 … Pt = Pt + 1 − Pt = (Rt + Gt − Dt) − Yt
㉠ Pt : 특정 해의 초기 수산자원량
㉡ Pt + 1 : 이듬해의 초기 수산자원량
㉢ Rt : 1년 동안 가입량
㉣ Gt : 1년 동안 성장량
㉤ Dt : 1년 동안 자연 사망량
㉥ Yt : 1년 동안 어획 사망량

82.④ 83.④ 84.③

85 다음 중 그물코 한 발의 길이가 가장 짧은 것은?

① 90경 여자 그물감
② 42절 라셀 그물감
③ 그물코 뻗친 길이가 35mm인 결절 그물감
④ 그물코 발의 길이가 15mm인 무결절 그물감

86 서해의 주요 어업으로 옳은 것은?

① 오징어 채낚기어업
② 대게 자망어업
③ 붉은대게 통발어업
④ 꽃게 자망어업

87 과도한 어획 회피, 치어 및 산란 성어의 보호를 위한 어업 자원의 합리적 관리 수단은?

① 조업 자동화
② 어장 및 어기의 제한
③ 해외 어장 개척
④ 어구 사용량의 증대

88 양식장 적지 선정을 위한 산업적 조건이 아닌 것은?

① 교통
② 인력
③ 관광산업
④ 해저의 지형

ANSWER

85 1개의 그물코는 4개의 발과 4개의 매듭으로 되어 있다. 그물코 1개의 발의 길이로 크기를 표시하는 방법은 주로 150mm 이상 되는 그물코를 표시할 때 사용하는데 그물감을 펼쳐 놓았을 때 그물코 1개의 발의 양쪽 끝매듭의 중심사이를 잰 길이를 말한다. 이 길이는 그물코의 뻗친 길이의 $\frac{1}{2}$이 된다.

86 ①②③은 동해의 주요 어업이다.

87 과도한 어획 회피, 치어 및 산란 성어의 보호를 위해서는 어장 및 어기 제한이 필요하다.

88 양식장의 입지 조건 중 산업적 조건으로는 교통, 인력, 관광 · 여가 산업, 정책 및 개발 계획 등이 있다.

85.② 86.④ 87.② 88.④

89 **활어차를 이용한 양식 어류의 활어 수송에 관한 설명으로 옳지 않은 것은?**

① 운반 전에 굶겨서 운반하는 것이 바람직하다.
② 운반 중 산소 부족을 방지하기 위하여 산소 공급 장치를 이용하기도 한다.
③ 활어 수송차량으로 신속하게 운반하며, 외상이 생기지 않도록 한다.
④ 운반 수온은 사육 수온보다 높게 유지하여 수온 스트레스를 줄인다.

90 **다음 중 지수식 양어지에서 하루 중 용존산소량이 가장 낮은 시간대는?**

① 오전 4 ~ 5시
② 오전 10 ~ 11시
③ 오후 2 ~ 3시
④ 오후 5 ~ 6시

91 **양어 사료에 관한 설명으로 옳지 않은 것은?**

① 양어 사료는 가축 사료보다 단백질 함량이 더 높다.
② 어류의 필수 아미노산은 24가지이다.
③ 잉어 사료는 뱀장어 사료보다 탄수화물 함량이 더 높다.
④ 어유(Fish Oil)는 필수 지방산의 중요한 공급원이다.

ANSWER

89 ④ 활어차의 운반 수온과 사육 수온의 온도차가 크면 수온차로 인한 스트레스가 발생한다.

90 낮에는 식물성 플랑크톤이나 수초 등의 광합성 작용으로 인해 수중의 용존산소량이 증가하지만 밤에는 호흡작용으로 산소를 소비하므로 용존산소량이 감소한다. 따라서 해 뜨기 전인 오전 4 ~ 5시경이 하루 중 용존산소량이 가장 낮다.

91 물고기는 크게 담수어종, 해수어종으로 나뉘어진다. 담수 · 해수어종에 관계없이 보편적으로 물고기가 요구하는 필수아미노산은 아르지닌, 히스티딘, 아이소루신, 루신, 라이신, 메치오닌, 페닌알라닌, 트레오닌, 발린 등이 있다.

89.④ 90.① 91.②

92 양식 생물과 채묘 시설이 옳게 연결된 것은?

① 굴 : 말목식 채묘 시설
② 피조개 : 완류식 채묘 시설
③ 바지락 : 뗏목식 채묘 시설
④ 대합 : 침설 수하식 채묘 시설

93 어류 양식장에서 질병을 치료하는 방법 중 집단 치료법이 아닌 것은?

① 주사법
② 약욕법
③ 침지법
④ 경구 투여법

94 (　) 안에 들어갈 유생의 명칭은?

보리새우의 유생은 노우플리우스, 조에아, (　) 및 후기 유생의 4단계를 거쳐 성장한다.

① 메갈로파
② 담륜자
③ 미시스
④ 피면자

92 채묘법
㉠ 고정식(말목식) : 굴 등
㉡ 부동식(뗏목식) : 굴, 진주조개, 피조개, 가리비 등
㉢ 침설고정식 : 피조개, 새고막 등
㉣ 침설수하식 : 피조개, 우렁쉥이 등
㉤ 완류식 : 바지락, 대합 등

93 주사법은 다른 치료법에 비해 어류에 가해지는 스트레스가 크고 집단 치료가 되지 않아 많은 노동력을 필요로 하는 단점이 있다.

94 새우는 '알 → 노플리우스(Nauplius) 유생 → 조에아(Zoea) 유생 → 미시스(Mysis) 유생 → 아성체 → 성체'와 같은 변태 과정을 거친다.

92.① 93.① 94.③

95 부화 후 아우리쿨라리아(Auricularia)와 돌리올라리아(Doliolaria)로 변태 과정을 거쳐 저서 생활로 들어가는 양식 생물은?

① 소라
② 해삼
③ 꽃게
④ 우렁쉥이(멍게)

96 녹조류가 아닌 것은?

① 파래
② 청각
③ 모자반
④ 매생이

95 해삼은 '알 → 아우리쿨라리아 유생 → 돌리올라리아 유생 → 메타돌리올라리아 유생 → 펜타크툴라 유생 → 성체'와 같은 변태 과정을 거친다.

96 모자반은 갈조류이다.

95.② 96.③

97 관상어류의 조건으로 옳지 않은 것은?

① 희귀한 어류
② 특이한 어류
③ 아름다운 어류
④ 성장이 빠른 어류

98 수산업법에 따른 어업 관리제도 중 면허 어업에 속하는 것은?

① 정치망 어업
② 근해 선망 어업
③ 근해 통발 어업
④ 연안 복합 어업

97 관상어류는 보면서 즐기는 것을 목적으로 하는 어류로, 성장이 빠른 어류는 관상어류로 적합하지 않다.

98 면허어업 … 다음의 어느 하나에 해당하는 어업을 하려는 자는 시장 · 군수 · 구청장의 면허를 받아야 한다. 다만, 외해양식어업을 하려는 자는 해양수산부장관의 면허를 받아야 한다〈수산업법 제8조 제1항〉.

㉠ 정치망어업 : 일정한 수면을 구획하여 대통령령으로 정하는 어구를 일정한 장소에 설치하여 수산동물을 포획하는 어업
㉡ 마을어업 : 일정한 지역에 거주하는 어업인이 해안에 연접한 일정한 수심 이내의 수면을 구획하여 패류 · 해조류 또는 정착성 수산동물을 관리 · 조성하여 포획 · 채취하는 어업

97.④ 98.①

99 우리나라 총허용어획량(TAC)이 적용되는 대상 수역과 관리 어종이 아닌 것은?

① 동해 연안에서 통발로 잡은 문어
② 연평도 연안에서 통발로 잡은 꽃게
③ 남해 근해에서 대형 선망으로 잡은 고등어
④ 동해 근해에서 근해 자망으로 잡은 대게

100 (   ) 안에 들어갈 숫자를 순서대로 옳게 나열한 것은?

> 국제해양법에서 영해의 폭은 영해 기선에서 (   )해리 수역 이내가 되어야 한다. 영해의 한계를 넘어서 관할권을 행사할 수 있는 접속수역은 영해 밖의 12해리 폭으로 정할 수 있으며, 배타적 경제 수역은 영해 기선에서 (   )해리까지의 구역에 설정할 수 있다.

① 12, 176 ② 12, 200
③ 24, 176 ④ 24, 200

ANSWER

99 총허용어획량의 설정 및 관리에 관한 시행계획 변경(시행 2017. 11. 10.)

㉠ 적용대상해역 등(제3조 제1항) … 총허용어획량의 적용대상해역은 대한민국의 영해 및 배타적경제수역과 그 주변 수역으로서 한·일 어업협정에 의한 일본의 배타적경제수역과 한·중 어업협정에 의한 중국의 배타적경제수역을 제외한 수역으로 한다. 다만, 수산관계법령으로 어업별 조업구역(면허어업은 면허된 어장면적을 말한다)·수산자원의 포획·채취 금지기간·구역 및 수심 등이 규정되어 있는 경우에는 그 제한된 범위로 한다.

㉡ 총허용어획량 계획(별표 2) (단위 : 톤)

대상어업	대상어종	총허용어획량	비고
	계	439,212	
대형선망	고등어	154,523	망치고등어 제외
대형선망	전갱이	28,998	가라지 포함
근해통발	붉은대게	58,315	
근해자망, 근해통발	대게	1,549	
잠수기	키조개	7,838	
연·근해자망, 연·근해통발	꽃게	8,379	
근해채낚기, 대형선망, 대형트롤 및 동해구트롤	오징어	170,816	살오징어만 해당
동해구트롤, 동해구기저	도루묵	8,794	

100 국제해양법에서 영해의 폭은 영해 기선에서 12해리 수역 이내가 되어야 한다. 영해의 한계를 넘어서 관할권을 행사할 수 있는 접속수역은 영해 밖의 12해리 폭으로 정할 수 있으며, 배타적 경제 수역은 영해 기선에서 200해리까지의 구역에 설정할 수 있다.

99.① 100.②

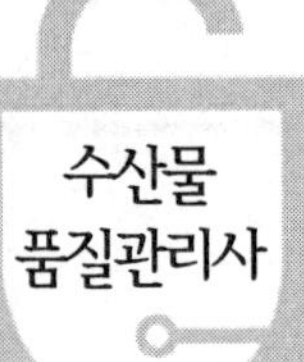

제5회 수산물품질관리사 | 2019년 7월 20일 시행

Ⅰ 수산물 품질관리 관련 법령

1 농수산물 품질관리법상 '이력추적관리' 용어의 정의이다. (　) 안에 들어갈 내용을 순서대로 옳게 나열한 것은?

> 수산물의 (　) 등에 문제가 발생할 경우 해당 수산물을 추적하여 원인을 규명하고 필요한 조치를 할 수 있도록 수산물의 (　)단계부터 (　)단계까지 각 단계별로 정보를 기록·관리하는 것을 말한다.

① 경제성, 생산, 판매　　② 경제성, 유통, 소비
③ 안전성, 생산, 판매　　④ 안전성, 생산, 소비

2 농수산물 품질관리법상 생산단계 수산물 안전기준을 위반한 경우에 해당 수산물을 생산한 자에게 처분할 수 있는 사항(A)과 그 권한을 가진 자(B)로 옳은 것을 모두 고른 것은?

> ㉠ 출하 연기　　㉡ 용도 전환　　㉢ 폐기　　㉣ 수출금지

	A	B		A	B
①	㉠㉡	해양수산부장관	②	㉢㉣	국립수산물품질관리원장
③	㉠㉡㉢	시·도지사	④	㉡㉢㉣	국립수산과학원장

ANSWER

1 "이력추적관리"란 농수산물의 안전성 등에 문제가 발생할 경우 해당 농수산물을 추적하여 원인을 규명하고 필요한 조치를 할 수 있도록 농수산물의 생산단계부터 판매단계까지 각 단계별로 정보를 기록·관리하는 것을 말한다〈농수산물 품질관리법 제2조 제1항 제7호〉.

2 **안전정조사 결과에 따른 조치** … 식품의약품안전처장이나 시·도지사는 생산과정에 있는 농수산물 또는 농수산물의 생산을 위하여 이용·사용하는 농지·어장·용수·자재 등에 대하여 안전성조사를 한 결과 생산단계 안전기준을 위반한 경우에는 해당 농수산물을 생산한 자 또는 소유한 자에게 다음의 조치를 하게 할 수 있다〈농수산물 품질관리법 제63조 제1항〉.
㉠ 해당 농수산물의 폐기, 용도 전환, 출하 연기 등의 처리
㉡ 해당 농수산물의 생산에 이용·사용한 농지·어장·용수·자재 등의 개량 또는 이용·사용의 금지
㉢ 그 밖에 총리령으로 정하는 조치

1.③ 2.③

3 농수산물 품질관리법령상 지리적표시품에 관한 내용이다. ( ) 안에 들어갈 내용을 순서대로 옳게 나열한 것은?

> 해양수산부장관이 지리적표시품의 사후관리와 관련하여 품질수준 유지와 소비자 보호를 위하여 관계 공무원에게 다음 사항을 지시할 수 있다.
> 1. 지리적표시품의 ( )에의 적합성 조사
> 2. 지리적표시품의 ( ) · 점유자 또는 관리인 등의 관계 장부 또는 서류의 열람
> 3. 지리적표시품의 시료를 수거하여 조사하거나 전문시험기관 등에 시험의뢰

① 허가기준, 판매자
② 등록기준, 소유자
③ 허가기준, 생산자
④ 등록기준, 수입자

4 농수산물 품질관리법상 수산물 및 수산가공품에 유해물질이 섞여 들어오는지 등에 대하여 해양수산부장관의 검사를 받아야 하는 것으로 옳지 않은 것은?

① 수출 상대국에서 검사 항목의 전부 생략을 요청하는 경우의 수산물
② 외국과의 협약에 따라 검사가 필요한 경우로서 해양수산부장관이 정하여 고시하는 수산물
③ 수출 상대국의 요청에 따라 검사가 필요한 경우로서 해양수산부장관이 정하여 고시하는 수산가공품
④ 정부에서 수매 · 비축하는 수산물

ANSWER

3 지리적표시품의 사후관리 … 해양수산부장관은 지리적 표시품의 품질수준 유지와 소비자 보호를 위하여 관계 공무원에게 다음의 사항을 지시할 수 있다〈농수산물 품질관리법 제39조 제1항〉.
㉠ 지리적 표시품의 등록기준에의 적합성 조사
㉡ 지리적 표시품의 소유자 · 점유자 또는 관리인 등의 관계 장부 또는 서류의 열람
㉢ 지리적 표시품의 시료를 수거하여 조사하거나 전문시험기관 등에 시험 의뢰

4 위생관리기준〈농수산물 품질관리법 제69조〉
㉠ 해양수산부장관은 외국과의 협약을 이행하거나 외국의 일정한 위생관리기준을 지키도록 하기 위하여 수출을 목적으로 하는 수산물의 생산 · 가공시설 및 수산물을 생산하는 해역의 위생관리기준을 정하여 고시한다.
㉡ 해양수산부장관은 국내에서 생산되어 소비되는 수산물의 품질 향상과 안전성 확보를 위하여 수산물의 생산 · 가공시설(「식품위생법」 또는 「식품산업진흥법」에 따라 허가받거나 신고 또는 등록하여야 하는 시설은 제외한다) 및 수산물을 생산하는 해역의 위생관리기준을 정하여 고시한다.
㉢ 해양수산부장관, 시 · 도지사 및 시장 · 군수 · 구청장은 수산물의 생산 · 가공시설을 운영하는 자 등에게 제2항에 따른 위생관리기준의 준수를 권장할 수 있다.

3.② 4.①

5 **농수산물 품질관리법령상 수산물의 생산 · 가공시설의 등록을 하려는 자가 생산 · 가공시설 등록신청서를 제출하여야 하는 기관의 장은?**

① 해양수산부장관

② 국립수산물품질관리원장

③ 국립수산과학원장

④ 지방자치단체의 장

5 수산물의 생산 · 가공시설 등의 등록신청 등 … 수산물의 생산 · 가공시설(이하 "생산 · 가공시설"이라 한다)을 등록하려는 자는 별지의 생산 · 가공시설 등록신청서에 다음의 서류를 첨부하여 국립수산물품질관리원장에게 제출하여야 한다. 다만, 양식시설의 경우에는 어업의 면허 · 허가 · 신고, 수산물가공업의 등록 · 신고, 「식품위생법」에 따른 영업의 허가 · 신고, 공판장 · 도매시장 등의 개설 허가 등에 관한 증명 서류만 제출한다〈농수산물 품질관리법 시행규칙 제88조 제1항〉.

㉠ 생산 · 가공시설의 구조 및 설비에 관한 도면

㉡ 생산 · 가공시설에서 생산 · 가공되는 제품의 제조공정도

㉢ 생산 · 가공시설의 용수배관 배치도

㉣ 위해요소중점관리기준의 이행계획서(외국과의 협약에 규정되어 있거나 수출상대국에서 정하여 요청하는 경우만 해당한다)

㉤ 다음의 구분에 따른 생산 · 가공용수에 대한 수질검사성적서(생산 · 가공시설 중 선박 또는 보관시설은 제외한다)

- **유럽연합에 등록하게 되는 생산 · 가공시설** : 법에 따른 수산물 생산 · 가공시설의 위생관리기준(이하 "시설위생관리기준"이라 한다)의 수질검사항목이 포함된 수질검사성적서
- **그 밖의 생산 · 가공시설** : 「먹는물수질기준 및 검사 등에 관한 규칙」에 따른 수질검사성적서

㉥ 선박의 시설배치도(유럽연합에 등록하게 되는 생산 · 가공시설 중 선박만 해당한다)

㉦ 어업의 면허 · 허가 · 신고, 수산물가공업의 등록 · 신고, 「식품위생법」에 따른 영업의 허가 · 신고, 공판장 · 도매시장 등의 개설 허가 등에 관한 증명서류(면허 · 허가 · 등록 · 신고의 대상이 아닌 생산 · 가공시설은 제외한다)

5.②

6 농수산물 품질관리법상 검사나 재검사를 받은 수산물 또는 수산물가공품의 검사판정 취소에 관한 설명으로 옳지 않은 것은?

① 검사증명서의 식별이 곤란할 정도로 훼손되었거나 분실된 경우 취소할 수 있다.
② 재검사 결과의 표시 또는 검사증명서를 위조한 사실이 확인된 경우 취소할 수 있다.
③ 검사를 받은 수산물의 포장이나 내용물을 바꾼 사실이 확인된 경우 취소할 수 있다.
④ 거짓이나 부정한 방법으로 검사를 받은 사실이 확인된 경우 취소할 수 있다.

7 농수산물 품질관리법령상 품질인증 유효기간 연장에 관한 내용이다. (　) 안에 들어갈 내용을 순서대로 옳게 나열한 것은?

수산물 및 수산특산물의 품질인증 유효기간을 연장받으려는 자는 해당 품질인증을 한 기관의 장에게 수산물 · 수산특산물 품질인증 (연장)신청서에 (　)을 첨부하여 그 유효기간이 끝나기 (　) 전까지 제출하여야 한다.

① 품질인증 지정서 원본, 1개월
② 품질인증서 원본, 1개월
③ 품질인증 지정서 사본, 2개월
④ 품질인증서 사본, 2개월

ANSWER

6 검사판정의 취소 … 농림축산식품부장관은 농산물의 검사 규정에 따른 검사나 재검사 등의 규정에 따른 재검사를 받은 농산물이 다음의 어느 하나에 해당하면 검사판정을 취소할 수 있다. 다만, 거짓이나 그 밖의 부정한 방법으로 검사를 받은 사실이 확인된 경우에 해당하면 검사판정을 취소하여야 한다〈농수산물 품질관리법 제87조〉.
㉠ 거짓이나 그 밖의 부정한 방법으로 검사를 받은 사실이 확인된 경우
㉡ 검사 또는 재검사 결과의 표시 또는 검사증명서를 위조하거나 변조한 사실이 확인된 경우
㉢ 검사 또는 재검사를 받은 농산물의 포장이나 내용물을 바꾼 사실이 확인된 경우

7 수산물의 품질인증 유효기간을 연장 받으려는 자는 해당 품질인증을 한 기관의 장에게 수산물 품질인증 (연장)신청서에 품질인증서 원본을 첨부하여 그 유효기간이 끝나기 1개월 전까지 제출하여야 한다〈농수산물 풀질관리법 시행규칙 제35조 제1항〉.

6.① 7.②

8 농수산물 품질관리법상 유전자변형수산물의 표시를 거짓으로 하거나 이를 혼동하게 할 우려가 있는 표시를 한 유전자변형수산물 표시의무자에 대한 벌칙기준은?

① 1년 이하의 징역 또는 1천만 원 이하의 벌금
② 3년 이하의 징역 또는 3천만 원 이하의 벌금, 징역과 벌금 병과 가능
③ 5년 이하의 징역 또는 5천만 원 이하의 벌금, 징역과 벌금 병과 가능
④ 7년 이하의 징역 또는 1억 원 이하의 벌금, 징역과 벌금 병과 가능

9 농수산물 품질관리법령상 수산물품질관리사의 업무로 옳지 않은 것은?

① 무항생제 수산물 생산 지도 및 인증
② 포장수산물의 표시사항 준수에 관한 지도
③ 수산물의 선별 · 저장 및 포장시설 등의 운용 · 관리
④ 수산물의 생산 및 수확 후의 품질관리기술 지도

ANSWER

8 **벌칙** … 다음의 어느 하나에 해당하는 자는 7년 이하의 징역 또는 1억 원 이하의 벌금에 처한다. 이 경우 징역과 벌금은 병과(倂科)할 수 있다〈농수산물 품질관리법 제117조〉.
㉠ 유전자변형농수산물의 표시를 거짓으로 하거나 이를 혼동하게 할 우려가 있는 표시를 한 유전자변형농수산물 표시의무자
㉡ 유전자변형농수산물의 표시를 혼동하게 할 목적으로 그 표시를 손상 · 변경한 유전자변형농수산물 표시의무자
㉢ 유전자변형농수산물의 표시를 한 농수산물에 다른 농수산물을 혼합하여 판매하거나 혼합하여 판매할 목적으로 보관 또는 진열한 유전자변형농수산물 표시의무자

9 **농산물품질관리사 또는 수산물품질관리사의 직무** … 수산물품질관리사는 다음의 직무를 수행한다〈농수산물 품질관리법 제106조 제2항〉.
㉠ 수산물의 등급 판정
㉡ 수산물의 생산 및 수확 후 품질관리기술 지도
㉢ 수산물의 출하 시기 조절, 품질관리기술에 관한 조언
㉣ 그 밖에 수산물의 품질 향상과 유통 효율화에 필요한 업무로서 해양수산부령으로 정하는 업무
※ **수산물품질관리사의 업무** … "해양수산부령으로 정하는 업무"란 다음의 업무를 말한다〈농수산물 품질관리법 시행규칙 제134조의2〉.
㉠ 수산물의 생산 및 수확 후의 품질관리기술 지도
㉡ 수산물의 선별 · 저장 및 포장 시설 등의 운용 · 관리
㉢ 수산물의 선별 · 포장 및 브랜드 개발 등 상품성 향상 지도
㉣ 포장수산물의 표시사항 준수에 관한 지도
㉤ 수산물의 규격출하 지도

8.④ 9.①

10 농수산물 품질관리법상 지정해역의 보존 · 관리를 위한 지정해역 위생관리대책의 수립 · 시행권자는?

① 해양수산부장관
② 국립수산과학원장
③ 식품의약품안전처장
④ 국립수산물품질관리원장

11 농수산물 유통 및 가격안정에 관한 법률상 민영도매시장에 관한 설명으로 옳지 않은 것은?

① 시 · 도지사는 민영도매시장 개설자가 승인 없이 민영도매시장의 업무규정을 변경한 경우에는 개설허가를 취소할 수 있다.
② 민영도매시장의 개설자는 중도매인, 매매참가인, 산지유통인 및 경매사를 두어 직접 운영하여야 하며 이외의 자를 두어 운영하게 할 수 없다.
③ 민영도매시장의 중도매인은 민영도매시장의 개설자가 지정한다.
④ 민영도매시장의 경매사는 민영도매시장의 개설자가 임면한다.

ANSWER

10 해양수산부장관은 지정해역의 보존 · 관리를 위한 지정해역 위생관리종합대책을 수립 · 시행하여야 한다〈농수산물 품질관리법 제72조 제1항〉.

11 민영도매시장의 운영 등〈농수산물 유통 및 가격안정에 관한 법률 제48조〉
㉠ 민영도매시장의 개설자는 중도매인, 매매참가인, 산지유통인 및 경매사를 두어 직접 운영하거나 시장도매인을 두어 이를 운영하게 할 수 있다.
㉡ 민영도매시장의 중도매인은 민영도매시장의 개설자가 지정한다. 이 경우 중도매인의 지정 등에 관하여는 중도매업의 허가 규정을 준용한다.
㉢ 농수산물을 수집하여 민영도매시장에 출하하려는 자는 민영도매시장의 개설자에게 산지유통인으로 등록하여야 한다. 이 경우 산지유통인의 등록 등에 관하여는 산지유통인의 등록 규정을 준용한다.
㉣ 민영도매시장의 경매사는 민영도매시장의 개설자가 임면한다. 이 경우 경매사의 자격기준 및 업무 등에 관하여는 경매사의 임면 규정 및 경매사의 업무 등의 규정을 준용한다.
㉤ 민영도매시장의 시장도매인은 민영도매시장의 개설자가 지정한다. 이 경우 시장도매인의 지정 및 영업 등에 관하여는 시장도매인의 지정, 시장도매인의 영업, 수탁의 거부금지 등, 매매 농수산물의 인수 등, 출하자에 대한 대금결제 및 수수료 등의 징수제한 규정을 준용한다.
㉣ 민영도매시장의 개설자가 중도매인, 매매참가인, 산지유통인 및 경매사를 두어 직접 운영하는 경우 그 운영 및 거래방법 등에 관하여는 수탁판매의 원칙부터 거래의 특례의 규정, 수탁의 거부금지 등, 매매 농수산물의 인수 등, 하역업무, 출하자에 대한 대금결제의 규정 및 수수료 등의 징수제한 규정을 준용한다. 다만, 민영도매시장의 규모 · 거래물량 등에 비추어 해당 규정을 준용하는 것이 적합하지 아니한 민영도매시장의 경우에는 그 개설자가 합리적이라고 인정되는 범위에서 업무규정으로 정하는 바에 따라 그 운영 및 거래방법 등을 달리 정할 수 있다.

10.① 11.②

12 **농수산물 유통 및 가격안정에 관한 법령상 '생산자 관련 단체'에 해당하는 것은?**

① 영어조합법인
② 도매시장법인
③ 산지유통인
④ 시장도매인

13 **농수산물 유통 및 가격안정에 관한 법률상 '유통조절명령'에 관한 A 수산물품질관리사의 판단은?**

> ㉠ 해양수산부장관은 부패하거나 변질되기 쉬운 수산물을 대상으로 생산자등 또는 생산자단체의 요청에 관계없이 유통조절명령을 할 수 있다.
> ㉡ 해양수산부장관은 유통명령을 이행한 생산자 등이 유통명령을 이행함에 따라 발생한 손실에 대하여 그 손실을 보전하게 할 수 있다.

	㉠	㉡
①	옳음	옳음
②	틀림	옳음
③	옳음	틀림
④	틀림	틀림

ANSWER

12 협업적 수산업경영을 통하여 생산성을 높이고 수산물의 출하 · 유통 · 가공 · 수출 및 농어촌 관광휴양사업 등을 공동으로 하려는 어업인 또는 「수산업 · 어촌 발전 기본법」에 따른 어업 관련 생산자단체(이하 "어업생산자단체"라 한다)는 5인 이상을 조합원으로 하여 영어조합법인(營漁組合法人)을 설립할 수 있다〈농어업경영체 육성 및 지원에 관한 법률 제16조(영농조합법인 및 영어조합법인의 설립) 제2항〉.

13 ㉠ 농림축산식품부장관 또는 해양수산부장관은 부패하거나 변질되기 쉬운 농수산물로서 농림축산식품부령 또는 해양수산부령으로 정하는 농수산물에 대하여 현저한 수급 불안정을 해소하기 위하여 특히 필요하다고 인정되고 농림축산식품부령 또는 해양수산부령으로 정하는 생산자 등 또는 생산자단체가 요청할 때에는 공정거래위원회와 협의를 거쳐 일정 기간 동안 일정 지역의 해당 농수산물의 생산자 등에게 생산조정 또는 출하조절을 하도록 하는 유통조절명령(이하 "유통명령"이라 한다)을 할 수 있다〈농수산물 유통 및 가격안정에 관한 법률 제10조(유통협약 및 유통조절 명령) 제2항〉.
㉡ 농림축산식품부장관 또는 해양수산부장관은 유통협약 또는 유통명령을 이행한 생산자등이 그 유통협약이나 유통명령을 이행함에 따라 발생하는 손실에 대하여는 농산물가격안정기금 또는 「수산업 · 어촌 발전 기본법」에 따른 수산발전기금으로 그 손실을 보전(補塡)하게 할 수 있다〈농수산물 유통 및 가격안정에 관한 법률 제12조(유통명령 이행자에 대한 지원 등) 제1항〉.

12.① 13.②

14 농수산물 유통 및 가격안정에 관한 법률상 과태료 부과 대상자는?

① 도매시장법인의 지정 유효기간이 지난 후 도매시장법인의 업무를 한 자
② 정당한 사유 없이 집단적으로 경매 또는 입찰에 불참한 자
③ 도매시장의 출입제한 등의 조치를 거부하거나 방해한 자
④ 표준하역비의 부담을 이행하지 아니한 자

15 농수산물 유통 및 가격안정에 관한 법률상 다음 ( ) 안에 들어갈 내용은?

> ㉠ A 영어조합법인이 공판장을 개설하려면 ( )의 허가를 받아야 한다.
> ㉡ 수산물을 수집하여 공판장에 출하하려는 A 영어조합법인은 공판장의 개설자에게 ( )으로 등록하여야 한다.

	㉠	㉡		㉠	㉡
①	시 · 도지사	시장도매인	②	시 · 도지사	산지유통인
③	수협중앙회장	도매시장법인	④	수협중앙회장	중도매인

ANSWER

14 과태료〈농수산물 유통 및 가격안정에 관한 법률 제90조〉
㉠ 다음의 어느 하나에 해당하는 자에게는 1천만 원 이하의 과태료를 부과한다.
- 유통명령을 위반한 자
- 표준계약서와 다른 계약서를 사용하면서 표준계약서로 거짓 표시하거나 농림축산식품부 또는 그 표식을 사용한 매수인

㉡ 다음의 어느 하나에 해당하는 자에게는 500만 원 이하의 과태료를 부과한다.
- 포전매매의 계약을 서면에 의한 방식으로 하지 아니한 매수인
- 단속을 기피한 자
- 보고를 하지 아니하거나 거짓된 보고를 한 자

㉢ 다음의 어느 하나에 해당하는 자에게는 100만 원 이하의 과태료를 부과한다.
- 경매사 임면 신고를 하지 아니한 자
- 도매시장 또는 도매시장공판장의 출입제한 등의 조치를 거부하거나 방해한 자
- 출하 제한을 위반하여 출하(타인명의로 출하하는 경우를 포함)한 자
- 포전매매의 계약을 서면에 의한 방식으로 하지 아니한 매도인
- 도매시장에서의 정상적인 거래와 시설물의 사용기준을 위반하거나 적절한 위생 · 환경의 유지를 저해한 자(도매시장법인, 시장도매인, 도매시장공판장의 개설자 및 중도매인은 제외)
- 교육훈련을 이수하지 아니한 도매시장법인 또는 공판장의 개설자가 임명한 경매사
- 보고(공판장 및 민영도매시장의 개설자에 대한 보고는 제외)를 하지 아니하거나 거짓된 보고를 한 자
- 명령을 위반한 자

㉣ 과태료는 대통령령으로 정하는 바에 따라 농림축산식품부장관, 해양수산부장관, 시 · 도지사 또는 시장이 부과 · 징수한다.

15 ㉠ A영어조합법인이 공판장을 개설하려면 시 · 도지사의 허가를 받아야 한다〈농수산물 유통 및 가격안정에 관한 법률 제43조(공판장의 개설) 제1항〉.
㉡ 수산물을 수집하여 공판장에 출하하려는 A영어조합법인은 공판장의 개설자에게 산지유통인으로 등록하여야 한다〈농수산물 유통 및 가격안정에 관한 법률 제44조(공판장의 거래관계자) 제3항〉.

14.③ 15.②

16 **농수산물의 원산지 표시에 관한 법령상 원산지 표시를 하여야 할 자가 아닌 것은?**

① 휴게음식점영업소 설치 · 운영자
② 위탁급식영업소 설치 · 운영자
③ 수산물가공단지 설치 · 운영자
④ 일반음식점영업소 설치 · 운영자

17 **농수산물의 원산지 표시에 관한 법률상의 설명으로 밑줄 친 부분이 옳지 않은 것은 몇 개인가?**

수산물이나 그 가공품 등에 대하여 적정하고 합리적인 원산지 표시를 하도록 하여 생산자의 알권리를 보장하고, 공정한 거래를 유도함으로써 생산자와 소비자를 보호하는 것을 목적으로 한다. 해양수산부장관은 수산물 명예감시원에게 수산물이나 그 가공품의 원산지 표시를 지도 · 홍보 · 계몽과 위반사항의 신고를 하게 할 수 있다.

① 1개
② 2개
③ 3개
④ 4개

ANSWER

16 "대통령령으로 정하는 영업소나 집단급식소를 설치 · 운영하는 자"란 휴게음식점영업, 일반음식점영업 또는 위탁급식영업을 하는 영업소나 집단급식소를 설치 · 운영하는 자를 말한다〈농수산물의 원산지 표시에 관한 법률 시행령 제4조(원산지 표시를 하여야 할 자)〉.

17 농산물 · 수산물이나 그 가공품 등에 대하여 적정하고 합리적인 원산지 표시를 하도록 하여 소비자의 알권리를 보장하고, 공정한 거래를 유도함으로써 생산자와 소비자를 보호하는 것을 목적으로 한다〈농수산물의 원산지 표시에 관한 법률 제1조(목적)〉.
※ 해양수산부장관은 농수산물 명예감시원에게 농수산물이나 그 가공품의 원산지 표시를 지도 · 홍보 · 계몽하거나 위반사항의 신고를 하게 할 수 있다〈농수산물의 원산지 표시에 관한 법률 제11조(명예감시원)〉.

16.③ 17.①

18 **농수산물의 원산지 표시에 관한 법률을 위반하여 7년 이하의 징역이나 1억 원 이하의 벌금에 해당하는 것을 모두 고른 것은? (단, 병과는 고려하지 않음)**

> ㉠ 원산지 표시를 거짓으로 하거나 이를 혼동하게 할 우려가 있는 표시를 하는 행위
> ㉡ 원산지 표시를 혼동하게 할 목적으로 그 표시를 손상 · 변경하는 행위
> ㉢ 원산지 표시를 한 농수산물이나 그 가공품에 원산지가 다른 동일 농수산물이나 그 가공품을 혼합하여 조리 · 판매 · 제공하는 행위

① ㉠㉡
② ㉠㉢
③ ㉡㉢
④ ㉠㉡㉢

19 **농수산물의 원산지 표시에 관한 법령상 부과될 과태료는? (단, B 업소는 1차 단속에 적발 및 감경사유를 고려하지 않음)**

> A 단속공무원이 B 업소의 원산지 표시를 하지 않는 냉동조기 10상자가 판매를 목적으로 진열되어 있는 것을 확인했고, B 업소 내 저장고에 보관 중인 판매용 냉동조기 10상자에 대해 원산지 미표시 위반을 추가로 발견하였다. 이 중에서 당일 B 업소에서 판매하다 적발된 냉동조기는 1상자에 10만 원이었다.

① 100만 원
② 200만 원
③ 500만 원
④ 1,000만 원

ANSWER

18 벌칙 … 다음을 위반한 자는 7년 이하의 징역이나 1억 원 이하의 벌금에 처하거나 이를 병과(倂科)할 수 있다〈농수산물의 원산지 표시에 관한 법률 제14조〉.
㉠ 원산지 표시를 거짓으로 하거나 이를 혼동하게 할 우려가 있는 표시를 하는 행위
㉡ 원산지 표시를 혼동하게 할 목적으로 그 표시를 손상 · 변경하는 행위
㉢ 원산지를 위장하여 판매하거나, 원산지 표시를 한 농수산물이나 그 가공품에 다른 농수산물이나 가공품을 혼합하여 판매하거나 판매할 목적으로 보관이나 진열하는 행위
㉣ 원산지를 위장하여 조리 · 판매 · 제공하거나, 조리하여 판매 · 제공할 목적으로 농수산물이나 그 가공품의 원산지 표시를 손상 · 변경하여 보관 · 진열하는 행위
㉤ 원산지 표시를 한 농수산물이나 그 가공품에 원산지가 다른 동일 농수산물이나 그 가공품을 혼합하여 조리 · 판매 · 제공하는 행위

19 농수산물의 원산지 표시에 관한 법률 시행령 [별표 2]에 따라 과태료 부과금액은 원산지 표시를 하지 않은 물량(판매를 목적으로 보관 또는 진열하고 있는 물량을 포함한다)에 적발 당일 해당 업소의 판매가격을 곱한 금액으로 한다. 문제에서 B 업소에 부과될 과태료는 원산지 표시를 하지 않은 물량 20상자에 적발 당일 해당 업소의 판매가격 10만 원을 곱한 금액 200만 원이다.

18.④ 19.②

20 농수산물의 원산지 표시에 관한 법령상 식품접객업을 운영하는 자가 농수산물이나, 그 가공품을 조리하여 판매 · 제공하는 경우로써 원산지를 표시하여야 하는 대상품목이 아닌 것은?

① 참돔
② 넙치
③ 황태
④ 고등어

21 농수산물의 원산지 표시에 관한 법령상 국내에서 K어묵을 제조하여 대형할인마트에서 판매하고자 한다. 이 경우 포장지에 표시하여야 할 원산지 표시는?

〈 K어묵의 성분 구성 〉

명태연육 : 51%	강달어 : 47%	전분 : 1%	소금 : 0.8%	MSG : 0.2%

※ 명태연육은 러시아산, 소금은 중국산, 이 외 모두 국산임

① 어묵(명태연육 : 러시아산)
② 어묵(강달어 : 국산)
③ 어묵(명태연육 : 러시아산, 소금 : 중국산, MSG : 국산)
④ 어묵(명태연육 : 러시아산, 강달어 : 국산)

ANSWER

20 "대통령령으로 정하는 농수산물이나 그 가공품을 조리하여 판매 · 제공하는 경우"란 넙치, 조피볼락, 참돔, 미꾸라지, 뱀장어, 낙지, 명태(황태, 북어 등 건조한 것은 제외한다. 이하 같다), 고등어, 갈치, 오징어, 꽃게, 참조기, 다랑어, 아귀 및 주꾸미(해당 수산물가공품을 포함한다. 이하 같다)를 조리하여 판매 · 제공하는 경우를 말한다. 이 경우 조리에는 날 것의 상태로 조리하는 것을 포함하며, 판매 · 제공에는 배달을 통한 판매 · 제공을 포함한다〈농수산물의 원산지 표시에 관한 법률 시행령 제3조(원산지의 표시대상) 제5항 제8호〉.

21 **복합원재료를 사용한 경우 원산지 표시대상** … 복합원재료(이하 "복합원재료"라 한다)를 농수산물 가공품에 사용하는 경우 다음과 같이 그 복합원재료에 사용된 원료 원산지를 표시한다〈(농림축산식품부) 농수산물의 원산지표시 요령 제3조〉.

㉠ 농수산물 가공품에 사용되는 복합원재료가 국내에서 가공된 경우 복합원재료 내의 원료 배합비율이 높은 두 가지 원료(복합원재료가 고춧가루를 사용한 김치류인 경우에는 고춧가루와 고춧가루 외의 배합비율이 가장 높은 원료 1개를 표시하고, 복합원재료 내에 다시 복합원재료를 사용하는 경우에는 그 복합원재료 내에 원료 배합비율이 가장 높은 원료 한 가지만 표시)
㉡ ㉠의 경우에도 불구하고 해당 복합원재료 중 한 가지 원료의 배합비율이 98% 이상인 경우 그 원료만을 표시 가능
㉢ 수입 또는 반입한 복합원재료를 농수산물 가공품의 원료로 사용한 경우에는 통관 또는 반입시의 원산지를 표시

20.③ 21.④

22 **친환경 농어업 육성 및 유기식품 등의 관리 · 지원에 관한 법률상 무항생제 수산물 등의 인증을 할 수 있는 권한을 가진 자는?**

① 지방자치단체의 장
② 국립수산물품질관리원장
③ 국립수산과학원장
④ 해양수산부장관

23 **친환경 농어업 육성 및 유기식품 등의 관리 · 지원에 관한 법령상 유기식품 등의 인증기관의 지정 갱신은 유효기간 만료 몇 개월 전까지 신청서를 제출하여야 하는가?**

① 1개월
② 2개월
③ 3개월
④ 4개월

ANSWER

22 농림축산식품부장관 또는 해양수산부장관은 무농약농산물 · 무농약원료 가공식품 및 무항생제 수산물 등에 대한 인증을 할 수 있다〈친환경 농어업 육성 및 유기식품 등의 관리 지원에 관한 법률 제34조(무농약 농산물 · 무농약 원료가공식품 및 무항생제 수산물 등의 인증 등) 제1항〉.

23 인증기관의 지정 갱신 절차〈해양수산부 소관 친환경 농어업 육성 및 유기식품 등의 관리 · 지원에 관한 법률 시행규칙 제30조〉

㉠ 인증기관의 지정을 갱신하려는 인증기관은 인증기관 지정의 유효기간 만료 3개월 전까지 별지의 인증기관 지정 갱신 신청서에 다음의 서류를 첨부하여 국립수산물품질관리원장에게 제출해야 한다.
- 인증업무의 범위 등을 적은 사업계획서
- 인증기관의 지정기준을 갖추었음을 증명할 수 있는 서류
- 인증기관 지정서

㉡ 국립수산물품질관리원장은 ㉠에 따라 인증기관의 지정 갱신 신청을 받았을 때에는 해당 인증기관이 인증기관 지정기준에 적합한지를 심사하여 지정 갱신 여부를 결정하여야 하며, 인증기관 지정 갱신 절차 등에 관하여는 인증기관의 지정심사 등을 준용한다.

㉢ 국립수산물품질관리원장은 인증기관 지정의 유효기간이 끝나는 날의 4개월 전까지 인증기관에 갱신 절차와 해당 기간까지 갱신을 받지 않으면 갱신을 받을 수 없다는 사실을 미리 알려야 한다.

㉣ ㉢에 따른 통지는 휴대전화 문자메시지, 전자우편, 팩스, 전화 또는 문서 등으로 할 수 있다.

22.④ 23.③

24 **수산물 유통의 관리 및 지원에 관한 법률상 수산물의 처리물량을 규모화하고 상품의 부가가치를 높일 목적으로 수산물을 수집 · 가공하여 판매하기 위한 수산물 유통 시설은?**

① 수산물직거래촉진센터
② 수산물소비지분산물류센터
③ 수산물산지거점유통센터
④ 수산물유통가공협회

25 **수산물 유통의 관리 및 지원에 관한 법률상 수산물유통발전 기본계획에 포함되지 않는 것은?**

① 수산물 수급관리에 관한 사항
② 수산물 품질 · 검역 관리에 관한 사항
③ 수산물 유통구조 개선 및 발전기반 조성에 관한 사항
④ 수산물유통산업 관련 전문인력의 양성 및 정보화에 관한 사항

ANSWER

24 국가나 지방자치단체는 수산물의 처리물량을 규모화하고 상품의 부가가치를 높일 목적으로 수산물을 수집 · 가공하여 판매하기 위하여 수산물산지거점유통센터를 설치하려는 자에게 부지 확보 또는 시설물 설치 등에 필요한 지원을 할 수 있다〈수산물 유통의 관리 및 지원에 관한 법률 제49조(수산물산지거점 유통센터의 설치) 제1항〉.

25 **수산물유통발전 기본계획**〈수산물 유통의 관리 및 지원에 관한 법률 제5조 제2항〉
㉠ 수산물유통산업 발전을 위한 정책의 기본방향
㉡ 수산물유통산업의 여건 변화와 전망
㉢ 수산물 품질관리
㉣ 수산물 수급관리
㉤ 수산물 유통구조 개선 및 발전기반 조성
㉥ 수산물 유통산업 관련 기술의 연구개발 및 보급
㉦ 수산물 유통산업 관련 전문 인력의 양성 및 정보화
㉧ 그 밖에 수산물 유통산업의 발전을 촉진하기 위하여 해양수산부장관이 필요하다고 인정하는 사항

24.③ 25.②

II 수산물 유통론

26 정부의 수산물 유통정책의 주요 목적으로 옳지 않은 것은?

① 유통경로 효율화 촉진
② 적절한 수급조절
③ 식품 안전성 확보
④ 유통업체 이익 확대

27 수산물 유통활동에 관한 설명으로 옳은 것은?

① 상적 유통활동과 물적 유통활동의 두 가지 유형이 있다.
② 물적 유통활동은 상거래활동, 유통금융활동 등으로 세분화할 수 있다.
③ 상적 유통활동은 운송활동, 보관활동 등으로 세분화할 수 있다.
④ 소유권 이전에 관한 활동은 물적 유통활동이다.

ANSWER

26 수산물 유통정책의 목적
㉠ 유통 효율의 극대화
㉡ 가격 안정
㉢ 가격수준 적정화
㉣ 식품안정성확보

27 수산물 유통활동

물적 유통활동	상적 유통활동
• 운송 활동 : 수송, 하역 • 보관활동 : 냉동, 냉장 • 정보 전달 활동 : 정보 검색 • 기타 부대 활동 : 포장	• 상거래 활동 • 유통 금융 · 보험활동 : 상적 유통 측면 지원 • 기타 조성활동 : 수산물 수집, 상품 구색

26.④ 27.①

28 수산물 유통기구에 관한 설명으로 옳지 않은 것은?

① 생산자와 소비자 사이에 유통기구가 개입하는 간접적 유통이 일반적이다.
② 간접적 유통기구는 수집, 분산, 수집 · 분산연결 기구의 세 가지 유형이 있다.
③ 산지 위판장이나 산지 수집도매상은 분산기구이다.
④ 노량진수산물도매시장은 수집 · 분산연결 기구이다.

29 수산물 유통의 특성으로 옳은 것을 모두 고른 것은?

> ㉠ 유통경로가 복잡하고 다양하다.
> ㉡ 생산의 불확실성, 부패성으로 인해 가격의 변동성이 크다.
> ㉢ 동일 어종이라도 다양한 크기와 선도를 가지고 있다.

① ㉠
② ㉠㉡
③ ㉡㉢
④ ㉠㉡㉢

ANSWER

28 분산기구는 복수의 유통기관이 소량단위로 분할 · 구매하는 유통기관으로 생산자는 분산기구에 속하지 않는다.
※ **수산물 산지 위판장** … 생산자단체와 생산자가 수산물을 도매하기 위하여 개설하는 시설을 말한다.

29 **수산물 유통의 특성**
㉠ 유통경로의 다양성
㉡ 생산물 규격화 및 균질화의 어려움
㉢ 가격의 변동성
㉣ 구매의 소량 분산성

28.③ 29.④

30 **수산물 유통구조의 특징으로 옳지 않은 것은?**

① 최종 소비지 시장이 집중되어 있다.
② 유통업체는 대부분 규모가 작고 영세하다.
③ 유통이 다단계로 이루어져 있다.
④ 동일 어종인 경우에도 연근해 · 원양 · 수입 수산물에 따라 유통방법이 다르다.

31 **수산물 도매시장의 시장도매인 제도에 관한 설명으로 옳지 않은 것은?**

① 도매시장의 개설자로부터 지정을 받고 수산물을 매수 또는 위탁받아 도매하거나 매매를 중개하는 영업을 하는 법인을 말한다.
② 시장도매인은 해당 도매시장의 도매시장법인 · 중도매인에게 수산물을 판매하지 못한다.
③ 현재 부산 공동어시장, 노량진 수산물도매시장, 대구 북부 수산물도매시장 등에서 운영 중이다.
④ 도매운영주체에 따라 도매시장법인만 두는 시장, 시장도매인만 두는 시장, 도매시장법인과 시장도매인을 함께 두는 시장으로 구분할 수 있다.

30 수산물 유통구조의 특징
㉠ **영세성 및 과다성** : 유통업에 있어서 경영의 규모는 영세한 반면에 이와 관련되는 유통업체 수는 과다한 수준이다.
㉡ **다단계성** : 각 지역에 나누어져 활동 중인 공급자와 널리 분포되어 있는 소비자들을 연결하기 위해 유통 구조는 1차적 도매시장으로 모이게 되며, 그 후 2차 도매상, 도매상에서 소매상, 소매상에서 최종 소비자에게로 분산되는 유통구조를 지닌다.
㉢ **관행적인 거래방식** : 수산물에 대한 서로 다른 거래관행이 존재하며, 유통기구마다 거래 방법 및 그로 인한 거래관행도 서로 다르다.

31 ② 시장도매인은 해당 도매시장의 도매시장법인 · 중도매인에게 농수산물을 판매하지 못한다.
③ 현재 부산 국제 수산물 도매 시장, 노량진수산물도매시장, 대구북부수산물도매시장 등에서 운영 중이다.

30.① 31.②③

32 우리나라 수산물 소비의 동향 및 특징으로 옳지 않은 것은?

① 대중 선호 어종은 고등어, 갈치, 오징어 등이다.
② 소득이 높아짐에 따라 질보다는 양을 중시하게 된다.
③ 수산물 안전성 문제가 소비자의 관심사로 부각되고 있다.
④ 1인가구의 증가 등으로 가정간편식(HMR)이 많이 출시되고 있다.

33 유통업자가 안정적으로 수산물을 확보하기 위해 활용하고 있는 거래관행은?

① 전도금제
② 위탁판매제
③ 외상거래제
④ 경매 · 입찰제

34 수산물 전자상거래의 장점으로 옳지 않은 것은?

① 운영비가 절감된다.
② 유통경로가 짧아진다.
③ 시간 · 공간적으로 제약이 있다.
④ 소비자와 생산자 간의 양방향 소통이 가능하다.

ANSWER

32 소득이 높아짐에 따라 양보다는 질을 중시하게 되었다.

33 ① **전도금제** : 대금의 일부를 미리 지급하고 월 또는 분기 단위로 정산할 때 사용하는 거래제도
② **위탁판매제** : 상품의 제조 및 소유자가 도매 · 소매업자에게 기한을 정하여 판매 업무를 위탁하는 거래제도
③ **외상거래제** : 거래에서 매매계약이 성립되어 상품이 인도되었지만, 그에 대한 대금은 일정 기간이 지난 후에 결제되는 거래제도
④ **경매 · 입찰제** : 구매자가 2명 이상일 때 값을 제일 많이 부르는 사람에게 파는 거래제도

34 전자상거래의 장점
㉠ 시간 및 공간에 대한 제약이 없다.
㉡ 소비자 정보에 대한 획득이 용이하다.
㉢ 유통경로가 짧다.
㉣ 운영비가 절감된다.
㉤ 소비자 의견을 반영하기 쉽다.

32.② 33.① 34.③

35 **수산물 공동판매의 장점으로 옳지 않은 것은?**

① 출하량 조절이 용이하다.
② 운송비를 절감할 수 있다.
③ 가격 교섭력을 높일 수 있다.
④ 유통업자 간의 판매시기와 장소를 조정하는 방법이다.

36 **수산물 가격이 폭등하는 경우 정부의 정책수단으로 옳은 것을 모두 고른 것은?**

㉠ 수입확대 ㉡ 수매확대 ㉢ 비축물량 방출

① ㉠
② ㉠㉢
③ ㉡㉢
④ ㉠㉡㉢

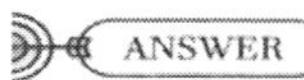

35 수산물 공동판매의 장점
㉠ 노동력 절감
㉡ 운송비 절감
㉢ 가격 교섭력 제고
㉣ 출하량 조절의 용이

36 ㉠ **수입 확대** : 국내산 수산물 가격이 폭등하고 있는 상태에서는 수매를 하기 보다는 추후 가격안정에 이르기까지 적정수준의 품질이 인정된 수산물을 수입해야 한다.
㉡ **수매 확대** : 가격이 폭등하고 있는 상태에서 물품을 거두어 사들이는 등의 수매를 확대할 시에는 수산물의 수요가 더욱 올라가 가격이 더더욱 상승하게 되므로 이는 바람직하지 못하다.
㉢ **비축물량 방출** : 가격이 폭등하고 있는 상태에서 물량을 구입하기에는 많은 부담이 따르므로 기존에 매입해 둔 수산물을 방출함으로써 시장수요에 대한 조절을 해야 한다.

35.④ 36.②

37 20㎏ 고등어 한 상자의 각 유통경로별 가격을 나타낸 것이다. 이때 소매점의 유통마진율(%)은?

• 생산가격 : 30,000원	• 수산물위판장 : 32,000원
• 도매상 : 36,000원	• 소매점 : 40,000원

① 10%　　② 15%
③ 20%　　④ 25%

38 수산물 소비지 도매시장의 기능으로 옳지 않은 것은?

① 유통분산 기능
② 양륙진열 기능
③ 가격형성 기능
④ 수집집하 기능

39 수산물 도매상에 관한 설명으로 옳은 것은?

① 최종 소비자의 기호 변화를 즉시 반영한다.
② 주로 최종 소비자에게 수산물을 판매한다.
③ 수집시장과 분산시장을 연결하는 역할을 한다.
④ 전통시장 등의 오프라인과 소셜커머스와 같은 온라인도 해당된다.

ANSWER

37 유통마진율 = (판매가격 − 구입가격) ÷ 판매가격 × 100

38 수산물 소비지 도매시장의 기능
㉠ 산지 시장으로부터의 수집집하 기능
㉡ 공정 타당한 가격 형성 기능
㉢ 도시 수요자에게 유통 · 분산시키는 기능
㉣ 현금에 의한 신속, 확실한 대금 결제 가능

39 도매상은 유통흐름상에서 수집시장의 물건을 분산시장에 공급하여 두 시장을 연결하는 역할을 한다.

37.① 38.② 39.③

40 **유용한 통계정보를 얻기 위한 바람직한 수산물의 유통경로는?**

① 생산자 → 산지 위판장 → 소비자
② 생산자 → 객주 → 소비자
③ 생산자 → 수집상 → 도매인 → 소비자
④ 생산자 → 횟집 → 소비자

41 **활꽃게의 유통에 관한 설명으로 옳지 않은 것은?**

① 산지유통과 소비지유통으로 구분된다.
② 일반적으로 계통출하보다 비계통출하의 비중이 높다.
③ 활광어와 비교하여 산소발생기 등 유통기술이 적게 요구된다.
④ 근해자망, 연안자망, 연안개량안강망, 연안통발 등에 의해 공급된다.

42 **갈치 선어의 유통에 관한 설명으로 옳지 않은 것은?**

① 유통에는 빙장이 필요하다.
② 대부분 산지 위판장을 통해 출하된다.
③ 선도 유지를 위해 신속한 유통이 필요하다.
④ 주로 어가경영인 대형기선저인망어업에 의해 공급된다.

ANSWER

40 생산자 → 산지 위판장 → 소비자

41 ② 수협의 산지 위판장을 경유하는 계통 출하비중은 약 60% 내외이고, 산지수집상 등으로 비계통출하 비중은 40% 정도로 계통 출하비중이 높다.
① 활어의 유통구조는 산지유통과 소비지 유통으로 구분된다.
③ 꽃게는 어획 후 일정 기간 살 수 있기 때문에 산지에서는 활어차나 수조 없이 유통하여 판매한다.
④ 근해자망, 연안자망, 연안개량안강망, 연안통발 등에 의해 공급된다.

42 갈치 선어의 유통 특징
㉠ 선어는 어획됨과 동시에 냉장처리를 하거나 저온에 보관하여 냉동하지 않은 신선한 어류 또는 수산물을 의미한다. 즉 살아 있지 않다는 것이 활어(活魚)와 구별된다.
㉡ 선어의 부가가치를 최대로 높이기 위한 방법으로 빙장과 빙수장 기술을 이용한다.
㉢ 수산물의 선도를 선어의 상태에서 최상으로 유지하기 위해서는 저온의 유지를 통한 빠른 유통이 필수적이다.

40.① 41.② 42.④

43 냉동 오징어의 유통특성에 관한 설명으로 옳은 것을 모두 고른 것은?

> ㉠ 대부분 산지 위판장을 통해 유통된다.
> ㉡ 유통과정상 냉동시설이 필요하다.
> ㉢ 활어에 비해 가격이 낮다.
> ㉣ 수산가공품 원료 등으로도 이용된다.

① ㉠㉡
② ㉡㉢
③ ㉠㉡㉣
④ ㉡㉢㉣

44 수산가공품의 유통이 가지는 특성이 아닌 것은?

① 일반식품의 유통경로와 유사하다.
② 소비자의 다양한 기호를 만족시킬 수 있다.
③ 수송은 용이하나 공급조절에는 한계를 지닌다.
④ 냉동품, 자건품, 한천, 수산피혁 등 다양하다.

ANSWER

43 ㉠ 선어유통의 특성이다.
㉡ 어획된 수산물을 동결해서 유통하는 상품의 형태이다. 통상적으로 －18℃ 이하로 운반 및 보관된다. 때문에 냉장창고 및 냉동 탑차 등은 필수적 유통 수단이다.
㉢ 냉동수산물은 선어나 활어에 비해 선도가 낮고 한 번 동결한 수산물은 질감이 떨어지게 되므로 동일한 조건인 경우 상대적으로 냉동 수산물의 가격이 낮다.
㉣ 수산가공품의 원료 등으로도 이용된다.

44 수산가공품의 유통이 가지는 특성
㉠ 부패 억제를 통해 장기 저장이 가능하다.
㉡ 소비자의 다양한 기호를 만족시킬 수 있다.
㉢ 공급조절을 할 수 있다.
㉣ 저장성이 높을수록 일반 식품과 유통경로가 유사하다.

43.④ 44.③

45 마른멸치의 유통과정에 관한 설명으로 옳지 않은 것은?

① 자숙가공을 통해 유통된다.
② 주로 기선권현망어업에 의해 공급된다.
③ 대부분 산지 수집상을 통해 소비자에게 유통된다.
④ 생산자로부터 소비자에게 직접 유통되기도 한다.

46 수산물 수출입 과정에서 분쟁이 발생할 경우 심의하는 국제기구는?

① FTA ② FAO
③ WTO ④ WHO

47 수산물 소비자의 정보를 수집하여 취향조사, 만족도조사, 분석, 관리, 적절한 대응 등에 활용하는 방법은?

① POS(Point Of Sales) ② CS(Consumer Satisfaction)
③ SCM(Supply Chain Management) ④ CRM(Customer Relationship Management)

45 건어물의 유통경로
㉠ 생산자가 직접 건조한 경우 : 생산자 → 산지위판장(중도매인) → 도매시장 및 소비자
㉡ 생산자가 직접 건조하지 않은 경우 : 생산자 → 건조업자 → (산지위판장) → 도매시장 및 소비자

46 ③ WTO(세계무역기구) : 국제무역 확대, 회원국 간의 통상 분쟁 해결, 세계교역 및 새로운 통상 논점에 관한 연구를 위하여 설립된 국제기구이다.
① FTA(자유무역협정) : 국가 간 상품의 자유로운 이동을 위해 모든 무역 장벽을 완화하거나 제거하는 협정이다.
② FAO(국제연합식량농업기구) : 세계 식량 및 기아 문제 개선을 목적으로 하는 국제연합 산하 기구이다.
④ WHO(세계보건기구) : 보건 · 위생 분야의 국제적인 협력을 위하여 설립한 UN(United Nations : 국제연합) 전문기구이다.

47 ② CS : 고객의 니즈를 파악하여 최대의 만족을 주는 것에서 기업의 존재 의의를 찾고 이를 통해 고객들이 계속해서 기업의 제품이나 서비스를 이용하여 이윤을 증대시키는 경영기법이다.
① POS : 금전등록기와 컴퓨터 단말기의 기능을 결합한 것으로 판매시점 정보관리 시스템이다.
③ SCM : 공급사슬망 관리로써 제품의 생산과 유통 과정을 하나의 통합망으로 관리하는 경영전략시스템이다.
④ CRM : 기업이 고객과 관련된 내외부 자료를 분석 · 통합해 고객 중심 자원을 극대화하고 이를 토대로 고객특성에 맞게 마케팅 활동을 계획 · 지원 · 평가하는 과정이다.

45.③ 46.③ 47.②

48 수산물 유통체계의 효율화와 수산물유통산업의 경쟁력 강화에 관하여 규정하고 있는 법률은?

① 수산업법
② 수산자원관리법
③ 공유수면관리 및 매립에 관한 법률
④ 수산물 유통의 관리 및 지원에 관한 법률

49 유통과정에서 선어와 비교하여 냉동수산물이 갖는 장점으로 모두 고른 것은?

㉠ 연중 소비	㉡ 낮은 가격	㉢ 선도 향상

① ㉠
② ㉠㉡
③ ㉡㉢
④ ㉠㉡㉢

50 수산물 선물시장에 관한 설명으로 옳지 않은 것은?

① 위험관리기능을 제공한다.
② 계약이행보증을 위한 증거금제도가 있다.
③ 미래의 현물가격에 대한 예시기능을 수행한다.
④ 현물 및 선물 가격 간의 차이를 스왑(Swap)이라고 한다.

ANSWER

48 ④ 수산물 유통의 관리 및 지원에 관한 법률은 수산물 유통체계의 효율화와 수산물유통산업의 경쟁력 강화에 관하여 규정함으로써 원활하고 안전한 수산물의 유통체계를 확립하여 생산자와 소비자를 보호하고 국민경제의 발전에 이바지함을 목적으로 한다.
① 수산업법은 수산업에 관한 기본제도를 정하여 수산자원 및 수면을 종합적으로 이용하여 수산업의 생산성을 높임으로써 수산업의 발전과 어업의 민주화를 도모하는 것을 목적으로 한다.
② 수산자원관리법은 수산자원관리를 위한 계획을 수립하고, 수산자원의 보호·회복 및 조성 등에 필요한 사항을 규정하여 수산자원을 효율적으로 관리함으로써 어업의 지속적 발전과 어업인의 소득증대에 기여함을 목적으로 한다.
③ 공유수면관리 및 매립에 관한 법률은 공유수면(公有水面)을 지속적으로 이용할 수 있도록 보전·관리하고, 환경친화적인 매립을 통하여 매립지를 효율적으로 이용하게 함으로써 공공의 이익을 증진하고 국민 생활의 향상에 이바지함을 목적으로 한다.

49 ㉢ 통상적으로 냉동수산물은 선어에 비해서 선도가 낮기 때문에 한 번 동결한 수산물의 경우에는 육질이 포함된 수분 등이 얼면서 팽창하므로 동일한 수산물의 경우 질감이 떨어지게 되므로 동일한 조건이라면 선어에 비해 가격이 상대적으로 낮은 경향이 있다.

50 ④ 스왑(Swap)은 거래상대방이 미리 정한 계약조건에 따라 장래의 일정 시점에 두 개의 서로 다른 방향의 자금흐름(Cash Flow)을 교환하는 거래로 현물(Spot)거래와 선물(Futures)거래가 동시에 이루어지는 특징을 갖고 있다.

48.④ 49.② 50.④

Ⅲ 수확 후 품질관리론

51 **휘발성염기질소(VBN) 측정법으로 선도를 판정할 수 없는 수산물은?**

① 연어 ② 고등어

③ 상어 ④ 오징어

52 **어류의 근육 조직에서 적색육과 백색육을 비교하는 설명으로 옳은 것은?**

① 적색육은 백색육에 비하여 지방 함량이 적다.

② 백색육은 적색육에 비하여 단백질 함량이 많다.

③ 백색육은 적색육에 비하여 각종 효소의 활성이 강하다.

④ 적색육은 백색육에 비하여 선도 저하가 느리다.

53 **수산 식품업체 B사는 −20℃에서 실용 저장 기간(PSL)이 200일인 신선한 고등어를 구입하여 동일 온도의 냉동고에서 150일간 저장하였다. 이 냉동 고등어의 실용 저장 기간과 품질 저하율에 관한 설명으로 옳은 것은?**

① 실용 저장 기간이 25% 남아 있다.

② 실용 저장 기간이 75% 남아 있다.

③ 품질 저하율이 25%이다.

④ 품질 저하율이 50%이다.

ANSWER

51 VBN측정법은 단백질, 아미노산, 요소, TMAO등이 세균과 효소에 의해 분해되어 휘발성질소 화합물인 VBN을 측정하는 방법으로 상어, 홍어는 이 방법으로 선도를 판정할 수 없다.

52 ① 적색육은 백색육에 비하여 지방, 타우린, 무기질 등의 함량이 많다.
③④ 적색육은 백색육에 비하여 각종 효소의 활성이 강하고 비교적 선도 저하가 빠르다.

53 실용 저장 기간이 200일인 고등어의 1일 품질 저하율은 $\frac{100}{200}$ = 0.5%이다.
실용 저장 기간은 $\frac{50}{200} \times 100 = 25\%$이다.

51.③ 52.② 53.①

54 우리나라 전통 젓갈과 저염 젓갈의 차이점에 관한 설명으로 옳지 않은 것은?

① 전통 젓갈의 제조원리는 식염의 방부작용과 자가소화 효소의 작용이다.
② 저염 젓갈은 첨가물을 사용하여 보존성을 부여한 기호성 위주의 제품이다.
③ 전통 젓갈은 20% 이상의 식염을 첨가하여 숙성 발효시킨다.
④ 저염 젓갈은 15%의 식염을 첨가하여 숙성 발효시킨다.

55 동결 저장 중에 발생하는 수산물의 변질현상에 해당하지 않는 것은?

① 갈변(Browning)
② 허니콤(Honey Comb)
③ 스펀지화(Sponge)
④ 스트루바이트(Struvite)

56 마른멸치를 가공할 때 자숙의 기능에 해당하지 않는 것은?

① 부착세균을 사멸시킨다.
② 단백질을 응고시켜 건조를 쉽게 한다.
③ 엑스성분의 유출을 방지한다.
④ 자가소화 효소를 불활성화시킨다.

ANSWER

54 저염 젓갈은 4 ~ 7%의 식염을 첨가하여 숙성 발효시킨다.

55 **스트루바이트**(Struvite) … 통조림을 개관하였을 때 내용물 중에 생성한 무색 또는 약간의 착색된 무독성의 유리모양 결정을 말한다.

56 원료를 자숙함으로써 원료 멸치에 부착되어 있는 세균을 사멸시키고, 내장 중에 함유된 강력한 자가소화효소를 불활성화시킨다. 또한 가열에 의해 단백질을 응고시켜 수분의 일부와 지방을 제거함으로써 부패를 지연시키고 건조를 쉽게 한다. 그러나 중요한 정미성분인 엑스성분이 자숙 중에 용출되는 단점이 있다.

54.④ 55.④ 56.③

57 **수산물의 염장법 중 개량물간법에 관한 설명으로 옳은 것은?**

① 소금의 침투가 불균일하다.
② 제품의 외관과 수율이 양호하다.
③ 지방 산화가 일어나 변색될 우려가 있다.
④ 염장 초기에 부패하기 쉽다.

58 **통조림의 품질 검사 중 일반 검사 항목으로 옳은 것을 모두 고른 것은?**

㉠ 타관 검사	㉡ 진공도 검사
㉢ 밀봉부위 검사	㉣ 세균 검사
㉤ 가온 검사	

① ㉠㉣
② ㉠㉡㉤
③ ㉡㉢㉣
④ ㉠㉡㉢㉤

59 **기능성 수산 가공품에는 고시형과 개별 인정형이 있다. 다음 중 개별 인정형에 해당되는 것은?**

① 리프리놀
② 글루코사민
③ 클로렐라
④ 키토산

ANSWER

57 **개량물간법** … 마른간법과 물간법을 혼용하는 방법으로서 물이 새지 않는 용기 중에 마른간한 어체를 쌓은 뒤 최상부에 다시 식염을 뿌린 다음 누름돌을 얹어주어 어체에서 침출되어 나온 물에 식염이 용해되어 물간한 상태로 되는 것이다. 마른간법과 물간법을 혼합하여 단점을 개량한 방법으로 외관과 수율이 좋으며 식염의 침투가 균일하다는 것이 장점이다.

58 **통조림 품질 검사 중 일반 검사 항목**

㉠ **타관 검사** : 통조림의 감각적 검사법의 일종. 통조림의 뚜껑 또는 밑바닥을 타검봉으로 가볍게 두드려 그 음향 및 진동의 감촉으로써 내용물의 상태, 양 등을 판별한다. 특히, 진공도가 높을수록 타검음이 높아지는 경향이 있다.

㉡ **진공도 검사** : 진공계를 오른쪽 엄지손가락과 집게손가락 사이에 잡고 통조림을 평면에 놓은 다음 왼손으로 잡고 익스펜션링 융기부에 수직으로 눌러 측정한다.

㉢ **가온 검사** : 통조림 제품을 최종 검사 전에 항온기에서 37 ~ 55℃에서 액즙이 많은 것은 1주일, 액즙이 적은 가미 또는 점조성의 것은 2주일간 경과토록 하여 검사한다.

59 ㉠ **고시형 원료** : 「건강기능식품 공전」에 등재되어 있는 원료로 제조기준, 기능성 등 요건에 적합할 경우 누구나 사용이 가능하다. 글루코사민, 클로렐라, 키토산이 있다.

㉡ **개별 인정형 원료** : 「건강기능식품 공전」에 등재되어 있지 않은 원료로 영업자가 원료의 안전성, 기능성, 기준규격 등의 자료를 제출하여 식약처장으로부터 인정을 받아야 하며, 인정받은 업체만이 동 원료의 사용이 가능하다. 리프리놀(녹색 입술 조개에서 추출한 화합물의 상품명)이 있다.

57.② 58.② 59.①

60 **오징어, 새우 등 연체동물과 갑각류에 함유되어 단맛을 내는 염기성 물질은?**

① 요소
② 트리메틸아민옥시드
③ 베타인
④ 뉴클레오티드

61 **기체 조절을 이용하여 수산 식품의 저장 기간을 연장하는 방법은?**

① 산화방지제 첨가
② 방사선 조사
③ 무균포장
④ 탈산소제 첨가

62 **수산 식품업체 B사는 상온에서 유통 가능한 신제품을 개발하고 있다. 가열 살균온도 110℃에서 클로스트리듐 보틀리눔(Clostridium botulinum) 포자의 사멸에 필요한 시간은 70분이었다. 살균온도를 120℃로 올릴 경우 사멸에 필요한 예상 시간은?**

① 7분
② 14분
③ 35분
④ 60분

ANSWER

60 ③ **베타인** : 염기성 화합물로서 글리신베타인(Glycine Betaine)이 주성분이다. 상쾌한 단맛이 있고 오징어, 문어 등의 연체동물이나 새우 등의 갑각류에 많이 함유되어 있다. 참고로 베타인은 동식물계에 널리 분포하고 있는데 어류의 근육에는 0.1% 이하로 존재하지만, 무척추동물인 오징어, 문어, 새우 등의 근육에는 어류보다 많이 들어 있다.

② **트리메틸아민옥스드** : 해산어패류 근육에 함유되는 주요한 엑기스 성분의 하나이다.

④ **뉴클레오티드** : 푸린 또는 피리미틴염기와 리보오스가 결합한 뉴클레오시드의 인산에스테르. 핵산은 아데닌, 구아닌, 티민, 시토신, 우라실을 포함하는 뉴클레오티드의 중합체이다.

61 ④ **탈산소제** : 공기 중에 포함된 산소를 흡수하여, 식품의 산화방지, 곰팡이(黴) 등 호기성 미생물의 번식을 방지하는 데 사용되는 것으로 식품의 보존성을 높일 목적으로 밀봉식품의 보존에 사용된다. 일반적으로는 정제철분이 사용된다.

① **산화방지제** : 산소에 의해 지방성 식품과 탄수화물 식품의 변질을 방지하는 화학물질이다.

② **방사선 조사** : 식품의 품질을 보존하거나 미생물학적으로 식품의 안전성 향상을 위해 방사선 중에서 물질을 통과할 때 이온을 만드는 전리방사선을 식품에 쬐어 가공하는 것이다.

③ **무균포장** : 식품의 무균포장은 식품을 무균상태로 포장하는 기술과 포장된 상태를 가리키는 것으로 포장 후 레토르트 살균한 것까지 포함한다.

62 식품 부패균인 Bacillus Subtilis(고초균)의 포자는 100℃ · 175분, 110℃ · 37 ~ 38분, 120℃ · 7.5 ~ 8분으로 사멸하고, Clostridium Botulinum의 포자는 100℃ · 33분, 110℃ · 32분, 120 ~ 121℃ · 약 4 ~ 7분으로 사멸한다.

60.③ 61.④ 62.①

63 식품 포장용 유리 용기의 특성에 해당하지 않는 것은?

① 산, 알칼리, 기름 등에 불안정하여 녹거나 침식이 발생할 수 있다.
② 빛이 투과되어 내용물이 변질되기 쉽다.
③ 충격 및 열에 약하다.
④ 포장 및 수송 경비가 많이 든다.

64 연제품의 탄력 보강제 또는 증량제로 사용되지 않는 것은?

① 달걀 흰자
② 글루탐산나트륨
③ 타피오카 녹말
④ 옥수수 전분

65 동결 연육을 이용한 연제품의 가공공정을 옳게 나열한 것은?

① 고기갈이 → 성형 → 가열 → 냉각 → 포장
② 고기갈이 → 가열 → 냉각 → 성형 → 포장
③ 고기갈이 → 가열 → 탈기 → 포장 → 냉각
④ 고기갈이 → 성형 → 가열 → 탈기 → 포장

ANSWER

63 유리 용기의 특징
㉠ 화학변화를 일으키지 않아 물이나 산에 강함
㉡ 용도에 따라 개폐가 자유로운 용기 가능
㉢ 내열성이 있어 가열 살균처리 가능
㉣ 위생성, 방습성, 방수성, 내약품성 및 가스차단성이 우수
㉤ 기체의 차단성
㉥ 경제적 (반복사용)
㉦ 수송이나 취급 불편
㉧ 빛의 투과로 내용물 변질우려

64 흔히 MSG라 일컫는 글루탐산나트륨의 경우, 풍미개량제로 음식에 첨가하면 맛을 감칠나게 하는 효과가 있어 조미료의 재료로 사용된다. 글루탐산나트륨 자체는 아무 맛도 없지만 고기나 채소 등의 맛을 돋워준다. 하지만 과일이나 단음식, 달걀에는 효과가 없다.

65 고기갈이 → 성형 → 가열 → 냉각 → 포장

63.① 64.② 65.①

66 **카라기난의 성질에 관한 설명으로 옳은 것을 모두 고른 것은?**

> ㉠ 갈락토스와 안히드로갈락토스가 결합된 고분자 다당류이다.
> ㉡ 단백질과 결합하여 단백질 겔을 형성한다.
> ㉢ 70℃ 이상의 물에 완전히 용해된다.
> ㉣ 2가의 금속 이온과 결합하면 겔을 만드는 성질을 가지고 있다.

① ㉠㉡ ② ㉢㉣
③ ㉠㉡㉢ ④ ㉡㉢㉣

67 **수산물 원료의 전처리를 위해 사용되는 기계가 아닌 것은?**

① 어체 선별기 ② 필레 가공기
③ 탈피기 ④ 사이런트 커터

68 **동해안 특산물인 황태의 가공법으로 옳은 것은?**

① 동건법 ② 자건법
③ 염건법 ④ 소건법

ANSWER

66 ㉠ 갈락토스와 안히드로 갈락토스가 결합된 고분자 다당류이다.
㉡ 단백질과 결합하여 단백질 겔을 형성한다.
㉢ 찬물에서는 잘 녹지 않지만 70℃ 이상의 고온에서 용해된다.
㉣ 한천에 비하여 황산기의 함유량이 월등히 많은 점이 다르다.
※ 카라기난 … 홍조류 해초의 추출물로 만든 첨가물로 식품의 증점제, 안정제, 겔화제로 많이 쓰인다.

67 사일런트 커터 … 일명 유화기로서 소시지 제조 시 고기를 세절하여 유화시키는 기기를 말한다. 즉, 일반 분쇄기로는 수분이 있는 생선, 고기, 야채 등의 미세분쇄가 불가능한 것을 사일런트 커터는 생선, 고기, 야채 등을 미세하게 분쇄하는 것으로 생선을 뼈와 살을 통째로 갈아서 어묵을 만들 수 있다.

68 겨울철에 많이 잡히는 명태를 동건법으로 오래 저장할 수 있다.
※ 동건법 … 겨울철의 낮과 밤의 온도차를 이용해서 건조, 해풍을 이용해서 얼렸다 녹였다 하며 말리는 것이다.

66.③ 67.④ 68.①

69 HACCP 7원칙 중 식품의 위해를 사전에 방지하고, 확인된 위해요소를 제거할 수 있는 단계는?

① 위해요소 분석
② 중점관리점 결정
③ 개선조치 방법 수립
④ 검정절차 및 방법 수립

70 세균성 식중독 중에서 독소형인 것은?

① 장염비브리오균
② 예르시니아균
③ 살모넬라균
④ 보툴리누스균

71 식품공전상 자연독에 의한 식중독의 기준치가 설정되어 있지 않은 것은?

① 복어 독(Tetrodotoxin)
② 설사성 패류독소(DSP)
③ 신경성 패류독소(NSP)
④ 마비성 패류독소(PSP)

ANSWER

69 ② **중점관리점** : 위해요소중점관리 기준을 적용하여 식품의 위해요소를 예방, 제거하거나 허용수준 이하로 감소시켜 당해 식품의 안전성을 확보할 수 있는 중요한 과정, 또는 공정을 말한다.
① **위해요소 분석** : 원료와 공정에서 발생가능한 병원성 미생물 등 생물학적, 화학적, 물리적 위해요소 분석
③ **개선조치 방법 수립** : 개선조치는 모니터링 결과 중점관리점의 한계기준을 이탈할 경우 취하는 일련의 조치를 말한다. 한계기준을 벗어날 경우 취해야할 개선 조치 방법을 사전에 설정하여 신속한 대응 조치가 이루어지도록 한다.
④ **검정절차 및 방법 수립** : HACCP 시스템이 적절하게 운영되고 있는지를 확인하기 위한 검증 절차를 설정하는 것이다.

70 세균성 식중독
㉠ **감염형 식중독** : 살모넬라균, 장염 비브리오균, 비브리오 패혈증, 예르시니아균, 리스테리아균, 병원성 대장균
㉡ **독소형 식중독** : 포도상구균, 보툴리눔균

71 ① **복어 독 기준치** : 10MU/g
② **설사성 패류독소 기준치** : 0.16mg/kg
③ **마비성 패류독소 기준치** : 0.8mg/kg
※ **자연독 식중독** … 체내에 자연적으로 생성된 독소를 가지고 있는 동식물을 섭취하였을 때 발생한다.

69.② 70.④ 71.③

72 **50대 B 씨는 복어전문점에서 까치복을 먹고 난 후 입술과 손끝이 약간 저리고 두통, 복통이 발생하여 복어 독에 대한 의심을 갖게 되었다. 복어 독의 특성에 관한 설명으로 옳지 않은 것은?**

① 독력은 청산나트륨(NaCN)보다 훨씬 치명적이다.

② 난소나 간에 많고 근육에는 없거나 미량 검출된다.

③ 근육마비 증상 등을 일으키며 심하면 사망한다.

④ 산에 불안정하며 알칼리에 안정하다.

73 **장염 비브리오균에 관한 설명으로 옳지 않은 것은?**

① 호염성 해양세균이며 그람 음성균이다.

② 우리나라 겨울철에 채취한 패류에서 많이 검출된다.

③ 어패류를 취급하는 조리 기구에 의해 교차오염이 가능하다.

④ 열에 약하므로 섭취 전 가열로 사멸이 가능하다.

ANSWER

72 ④ 알칼리 성분에 의해 분해되며 알칼리성에는 불안정한 특징을 지닌다.
① 독의 세기가 청산나트륨의 약 1,000배 정도에 달한다.
② 복어의 알과 생식선(난소, 고환), 간, 내장, 피부 등에 함유되어 있으며 종류에 따라 껍질이나 근육에서도 발견된다.
③ 중독증상은 입, 혀의 저림, 두통, 복통, 현기증, 구토, 운동 불능, 지각마비, 언어장애, 호흡곤란, 혈압하강, 청색증(Cyanosis) 심하면 호흡정지, 심장정지에 의해 사망한다.

73 ② 연안 해수에 있는 세균으로 섭씨 20 ~ 37℃에서 빠르게 증식하기 때문에 바닷물 온도가 올라가는 6 ~ 10월 여름철에 주로 발생한다.
① 해수에서 생존하는 호염균으로 그람음성 간균이다.
③ 어패류, 연체동물 등의 표피, 내장, 아가미 등에 있는 장염비브리오균이 칼, 도마 등을 통해 음식으로 전염된다.
④ 열에 약해 섭취 전에 가열로 사멸이 가능하다.

72.④ 73.②

74 수산물의 가공공정 및 용수 중 위생 상태를 확인하는 오염지표 세균은?

① 살모넬라균
② 대장균
③ 리스테리아균
④ 황색포도상구균

75 HACCP 적용을 위한 식품제조가공업소의 주요 선행 요건에 해당하지 않는 것은?

① 위생관리
② 용수관리
③ 유통관리
④ 회수 프로그램관리

ANSWER

74 오염지표균 … 병원균과 공존하며, 또한 검사가 용이하기 때문에 병원균 대신 그 균의 유무를 조사하여 병원균 오염의 유무를 추정할 수 있는 세균. 대표적인 것에 장내세균의 하나인 대장균 군이 있다. 대장균 이외에는 장구균이나 웰치균 등의 장내세균을 오염지표균으로 검사하는 경우도 있다.

75 HACCP 적용을 위한 식품제조가공업소의 주요 선행 요건
㉠ 영업장관리
㉡ 위생관리
㉢ 제조 · 가공시설 · 설비관리
㉣ 냉장 · 냉동시설 · 설비관리
㉤ 용수관리
㉥ 보관 · 운송관리
㉦ 검사관리 및 회수관리

74.② 75.③

Ⅳ 수산일반

76 다음 중 수산업 · 어촌발전기본법에서 정의하는 수산업을 모두 고른 것은?

㉠ 어업	㉡ 어획물운반법
㉢ 수산기자재업	㉣ 수산물유통업
㉤ 연안여객선업	㉥ 수산물가공업

① ㉠㉣ ② ㉡㉢㉤
③ ㉠㉡㉣㉥ ④ ㉠㉢㉤㉥

77 다음 어촌 · 어항법에서 정의하는 어항은?

이용범위가 전국적인 어항 또는 섬, 외딴 곳에 있어 어장의 개발 및 어선의 대피에 필요한 어항

① 지방어항 ② 어촌정주어항
③ 국가어항 ④ 마을공동어항

ANSWER

76 정의 … "수산업"이란 다음의 산업 및 이들과 관련된 산업으로서 대통령령으로 정한 것을 말한다〈수산업 · 어촌 발전 기본법 제3조 제1호〉.
㉠ 어업 : 수산동식물을 포획(捕獲) · 채취(採取)하는 산업, 염전에서 바닷물을 자연 증발시켜 소금을 생산하는 산업
㉡ 어획물운반업 : 어업현장에서 양륙지(揚陸地)까지 어획물이나 그 제품을 운반하는 산업
㉢ 수산물가공업 : 수산동식물 및 소금을 원료 또는 재료로 하여 식료품, 사료나 비료, 호료(糊料) · 유지(油脂) 등을 포함한 다른 산업의 원료 · 재료나 소비재를 제조하거나 가공하는 산업
㉣ 수산물유통업 : 수산물의 도매 · 소매 및 이를 경영하기 위한 보관 · 배송 · 포장과 이와 관련된 정보 · 용역의 제공 등을 목적으로 하는 산업
㉤ 양식업 : 「양식산업발전법」에 따라 수산동식물을 양식하는 산업

77 정의 … "어항"이란 천연 또는 인공의 어항시설을 갖춘 수산업 근거지로서 지정 · 고시된 것을 말하며 그 종류는 다음과 같다〈어촌 · 어항법 제2조 제3호〉.
㉠ 국가어항 : 이용 범위가 전국적인 어항 또는 섬, 외딴 곳에 있어 어장(「어장관리법」에 따른 어장을 말한다. 이하 같다)의 개발 및 어선의 대피에 필요한 어항
㉡ 지방어항 : 이용 범위가 지역적이고 연안어업에 대한 지원의 근거지가 되는 어항
㉢ 어촌정주어항(漁村定住漁港) : 어촌의 생활 근거지가 되는 소규모 어항
㉣ 마을공동어항 : 어촌정주어항에 속하지 아니한 소규모 어항으로서 어업인들이 공동으로 이용하는 항포구

76.③ 77.③

78 국내 수산물 중 2년간(2017 ~ 2018) 수출액이 가장 많은 것은?

① 김　　② 굴
③ 오징어　　④ 갈치

79 수산업법에서 연안어업에 관한 설명으로 옳은 것은?

① 면허어업이며, 유효기간은 10년이다.　　② 허가어업이며, 유효기간은 5년이다.
③ 신고어업이며, 유효기간은 5년이다.　　④ 등록어업이며, 유효기간은 10년이다.

80 다음에서 A와 B에 들어갈 내용으로 옳게 연결된 것은?

> 수산업법의 목적은 수산업에 관한 기본제도를 정하며 (A) 및 수면을 종합적으로 이용하여 수산업의 (B)을 높임으로써 수산업의 발전과 어업의 민주화를 도모하는 것이다.

	A	B		A	B
①	수산자원	생산성	②	어업자원	경제성
③	수산자원	효율성	④	어업자원	생산성

ANSWER

78　2017 ~ 2018년 기준 수출액 : 김(1,039,593,284) > 굴(128,595,432) > 오징어(107,364,552) > 갈치(8,652,733)

79　무동력어선, 총톤수 10톤 미만의 동력어선을 사용하는 어업으로서 근해어업 및 어업 외의 어업(이하 "연안어업"이라 한다)에 해당하는 어업을 하려는 자는 어선 또는 어구마다 시 · 도지사의 허가를 받아야 한다〈수산업법 제41조(허가어업)〉.

※ 어업허가의 유효기간은 5년으로 한다. 다만, 어업허가의 유효기간 중에 허가받은 어선 · 어구 또는 시설을 다른 어선 · 어구 또는 시설로 대체하거나 어업허가를 받은 자의 지위를 승계한 경우에는 종전 어업허가의 남은 기간으로 한다〈수산업법 제46조(어업허가 등의 유효기간)〉.

80　이 법은 수산업에 관한 기본제도를 정하여 수산자원 및 수면을 종합적으로 이용하여 수산업의 생산성을 높임으로써 수산업의 발전과 어업의 민주화를 도모하는 것을 목적으로 한다〈수산업법 제1조(목적)〉.

78.① 79.② 80.①

81 다음 ( ) 안에 들어갈 내용으로 옳은 것은?

> 강원도 남대천에는 가을이 되면, 많은 연어들이 자기가 태어난 강에 산란하기 위하여 바다에서 남대천 상류 쪽으로 이동한다. 이와 같이 색이와 성장을 위하여 바다로 이동하였다가 산란을 위하여 바다에서 강으로 거슬러 올라가는 것을 ( )라고 한다.

① 강하성 회유
② 소하성 회유
③ 색이 회유
④ 월동 회유

82 어류 계군의 식별방법 중 생태학적 방법으로 사용할 수 있는 것을 모두 고른 것은?

> ㉠ 산란장　　㉡ 척추골수　　㉢ 새파 형태
> ㉣ 비늘 휴지대　　㉤ 기생충　　㉥ 표지방류

① ㉠㉣　　② ㉠㉤
③ ㉡㉢　　④ ㉤㉥

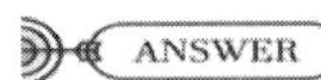

81 소하성 회유 … 담수에서 산란한 후 강물을 따라 바다로 유입하여 성장한 후 다시 자신이 산란되었던 곳에 산란하는 것을 말한다.

82 계군분석법
㉠ 생태학적 방법 : 각 계군의 생활사, 산란장, 분포 및 회유 상태, 기생충의 종류와 기생물 등을 비교 · 분석하는 방법이다.
㉡ 형태학적 방법 : 계군의 특정 형질에 관한 통계자료를 비교 · 분석하는 생물 측정학적 방법과 비늘 유지대의 위치, 가시 형태 등을 측정하는 해부학적 방법이 있다.
㉢ 표지방류법 : 수산자원의 일부 개체에 표지를 붙여 방류하였다가 다시 회수하여 이동 상태를 직접 파악, 절단법, 염색법, 부착법 등 사용한다.
㉣ 어획분석법 : 어획 통계자료를 활용하여 어군의 이동이나 회유로를 추정 · 분석하는 방법이다.

81.② 82.②

83 어류 발달 과정을 순서대로 옳게 나열한 것은?

① 난기 → 자어기 → 치어기 → 미성어기 → 성어기
② 난기 → 치어기 → 자어기 → 미성어기 → 성어기
③ 난기 → 자어기 → 미성어기 → 치어기 → 성어기
④ 난기 → 치어기 → 미성어기 → 자어기 → 성어기

84 울산광역시 소재 고래연구센터에서는 우리나라에 서식하고 있는 해양포유동물의 생물학적 · 생태학적 조사 등에 관한 업무를 수행하고 있다. 동 센터에서 고래류의 자원량을 추정하기 위하여 사용하는 방법으로 옳은 것은?

① 트롤조사법
② 목시조사법
③ 난생산량법
④ 자망조사법

85 어업자원의 남획 징후로 옳지 않은 것은?

① 어획량이 감소한다.
② 단위노력당어획량(CPUE)이 감소한다.
③ 어획물 중에서 미성어 비율이 감소한다.
④ 어획물의 각 연령군 평균체장이 증가한다.

ANSWER

83 어류 발달 과정
㉠ 난기 : 수정란의 난막 속에서 발생이 진행되는 시기
㉡ 자어기 : 난황의 흡수를 끝내고 외부 환경으로부터 영양을 섭취하는 시기
㉢ 치어기 : 일생 중 가장 성장이 빠른 시기, 몸 표면의 반문과 색체를 제외하면 성어의 형태에 닮아가는 시기
㉣ 미성어기 : 형태는 성어와 완전히 일치하기만, 성적으로 미숙한 시기
㉤ 성어기 : 완전히 성숙하여 생식능력을 갖는 시기

84 목시조사법(Sighting Survey) … 선박에 승선하여 수면으로 부상하는 고래류를 관찰해 종을 분류하고 분포와 생태, 개체수를 추정하는 방법이다.

85 남획의 징후
㉠ 총 어획량의 감소, 단위노력당 어획량 감소
㉡ 대형어가 감소하고 어린 개체가 차지하는 비율이 점점 높아짐
㉢ 어획물의 평균 연령이 점차 낮아진다.
㉣ 성 성숙 연령이 점차 낮아진다.
㉤ 평균체장 및 평균체중이 증가한다.
㉥ 어획물 곡선의 우측 경사가 해마다 증가

83.① 84.② 85.③

86 조류의 흐름이 빠른 곳에서 조업하기에 적합한 강제함정 어구를 모두 고른 것은?

㉠ 채낚기	㉡ 죽방렴
㉢ 안강망	㉣ 낭장망
㉤ 통발	㉥ 자망

① ㉠㉡㉢　　② ㉡㉢㉣

③ ㉢㉣㉥　　④ ㉣㉤㉥

87 다음에서 설명하는 어업의 종류로 옳은 것은?

> 고등어를 주 어획대상으로 총톤수 50톤 이상인 1척의 동력선(본선)과 불배 2척, 운반선 2 ~ 3척, 총 5 ~ 6척으로 구성된 선단조업을 하며, 어획물은 운반선을 이용하여 대부분 부산 공동어시장에 위판하는 근해어업의 한 종류이다.

① 대형트롤어업　　② 대형선망어업

③ 근해통발어업　　④ 근해자망어업

ANSWER

86 함정어구 … 일정한 장소에 설치해둔 어구에 들어간 어류를 나가지 못하게 거두어 잡는 방법을 말한다.

※ 함정어법

㉠ 유인함정어법 : 어획대상 생물을 어구 속으로 유인하고 함정에 빠뜨려 어획하는 방법
- 문어단지 : 문어, 주꾸미 등
- 통발류 : 장어, 게, 새우 등

㉡ 유도함정어법 : 어군의 통로를 차단하고 어획이 쉬운 곳으로 어류를 유도하여 잡아올리는 어법
- 정치망 : 길그물(회유 차단)
- 통그물(가둘 수 있는 우리)

㉢ 강제함정어법 : 물의 흐름이 빠른 곳에 어구를 고정하여 설치래 두고 어군이 강한 조류에 밀려 강제적으로 자루그물에 들어가게 하여 어획하는 어법
- 죽방렴(고정어구)과 난장망(이동어구) : 남 · 서해안에서 멸치나 조기잡이, 갈치 잡이
- 주목망(고정어구)에서 안강망(이동어구)으로 발전 : 서해안의 조기잡이, 갈치잡이

87 ② 대형선망어업 : 총톤수 50톤 이상인 1척의 동력어선으로 선망을 사용하여 수산 동물을 포획하는 어업

① 대형트롤어업 : 1척의 동력어선으로 망구전개판(網口展開板)을 장치한 인망을 사용하여 수산 동물을 포획하는 어업

③ 근해통발어업 : 1척의 동력어선으로 통발(장어통발과 문어단지는 제외한다)을 사용하여 수산 동물을 포획하는 어업

④ 근해자망어업 : 1척의 동력어선으로 유자망 또는 고정자망을 사용하여 수산 동물을 포획하는 어업

86.② 87.②

88 우리나라 해역별 대표 어종과 어업 종류가 올바르게 연결된 것은?

① 동해안 – 대게 – 근해안강망
② 서해안 – 조기 – 근해채낚기
③ 서해안 – 도루묵 – 근해자망
④ 남해안 – 멸치 – 기선권현망

89 대상어족을 미끼로 유인하여 잡는 함정어구는?

① 통발
② 자망
③ 형망
④ 문어단지

90 해삼의 유생 발달 과정에 속하지 않는 것은?

① 아우리쿨라리아(Auricularia)
② 태드포울(Tadpole)
③ 돌리올라리아(Doliolaria)
④ 포배기(Blastula)

91 봄철 담수어류의 양식장에서 물곰팡이병이 많이 발생하는 수온 범위는?

① 0 ~ 5℃
② 10 ~ 15℃
③ 20 ~ 25℃
④ 30 ~ 35℃

ANSWER

88 동해안 – 오징어 – 채낚기어업
서해안 – 조기 – 안강망어업

89 통발은 대나무나 그물로 만들어 물고기를 잡는 도구를 말하는 것으로 안에다가 미끼를 넣고 물속에 넣으면 먹이에 꼬인 물고기가 통발에 '들어올 땐 마음대로지만 나갈 땐 아닌' 구조로 들어와 갇히게 되는 것을 말한다.

90 해삼은 수정란 발생 7 ~ 12시간 후 포배기가 된다. 낭배기 후 아우리쿨라리아 유생이 되고 이어서 돌리올라리아 유생으로 변태하며 펜타크툴라 유생이 되었다가 성체가 된다.
※ **태드포울** … 꼬리가 긴 개구리 특유의 올챙이 모양의 유생을 말한다.

91 물곰팡이는 비교적 수온이 낮은 10 ~ 15℃일 때 가장 많이 발생하며, 수온이 20℃ 이상만 되면 번식력이 저하되기 때문에, 수온이 상승하면 자연 치유될 때가 많다.

88.④ 89.① 90.② 91.②

92 **해상가두리 양식장의 환경 특성 중에서 물리적 요인을 모두 고른 것은?**

㉠ 해수 유동	㉡ 수온
㉢ 수소이온농도	㉣ 영양염류
㉤ 투명도	㉥ 황화수소

① ㉠㉡㉣
② ㉠㉡㉤
③ ㉡㉢㉥
④ ㉢㉣㉥

93 **대부분의 해조류는 무성세대인 포자체와 유성세대인 배우체가 세대교번을 한다. 다음 중 세대교번을 하지 않는 품종은?**

① 김
② 다시마
③ 미역
④ 청각

94 **양식 어류의 인공종자(종묘) 생산 시 동물성 먹이생물로 옳지 않은 것은?**

① 물벼룩(Daphnia)
② 아르테미아(Artermia)
③ 클로렐라(Chlorella)
④ 로티퍼(Rotifer)

ANSWER

92 해상가두리 양식장의 환경 특성
㉠ 물리적 환경 요인 : 계절풍, 파도, 광선, 수온, 수색, 투명도, 양식장의 지형, 지질 구성 등
㉡ 화학적 환경 요인 : 염분, 용존 산소, 영양 염류, 수소이온농도, 이산화탄소, 암모니아, 황화수소 등

93 청각(Codium Fragile)은 조체에서 감수분열에 의하여 만들어진 알과 정자, 또는 이형의 자웅배우자가 합체하여 생긴 접합자가 발아하면 어미와 같은 모양의 조체로 자란다.

94 클로렐라(Chlorella) … 민물에 자라는 녹조류(綠藻類)에 속하는 단세포 생물이다.

92.② 93.④ 94.③

95 참돔 50㎏을 해상가두리에 입식한 후, 500㎏의 사료를 공급하여 참돔 총 중량 300㎏을 수확하였을 경우 사료계수는?

① 0.5　　② 1.0
③ 1.5　　④ 2.0

96 강 하구에서 포획한 치어를 이용하여 양식하는 어종으로 옳은 것은?

① 잉어　　② 뱀장어
③ 미꾸라지　　④ 무지개송어

97 양식 패류 중 굴의 양성 방법으로 적합하지 않은 것은?

① 수하식　　② 나뭇가지식
③ 귀매달기식　　④ 바닥식(투석식)

ANSWER

95 사료 계수 = 먹인 총 사료량(건조중량) ÷ 체중순증가량(습중량)
500kg ÷ 250kg = 2.0

96 뱀장어는 강하성 어류이며 하천으로 올라온 치어(실뱀장어)를 4 ~ 12년 간 성어(300 ~ 1000g)으로 키운다.

97 굴의 양성방법
㉠ 바닥식 : 간조선 수심 천해의 바닥으로 지반의 변동이 없고 종패 살포, 양성 시 매몰되지 않는 곳
㉡ 투석식 : 간, 만조선 사이 지반이 연약한 곳에 부착기물인 돌을 사용, 치패를 부착 양성하는 방법으로 이때 사용되는 돌로는 산석이 좋으나 시멘트 블럭을 제작하여 사용하는 것도 가능
㉢ 나뭇가지식(송지식) : 간, 만조선 사이나 간조선 이심에 나뭇가지를 세워 치패를 부착 양성하는 방법으로 이때 사용되는 나뭇가지는 조류 방향과 병행하여 세운다.
㉣ 연승수하식 : 천해의 수심 5m 이상 해면에 뜸을 띄우고 로프를 연결 양성하는 방법
㉤ 뗏목수하식 : 뗏목에 뜸을 달아 수면에 뜨게한 후 수하연을 매달아 양성하는 방법

95.④ 96.② 97.③

98 **우리나라 총허용어획량(TAC)이 적용되는 어업종류와 어종을 바르게 연결한 것은?**

① 근해안강망 – 오징어
② 근해자망 – 갈치
③ 기선권현망 – 꽃게
④ 근해통발 – 붉은대게

99 **고래류의 자원관리를 하는 국제수산관리기구의 명칭은?**

① 북서대서양수산위원회(NAFO)
② 중서부태평양수산위원회(WCPFC)
③ 남극해양생물자원보존위원회(CCAMLR)
④ 국제포경위원회(IWC)

100 **다음에서 설명하는 것은?**

> • 주어진 환경하에서 하나의 수산자원으로부터 지속적으로 취할 수 있는 최대 어획량을 뜻한다.
> • 일반적이고 전통적인 수산자원관리의 기준치가 되고 있다.

① MSY
② MEY
③ ABC
④ TAC

ANSWER

98 ① 오징어 – 근해채낚기, 대형선망, 대형트롤, 동해구트롤 연근해
③ 꽃게 – 연근해자망, 연근해통발, 서해특정해역 및 연평도 수역
※ TAC … 수산 자원을 합리적으로 관리하기 위하여 어종별로 연간 잡을 수 있는 상한선을 정하고, 그 범위 내에서 어획할 수 있도록 하는 것이다.

99 국제포경위원회(IWC) … 무분별한 고래 남획을 규제하기 위해 1946년 설립된 국제기구이다. 현존하는 고래를 보호하여 멸종을 사전에 방지하기 위한 목표로 설립된 기구로 본래 전면적인 포경 금지가 아니라 적절하게 고래 수를 관리하면서 고래잡이를 허용하기 위한 목적이 더 강했다. 하지만 고래의 수가 급격하게 감소하자 1986년부터 전면적으로 고래잡이를 금지시켰다. 기구의 관리 대상은 전체 고래 80여 종 중 밍크고래, 흰수염고래, 향유고래 등 13종이다.

100 MSY(Maximum Sustainable Yield) … 주어진 특정자원으로부터 물량적 생산을 최대 수준에서 지속적으로 실현할 수 있는 생산수준을 말한다. 수산자원은 자율적 갱신자원이므로 환경요인에 변화가 없을 때에는 적정수준의 어획노력을 투하하면 자원의 고갈로 인한 남획을 초래함이 없이 영속적으로 최대 생산을 올릴 수 있다.

98.④ 99.④ 100.①

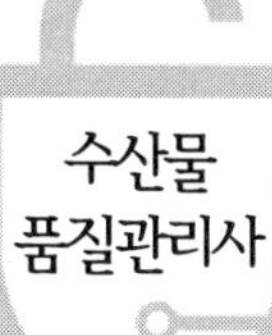

제6회 수산물품질관리사 | 2020년 7월 18일 시행

I 수산물 품질관리 관련 법령

1 농수산물 품질관리법 제2조(정의)의 일부 규정이다. ( ) 안에 들어갈 내용이 순서대로 옳은 것은?

> "지리적표시"란 농수산물 또는 제13호에 따른 농수산가공품의 ( )·( ), 그 밖의 특징이 본질적으로 특정 지역의 ( )에 기인하는 경우 해당 농수산물 또는 농수산가공품이 그 특정 지역에서 생산·제조 및 가공되었음을 나타내는 표시를 말한다.

① 명성, 품질, 지리적 특성
② 명성, 품질, 생산자 인지도
③ 유명도, 안전성, 지리적 특성
④ 유명도, 안전성, 생산자 인지도

2 농수산물 품질관리법령상 수산물품질인증의 기준이 아닌 것은?

① 해당 수산물의 생산·출하 과정에서의 자체 품질관리체제와 유통 과정에서의 사후관리체제를 갖추고 있을 것
② 해당 수산물의 품질 수준 확보 및 유지를 위한 생산기술과 시설·자재를 갖추고 있을 것
③ 해당 수산물이 그 산지의 유명도가 높거나 상품으로서의 차별화가 인정되는 것일 것
④ 해당 수산물이 그 산지에 주소를 둔 사람이 생산하였을 것

ANSWER

1 "지리적표시"란 농수산물 또는 제13호에 따른 농수산가공품의 명성·품질, 그 밖의 특징이 본질적으로 특정 지역의 지리적 특성에 기인하는 경우 해당 농수산물 또는 농수산가공품이 그 특정 지역에서 생산·제조 및 가공되었음을 나타내는 표시를 말한다〈농수산물 품질관리법 제2조(정의) 제8호〉.

2 품질인증의 기준 … 품질인증을 받기 위해서는 다음의 기준을 모두 충족해야 한다〈농수산물 품질관리법 시행규칙 제29조 제1항〉.
㉠ 해당 수산물이 그 산지의 유명도가 높거나 상품으로서의 차별화가 인정되는 것일 것
㉡ 해당 수산물의 품질 수준 확보 및 유지를 위한 생산기술과 시설·자재를 갖추고 있을 것
㉢ 해당 수산물의 생산·출하 과정에서의 자체 품질관리체제와 유통 과정에서의 사후관리체제를 갖추고 있을 것

1.① 2.④

3 **농수산물 품질관리법상 농수산물품질관리심의회의 심의사항으로 명시되지 않은 것은?**

① 수산물품질인증에 관한 사항
② 수산물의 안전성조사에 관한 사항
③ 유기식품 등의 인증에 관한 사항
④ 수산가공품의 검사에 관한 사항

4 **농수산물 품질관리법상 해양수산부장관이 지리적표시품의 품질수준 유지와 소비자 보호를 위하여 관계 공무원에게 지시할 수 있는 사항으로 명시되지 않은 것은?**

① 지리적표시품의 등록기준에의 적합성 조사
② 지리적표시품 판매계획서의 적합성 조사
③ 지리적표시품 소유자의 관계 장부의 열람
④ 지리적표시품의 시료를 수거하여 조사

ANSWER

3 심의회의 직무〈농수산물 품질관리법 제4조〉
㉠ 표준규격 및 물류표준화에 관한 사항
㉡ 농산물우수관리 · 수산물품질인증 및 이력추적관리에 관한 사항
㉢ 지리적표시에 관한 사항
㉣ 유전자변형농수산물의 표시에 관한 사항
㉤ 농수산물(축산물은 제외한다)의 안전성조사 및 그 결과에 대한 조치에 관한 사항
㉥ 농수산물(축산물은 제외한다) 및 수산가공품의 검사에 관한 사항
㉦ 농수산물의 안전 및 품질관리에 관한 정보의 제공에 관하여 총리령, 농림축산식품부령 또는 해양수산부령으로 정하는 사항
㉧ 수산물의 생산 · 가공시설 및 해역(海域)의 위생관리기준에 관한 사항
㉨ 수산물 및 수산가공품의 위해요소중점관리기준에 관한 사항
㉩ 지정해역의 지정에 관한 사항
㉪ 다른 법령에서 심의회의 심의사항으로 정하고 있는 사항
㉫ 그 밖에 농수산물 및 수산가공품의 품질관리 등에 관하여 위원장이 심의에 부치는 사항

4 지리적표시품의 사후관리 … 농림축산식품부장관 또는 해양수산부장관은 지리적표시품의 품질수준 유지와 소비자 보호를 위하여 관계 공무원에게 다음의 사항을 지시할 수 있다〈농수산물 품질관리법 제39조 제1항〉.
㉠ 지리적표시품의 등록기준에의 적합성 조사
㉡ 지리적표시품의 소유자 · 점유자 또는 관리인 등의 관계 장부 또는 서류의 열람
㉢ 지리적표시품의 시료를 수거하여 조사하거나 전문시험기관 등에 시험 의뢰

3.③ 4.②

5 **농수산물 품질관리법상 수산물 품질인증기관의 지정 등에 관한 내용이다. ( ) 안에 들어갈 내용으로 옳은 것은?**

품질인증기관으로 지정받은 A 기관은 그 대표자가 변경되어 해양수산부장관에게 변경신고를 하였다. 이때 해양수산부장관은 변경신고를 받은 날부터 ( ) 이내에 신고수리 여부를 A 기관에게 통지하여야 한다.

① 10일　　② 14일
③ 15일　　④ 1개월

6 **농수산물 품질관리법령상 시 · 도지사가 지정해역을 지정받기 위해 해양수산부장관에게 요청하는 경우, 갖추어야 하는 서류를 모두 고른 것은?**

㉠ 지정받으려는 해역 및 그 부근의 도면
㉡ 지정받으려는 해역의 생산품종 및 생산계획서
㉢ 지정받으려는 해역의 오염 방지 및 수질 보존을 위한 지정해역 위생관리계획서
㉣ 지정받으려는 해역의 위생조사 결과서 및 지정해역 지정의 타당성에 대한 국립수산과학원장의 의견서

① ㉠㉡　　② ㉡㉣
③ ㉠㉢㉣　　④ ㉠㉡㉢㉣

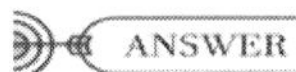

5 해양수산부장관은 변경신고를 받은 날부터 10일 이내에 신고수리 여부를 신고인에게 통지하여야 한다〈농수산물 품질관리법 제17조(품질인증기관의 지정 등) 제4항〉.

※ 품질인증기관으로 지정을 받으려는 자는 품질인증 업무에 필요한 시설과 인력을 갖추어 해양수산부장관에게 신청하여야 하며, 품질인증기관으로 지정받은 후 해양수산부령으로 정하는 중요 사항이 변경되었을 때에는 변경신고를 하여야 한다. 다만, 품질인증기관의 지정이 취소된 후 2년이 지나지 아니한 경우에는 신청할 수 없다〈농수산물 품질관리법 제17조(품질인증기관의 지정 등) 제3항〉.

※ 법 제17조 제3항 본문에서 "해양수산부령으로 정하는 중요 사항"이란 다음의 사항을 말한다〈농수산물 품질관리법 시행규칙 제38조(품질인증기관의 지정내용 변경신고) 제1항〉.

㉠ 품질인증기관의 명칭 · 대표자 · 정관
㉡ 품질인증기관의 사업계획서
㉢ 품질인증 심사원
㉣ 품질인증 업무규정

6 **지정해역의 지정 등** … 시 · 도지사는 지정해역을 지정받으려는 경우에는 다음의 서류를 갖추어 해양수산부장관에게 요청하여야 한다〈농수산물 품질관리법 시행규칙 제86조 제2항〉.

㉠ 지정받으려는 해역 및 그 부근의 도면
㉡ 지정받으려는 해역의 위생조사 결과서 및 지정해역 지정의 타당성에 대한 국립수산과학원장의 의견서
㉢ 지정받으려는 해역의 오염 방지 및 수질 보존을 위한 지정해역 위생관리계획서

5.① 6.③

7 농수산물 품질관리법령상 수산물 및 수산가공품에 대한 검사 중 관능검사의 대상이 아닌 것은?

① 정부에서 수매하는 수산물
② 정부에서 비축하는 수산가공품
③ 국내에서 소비하는 수산가공품
④ 검사신청인이 위생증명서를 요구하는 비식용수산물

8 농수산물 품질관리법상 식품의약품안전처장이 수산물의 품질 향상과 안전한 수산물의 생산 · 공급을 위해 수립하는 안전관리계획에 포함하여야 하는 사항으로 명시되지 않은 것은?

① 위험평가
② 안전성조사
③ 어업인에 대한 교육
④ 수산물검사기관의 지정

7 수산물 및 수산가공품에 대한 검사의 종류 및 방법(관능검사)〈농수산물 품질관리법 시행규칙 별표 24〉

㉠ 수산물 및 수산가공품으로서 외국요구기준을 이행했는지를 확인하기 위하여 품질 · 포장재 · 표시사항 또는 규격 등의 확인이 필요한 수산물 · 수산가공품
㉡ 검사신청인이 위생증명서를 요구하는 수산물 · 수산가공품(비식용수산 · 수산가공품은 제외한다)
㉢ 정부에서 수매 · 비축하는 수산물 · 수산가공품
㉣ 국내에서 소비하는 수산물 · 수산가공품

8 안전관리계획〈농수산물 품질관리법 제60조〉

㉠ 식품의약품안전처장은 농수산물(축산물은 제외한다)의 품질 향상과 안전한 농수산물의 생산 · 공급을 위한 안전관리계획을 매년 수립 · 시행하여야 한다.
㉡ 시 · 도지사 및 시장 · 군수 · 구청장은 관할 지역에서 생산 · 유통되는 농수산물의 안전성을 확보하기 위한 세부추진계획을 수립 · 시행하여야 한다.
㉢ ㉠에 따른 안전관리계획 및 ㉡에 따른 세부추진계획에는 제61조에 따른 안전성조사, 제68조에 따른 위험평가 및 잔류조사, 농어업인에 대한 교육, 그 밖에 총리령으로 정하는 사항을 포함하여야 한다.
㉣ 식품의약품안전처장은 시 · 도지사 및 시장 · 군수 · 구청장에게 ㉡에 따른 세부추진계획 및 그 시행 결과를 보고하게 할 수 있다.

7.④ 8.④

9 농수산물 품질관리법상 수산물품질관리사의 직무로 명시되지 않은 것은?

① 수산물의 등급 판정
② 수산물우수관리인증시설의 위생 지도
③ 수산물의 생산 및 수확 후 품질관리기술 지도
④ 수산물의 출하 시기 조절, 품질관리기술에 관한 조언

10 농수산물 유통 및 가격안정에 관한 법률 제44조(공판장의 거래 관계자) 제1항 규정이다. (　) 안에 들어갈 내용으로 옳지 않은 것은?

공판장에는 (　), (　), (　) 및 경매사를 둘 수 있다.

① 산지유통인
② 시장도매인
③ 중도매인
④ 매매참가인

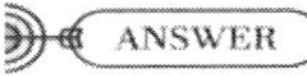

9 농산물품질관리사 또는 수산물품질관리사의 직무 … 수산물품질관리사는 다음의 직무를 수행한다〈농수산물 품질관리법 제106조 제2항〉.
㉠ 수산물의 등급 판정
㉡ 수산물의 생산 및 수확 후 품질관리기술 지도
㉢ 수산물의 출하 시기 조절, 품질관리기술에 관한 조언
㉣ 그 밖에 수산물의 품질 향상과 유통 효율화에 필요한 업무로서 해양수산부령으로 정하는 업무
※ 수산물품질관리사의 업무 … "해양수산부령으로 정하는 업무"란 다음의 업무를 말한다〈농수산물 품질관리법 시행규칙 제134조의 2〉.
㉠ 수산물의 생산 및 수확 후의 품질관리기술 지도
㉡ 수산물의 선별 · 저장 및 포장 시설 등의 운용 · 관리
㉢ 수산물의 선별 · 포장 및 브랜드 개발 등 상품성 향상 지도
㉣ 포장수산물의 표시사항 준수에 관한 지도
㉤ 수산물의 규격출하 지도

10 공판장에는 중도매인, 매매참가인, 산지유통인 및 경매사를 둘 수 있다〈농수산물 유통 및 가격안정에 관한 법률 제44조(공판장의 거래 관계자) 제1항〉.

9.② 10.②

11 농수산물 품질관리법상 벌칙 기준이 '3년 이하의 징역 또는 3천만 원 이하의 벌금'에 해당하지 않는 자는?

① 품질인증품의 표시를 한 수산물에 품질인증품이 아닌 수산물을 혼합하여 판매하는 행위를 한 자
② 지리적표시품이 아닌 수산물 또는 수산가공품의 포장 · 용기 · 선전물 및 관련 서류에 지리적 표시를 한 자
③ 수산물품질관리사의 명의를 사용하게 하거나 그 자격증을 빌려준 자
④ 검사를 받아야 하는 수산물 및 수산가공품에 대하여 검사를 받지 아니한 자

ANSWER

11 벌칙 … 다음의 어느 하나에 해당하는 자는 3년 이하의 징역 또는 3천만 원 이하의 벌금에 처한다.

㉠ 우수표시품이 아닌 농수산물(우수관리인증농산물이 아닌 농산물의 경우에는 승인을 받지 아니한 농산물을 포함한다) 또는 농수산가공품에 우수표시품의 표시를 하거나 이와 비슷한 표시를 한 자
㉡ 우수표시품이 아닌 농수산물(우수관리인증농산물이 아닌 농산물의 경우에는 승인을 받지 아니한 농산물을 포함한다) 또는 농수산가공품을 우수표시품으로 광고하거나 우수표시품으로 잘못 인식할 수 있도록 광고한 자
㉢ 다음의 어느 하나에 해당하는 행위를 한 자
- 표준규격품의 표시를 한 농수산물에 표준규격품이 아닌 농수산물 또는 농수산가공품을 혼합하여 판매하거나 혼합하여 판매할 목적으로 보관하거나 진열하는 행위
- 우수관리인증의 표시를 한 농산물에 우수관리인증농산물이 아닌 농산물(승인을 받지 아니한 농산물을 포함한다) 또는 농산가공품을 혼합하여 판매하거나 혼합하여 판매할 목적으로 보관하거나 진열하는 행위
- 품질인증품의 표시를 한 수산물에 품질인증품이 아닌 수산물을 혼합하여 판매하거나 혼합하여 판매할 목적으로 보관 또는 진열하는 행위
- 이력추적관리의 표시를 한 농산물에 이력추적관리의 등록을 하지 아니한 농산물 또는 농산가공품을 혼합하여 판매하거나 혼합하여 판매할 목적으로 보관하거나 진열하는 행위

㉣ 지리적표시품이 아닌 농수산물 또는 농수산가공품의 포장 · 용기 · 선전물 및 관련 서류에 지리적표시나 이와 비슷한 표시를 한 자
㉤ 지리적표시품에 지리적표시품이 아닌 농수산물 또는 농수산가공품을 혼합하여 판매하거나 혼합하여 판매할 목적으로 보관 또는 진열한 자
㉥ 「해양환경관리법」에 따른 폐기물, 유해액체물질 또는 포장유해물질을 배출한 자
㉦ 거짓이나 그 밖의 부정한 방법으로 농산물의 검사, 농산물의 재검사, 수산물 및 수산가공품의 검사, 수산물 및 수산가공품의 재검사 및 검정을 받은 자
㉧ 검사를 받아야 하는 수산물 및 수산가공품에 대하여 검사를 받지 아니한 자
㉨ 검사 및 검정 결과의 표시, 검사증명서 및 검정증명서를 위조하거나 변조한 자
㉩ 검정 결과에 대하여 거짓광고나 과대광고를 한 자

11.③

12 **농수산물 유통 및 가격안정에 관한 법률상 도매시장 개설자가 거래관계자의 편익과 소비자 보호를 위하여 이행하여야 하는 사항으로 명시되지 않은 것은?**

① 도매시장 시설의 정비 · 개선과 합리적인 관리
② 경쟁 촉진과 공정한 거래질서의 확립 및 환경 개선
③ 상품성 향상을 위한 규격화, 포장 개선 및 선도(鮮度) 유지의 촉진
④ 유통명령 위반자에 대한 제재 등 필요한 조치

13 **농수산물 유통 및 가격안정에 관한 법령상 중앙도매시장이 아닌 것은?**

① 울산광역시 농수산물도매시장
② 대전광역시 오정 농수산물도매시장
③ 대구광역시 북부 농수산물도매시장
④ 서울특별시 강서 농수산물도매시장

ANSWER

12 도매시장 개설자의 의무 … 도매시장 개설자는 거래 관계자의 편익과 소비자 보호를 위하여 다음의 사항을 이행하여야 한다〈농수산물 유통 및 가격안정에 관한 법률 제20조 제1항〉.
㉠ 도매시장 시설의 정비 · 개선과 합리적인 관리
㉡ 경쟁 촉진과 공정한 거래질서의 확립 및 환경 개선
㉢ 상품성 향상을 위한 규격화, 포장 개선 및 선도(鮮度) 유지의 촉진

13 "중앙도매시장"이란 특별시 · 광역시 · 특별자치시 또는 특별자치도가 개설한 농수산물도매시장 중 해당 관할구역 및 그 인접지역에서 도매의 중심이 되는 농수산물도매시장으로서 농림축산식품부령 또는 해양수산부령으로 정하는 것을 말한다〈농수산물 유통 및 가격안정에 관한 법률 제2조(정의) 제3호〉.

12.④ 13.④

14 **농수산물 유통 및 가격안정에 관한 법령상 주요 농수산물의 생산지역이나 생산수면(이하 "주산지"라 한다)의 지정 및 해제 등에 관한 내용으로 옳지 않은 것은?**

① 시 · 도지사는 농수산물의 경쟁력 제고를 위해 주산지에서 주요 농수산물을 판매하는 자에게 자금의 융자 등 필요한 지원을 하여야 한다.

② 시 · 도지사는 주산지를 지정하였을 때에는 이를 고시하고 농림축산식품부장관 또는 해양수산부장관에게 통지하여야 한다.

③ 시 · 도지사는 지정된 주산지가 지정요건에 적합하지 아니하게 되었을 때에는 그 지정을 변경하거나 해제할 수 있다.

④ 주산지의 지정은 읍 · 면 · 동 또는 시 · 군 · 구 단위로 한다.

14 주산지의 지정 및 해제 등〈농수산물 유통 및 가격안정에 관한 법률 제4조〉

㉠ 시 · 도지사는 농수산물의 경쟁력 제고 또는 수급(需給)을 조절하기 위하여 생산 및 출하를 촉진 또는 조절할 필요가 있다고 인정할 때에는 주요 농수산물의 생산지역이나 생산수면(이하 "주산지"라 한다)을 지정하고 그 주산지에서 주요 농수산물을 생산하는 자에 대하여 생산자금의 융자 및 기술지도 등 필요한 지원을 할 수 있다.

㉡ ㉠에 따른 주요 농수산물은 국내 농수산물의 생산에서 차지하는 비중이 크거나 생산 · 출하의 조절이 필요한 것으로서 농림축산식품부장관 또는 해양수산부장관이 지정하는 품목으로 한다.

㉢ 주산지는 다음의 요건을 갖춘 지역 또는 수면(水面) 중에서 구역을 정하여 지정한다.

- 주요 농수산물의 재배면적 또는 양식면적이 농림축산식품부장관 또는 해양수산부장관이 고시하는 면적 이상일 것
- 주요 농수산물의 출하량이 농림축산식품부장관 또는 해양수산부장관이 고시하는 수량 이상일 것

㉣ 시 · 도지사는 제1항에 따라 지정된 주산지가 ㉢에 따른 지정요건에 적합하지 아니하게 되었을 때에는 그 지정을 변경하거나 해제할 수 있다.

㉤ ㉠에 따른 주산지의 지정, ㉡에 따른 주요 농수산물 품목의 지정 및 ㉣에 따른 주산지의 변경 · 해제에 필요한 사항은 대통령령으로 정한다.

14.①

15 **농수산물 유통 및 가격안정에 관한 법령상 유통자회사가 유통의 효율화를 도모하기 위해 수행하는 "그 밖의 유통사업"의 범위에 해당하는 것을 모두 고른 것은?**

> ㉠ 농림수협 등이 설치한 농수산물직판장 등 소비지유통사업
> ㉡ 농수산물의 상품화 촉진을 위한 규격화 및 포장 개선사업
> ㉢ 농수산물의 운송 · 저장사업 등 농수산물 유통의 효율화를 위한 사업

① ㉠㉡ ② ㉠㉢
③ ㉡㉢ ④ ㉠㉡㉢

16 **농수산물의 원산지 표시에 관한 법률상 수산물의 원산지 표시 위반에 대한 과징금의 부과 및 징수에 관한 내용이다. ( ) 안에 들어갈 숫자가 순서대로 옳은 것은?**

> 해양수산부장관은 원산지 표시를 혼동하게 할 목적으로 그 표시를 손상 · 변경하는 행위를 ( )년 이내에 2회 이상 위반한 자에게 그 위반금액의 ( )배 이하에 해당하는 금액을 과징금으로 부과 · 징수할 수 있다.

① 2, 5 ② 2, 10
③ 3, 20 ④ 3, 30

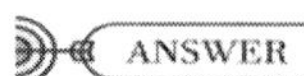

15 **유통자회사의 사업범위** … 유통자회사가 수행하는 "그 밖의 유통사업"의 범위는 다음과 같다〈농수산물 유통 및 가격안정에 관한 법률 시행규칙 제48조〉.
㉠ 농림수협 등이 설치한 농수산물직판장 등 소비지유통사업
㉡ 농수산물의 상품화 촉진을 위한 규격화 및 포장 개선사업
㉢ 그 밖에 농수산물의 운송 · 저장사업 등 농수산물 유통의 효율화를 위한 사업
※ 농림수협 등은 농수산물 유통의 효율화를 도모하기 위하여 필요한 경우에는 종합유통센터 · 도매시장공판장을 운영하거나 그 밖의 유통사업을 수행하는 별도의 법인(이하 "유통자회사"라 한다)을 설립 · 운영할 수 있다〈농수산물 유통 및 가격안정에 관한 법률 제70조(유통자회사의 설립) 제1항〉.

16 **과징금** … 농림축산식품부장관, 해양수산부장관, 관세청장, 특별시장 · 광역시장 · 특별자치시장 · 도지사 · 특별자치도지사(이하 "시 · 도지사"라 한다) 또는 시장 · 군수 · 구청장(자치구의 구청장을 말한다)은 원산지표시를 혼동하게 할 목적으로 그 표시를 손상 · 변경하는 행위를 2년 이내에 2회 이상 위반한 자에게 그 위반금액의 5배 이하에 해당하는 금액을 과징금으로 부과 · 징수할 수 있다. 이 경우 거짓표시 등의 금지 규정을 위반한 횟수는 합산한다〈농수산물의 원산지 표시에 관한 법률 제6조의2 제1항〉.

15.④ 16.①

17 농수산물의 원산지 표시에 관한 법령상 포장재에 원산지를 표시할 수 있는 경우, 수산물의 원산지 표시방법에 관한 내용으로 옳지 않은 것은?

① 위치는 소비자가 쉽게 알아볼 수 있는 곳에 표시한다.

② 포장 표면적이 3,000cm^2 이상이면 글자 크기는 12포인트 이상으로 한다.

③ 글자색은 포장재의 바탕색 또는 내용물의 색깔과 다른 색깔로 선명하게 표시한다.

④ 문자는 한글로 하되, 필요한 경우에는 한글 옆에 한문 또는 영문 등으로 추가하여 표시할 수 있다.

17 농수산물 등의 원산지 표시방법(포장재에 원산지를 표시할 수 있는 경우)〈농수산물의 원산지 표시에 관한 법률 시행규칙 별표 1〉

㉠ 위치 : 소비자가 쉽게 알아볼 수 있는 곳에 표시한다.

㉡ 문자 : 한글로 하되, 필요한 경우에는 한글 옆에 한문 또는 영문 등으로 추가하여 표시할 수 있다.

㉢ 글자 크기

- 포장 표면적이 3,000㎠ 이상인 경우 : 20포인트 이상
- 포장 표면적이 50㎠ 이상 3,000㎠ 미만인 경우 : 12포인트 이상
- 포장 표면적이 50㎠ 미만인 경우 : 8포인트 이상. 다만, 8포인트 이상의 크기로 표시하기 곤란한 경우에는 다른 표시사항의 글자 크기와 같은 크기로 표시할 수 있다.
- 위의 포장 표면적은 포장재의 외형면적을 말한다. 다만, 「식품 등의 표시·광고에 관한 법률」에 따른 식품 등의 표시기준에 따른 통조림·병조림 및 병 제품에 라벨이 인쇄된 경우에는 그 라벨의 면적으로 한다.

㉣ 글자색 : 포장재의 바탕색 또는 내용물의 색깔과 다른 색깔로 선명하게 표시한다.

㉤ 그 밖의 사항

- 포장재에 직접 인쇄하는 것을 원칙으로 하되, 지워지지 아니하는 잉크·각인·소인 등을 사용하여 표시하거나 스티커(붙임딱지), 전자저울에 의한 라벨지 등으로도 표시할 수 있다.
- 그물망 포장을 사용하는 경우 또는 포장을 하지 않고 엮거나 묶은 상태인 경우에는 꼬리표, 안쪽 표지 등으로도 표시할 수 있다.

17.②

18 농수산물의 원산지 표시에 관한 법령상 대통령령으로 정하는 집단급식소를 설치 · 운영하는 자가 수산물을 조리하여 제공하는 경우, 그 원산지를 표시하여야 하는 것을 모두 고른 것은?

> ㉠ 아귀
> ㉡ 북어
> ㉢ 꽃게
> ㉣ 주꾸미
> ㉤ 다랑어

① ㉠㉡㉣
② ㉡㉢㉤
③ ㉠㉢㉣㉤
④ ㉡㉢㉣㉤

ANSWER

18 원산지의 표시대상 … "대통령령으로 정하는 농수산물이나 그 가공품을 조리하여 판매 · 제공하는 경우"란 다음의 것을 조리하여 판매 · 제공하는 경우를 말한다. 이 경우 조리에는 날 것의 상태로 조리하는 것을 포함하며, 판매 · 제공에는 배달을 통한 판매 · 제공을 포함한다〈농수산물의 원산지 표시에 관한 법률 시행령 제3조 제5항〉.

㉠ 쇠고기(식육 · 포장육 · 식육가공품을 포함한다)
㉡ 돼지고기(식육 · 포장육 · 식육가공품을 포함한다)
㉢ 닭고기(식육 · 포장육 · 식육가공품을 포함한다)
㉣ 오리고기(식육 · 포장육 · 식육가공품을 포함한다)
㉤ 양고기(식육 · 포장육 · 식육가공품을 포함한다)
㉥ 염소(유산양을 포함한다)고기(식육 · 포장육 · 식육가공품을 포함한다)
㉦ 밥, 죽, 누룽지에 사용하는 쌀(쌀가공품을 포함하며, 쌀에는 찹쌀, 현미 및 찐쌀을 포함한다)
㉧ 배추김치(배추김치가공품을 포함한다)의 원료인 배추(얼갈이배추와 봄동배추를 포함한다)와 고춧가루
㉨ 두부류(가공두부, 유바는 제외한다), 콩비지, 콩국수에 사용하는 콩(콩가공품을 포함한다)
㉩ 넙치, 조피볼락, 참돔, 미꾸라지, 뱀장어, 낙지, 명태(황태, 북어 등 건조한 것은 제외한다), 고등어, 갈치, 오징어, 꽃게, 참조기, 다랑어, 아귀 및 주꾸미(해당 수산물가공품을 포함한다)
㉪ 조리하여 판매 · 제공하기 위하여 수족관 등에 보관 · 진열하는 살아있는 수산물

※ 식품접객업 및 집단급식소 중 대통령령으로 정하는 영업소나 집단급식소를 설치 · 운영하는 자는 대통령령으로 정하는 농수산물이나 그 가공품을 조리하여 판매 · 제공하는 경우(조리하여 판매 또는 제공할 목적으로 보관 · 진열하는 경우를 포함한다)에 그 농수산물이나 그 가공품의 원료에 대하여 원산지(쇠고기는 식육의 종류를 포함한다)를 표시하여야 한다. 다만, 「식품산업진흥법」 또는 「수산식품산업의 육성 및 지원에 관한 법률」에 따른 원산지인증의 표시를 한 경우에는 원산지를 표시한 것으로 보며, 쇠고기의 경우에는 식육의 종류를 별도로 표시하여야 한다〈농수산물의 원산지 표시에 관한 법률 제5조(원산지 표시) 제3항〉.

18.③

19 **농수산물의 원산지 표시에 관한 법령상 A 업소에 부과될 과태료는? (단, 과태료의 감경사유는 고려하지 않음)**

> 단속공무원이 A 업소에 대해 수산물 원산지 표시 이행 여부를 단속한 결과, 판매할 목적으로 수족관에 보관중인 활참돔 8마리의 원산지가 표시되어 있지 않았다.
> 단속에 적발된 활참돔 8마리의 당일 A 업소의 판매가격은 1마리당 동일하게 5만 원이었다.

① 30만 원
② 40만 원
③ 60만 원
④ 100만 원

20 **농수산물의 원산지 표시에 관한 법률상 원산지 표시를 거짓으로 한 자에 대하여 위반수산물의 판매 행위 금지의 처분을 할 수 있는 자에 해당하지 않는 것은?**

① 해양수산부장관
② 관세청장
③ 국세청장
④ 시 · 도지사

ANSWER

19 농수산물 또는 그 가공품을 수입하는 자, 생산 · 가공하여 출하하거나 판매(통신판매를 포함한다)하는 자 또는 판매할 목적으로 보관 · 진열하는 자가 원산지 표시를 하지 않은 경우 5만 원 이상 1,000만 원 이하의 과태료를 부과한다. 이때 과태료 부과금액은 원산지 표시를 하지 않은 물량(판매를 목적으로 보관 또는 진열하고 있는 물량을 포함한다)에 적발 당일 해당 업소의 판매가격을 곱한 금액으로 한다〈농수산물의 원산지 표시에 관한 법률 시행령 별표 2〉
따라서 판매가격이 5만 원인 활참돔 8마리에 대해 원산지를 표시하지 않은 A 업소는 5 × 8 = 40만 원의 과태료가 부과된다.

20 원산지 표시 등의 위반에 대한 처분 등 … 농림축산식품부장관, 해양수산부장관, 관세청장, 시 · 도지사 또는 시장 · 군수 · 구청장은 원산지 표시 규정이나 거짓 표시 등의 금지 규정을 위반한 자에 대하여 다음의 처분을 할 수 있다. 다만, 원산지 표시 규정을 위반한 자에 대한 처분은 표시의 이행 · 변경 · 삭제 등 시정명령에 한정한다〈농수산물의 원산지 표시에 관한 법률 제9조 제1항〉.
㉠ 표시의 이행 · 변경 · 삭제 등 시정명령
㉡ 위반 농수산물이나 그 가공품의 판매 등 거래행위 금지

19.② 20.③

21 **친환경 농어업 육성 및 유기식품 등의 관리 · 지원에 관한 법령상 무항생제 수산물 등의 인증에 관한 내용으로 옳지 않은 것은?**

① 인증을 받으려는 자는 인증신청서에 필요 서류를 첨부하여 국립수산물품질관리원장 또는 지정받은 인증기관의 장에게 제출하여야 한다.

② 활성처리제 비사용 수산물을 생산하는 자는 인증대상에 포함되지 않는다.

③ 인증기준에 관한 세부 사항은 국립수산물품질관리원장이 정하여 고시한다.

④ 인증기관의 인증 종류에 따른 인증업무의 범위는 무항생제 수산물 등을 생산하는 자 및 취 급하는 자에 대한 인증이다.

22 **친환경 농어업 육성 및 유기식품 등의 관리 · 지원에 관한 법령상 해양수산부장관이 어업 자원 · 환경 및 친환경어업 등에 관한 실태조사 · 평가를 하게 할 수 있는 자를 모두 고른 것은?**

㉠ 국립환경과학원 ㉡ 한국농어촌공사 ㉢ 한국해양수산개발원

① ㉠㉡ ② ㉠㉢

③ ㉡㉢ ④ ㉠㉡㉢

21 무항생제 수산물 등의 인증 대상 … 무항생제 수산물 등의 인증대상은 다음과 같다〈해양수산부 소관 친환경 농어업 육성 및 유기식품 등의 관리 · 지원에 관한 법률 시행규칙 제38조 제1항〉.

㉠ 다음의 어느 하나에 해당하는 자

- 무항생제 수산물을 생산하는 자. 다만, 양식수산물 중 해조류를 제외한 수산물을 생산하는 경우만 해당한다.
- 활성처리제 비사용 수산물을 생산하는 자. 다만, 양식수산물 중 해조류를 생산하는 경우(해조류를 식품첨가물이나 다른 원료를 사용하지 아니하고 단순히 자르거나, 말리거나, 소금에 절이거나, 숙성하거나, 가열하는 등의 단순 가공과정을 거친 경우를 포함한다)만 해당한다.

㉡ ㉠의 어느 하나에 해당하는 품목을 취급하는 자

22 실태조사 · 평가기관 … 해양수산부장관은 해양수산부 소속 기관의 장 또는 다음의 자에게 농어업 자원 · 환경 및 친환경 농어업 등에 관한 실태조사 · 평가의 사항을 조사 · 평가하게 할 수 있다.

㉠ 국립환경과학원

㉡ 「한국농어촌공사 및 농지관리기금법」에 따른 한국농어촌공사

㉢ 「정부출연연구기관 등의 설립 · 운영 및 육성에 관한 법률」에 따른 한국해양수산개발원

㉣ 「어촌 · 어항법」에 따른 한국어촌어항공단

㉤ 「수산자원관리법」에 따른 한국수산자원공단

㉥ 그 밖에 해양수산부장관이 정하여 고시하는 친환경어업 관련 단체 · 연구기관 또는 조사전문업체

21.② 22.④

23 수산물 유통의 관리 및 지원에 관한 법령상 수산물을 생산하는 자가 수산물 이력추적 관리를 받기 위해 등록하여야 하는 사항에 해당하지 않는 것은?

① 생산계획량
② 생산자의 성명, 주소 및 전화번호
③ 유통자의 명칭, 주소 및 전화번호
④ 양식수산물 및 천일염의 경우 양식장 및 염전의 위치

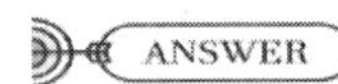

23 **이력추적관리의 대상품목 및 등록사항** … 이력추적관리를 받으려는 자는 다음의 구분에 따른 사항을 등록하여야 한다〈수산물 유통의 관리 및 지원에 관한 법률 시행규칙 제25조 제2항〉.

㉠ **생산자**(염장, 건조 등 단순처리를 하는 자를 포함한다)
- 생산자의 성명, 주소 및 전화번호
- 이력추적관리 대상품목명
- 양식수산물의 경우 양식장 면적, 천일염의 경우 염전 면적
- 생산계획량
- 양식수산물 및 천일염의 경우 양식장 및 염전의 위치, 그 밖의 어획물의 경우 위판장의 주소 또는 어획장소

㉡ **유통자**
- 유통자의 명칭, 주소 및 전화번호
- 이력추적관리 대상품목명

㉢ **판매자** : 판매자의 명칭, 주소 및 전화번호

※ **수산물 이력추적관리**〈수산물 유통의 관리 및 지원에 관한 법률 제27조 제1항 및 제2항〉

㉠ 다음의 어느 하나에 해당하는 자 중 수산물의 생산·수입부터 판매까지 각 유통단계별로 정보를 기록·관리하는 이력추적관리(이하 "이력추적관리"라 한다)를 받으려는 자는 해양수산부장관에게 등록하여야 한다.
- 수산물을 생산하는 자
- 수산물을 유통 또는 판매하는 자(표시·포장을 변경하지 아니한 유통·판매자는 제외한다)

㉡ ㉠에도 불구하고 대통령령으로 정하는 수산물을 생산하거나 유통 또는 판매하는 자는 해양수산부장관에게 이력추적관리의 등록을 하여야 한다.

23.③

24 **수산물 유통의 관리 및 지원에 관한 법률 제41조(비축사업 등) 제1항 규정이다. ( ) 안에 들어갈 내용이 순서대로 옳은 것은?**

해양수산부장관은 수산물의 ( )과 ( )을 위하여 필요한 경우에는 수산발전 기금으로 수산물을 비축하거나 수산물의 출하를 약정하는 생산자에게 그 대금의 일부를 미리 지급하여 출하를 조절할 수 있다.

① 수급조절, 가격안정
② 수급조절, 소비촉진
③ 품질향상, 가격안정
④ 품질향상, 소비촉진

25 **수산물 유통의 관리 및 지원에 관한 법률상 위판장의 수산물 매매방법 및 대금 결제에 관한 내용으로 옳은 것은?**

① 대금의 지급방법에 관하여 위판장개설자와 출하자 사이에 특약이 있는 경우에는 그 특약에 따른다.
② 출하자가 서면으로 거래 성립 최저가격을 제시한 경우, 위판장개설자의 동의를 얻어 그 가격 미만으로 판매 할 수 있다.
③ 경매 또는 입찰의 방법은 거수수지식(擧手手指式)을 원칙으로 한다.
④ 대금결제에 관한 구체적인 절차와 방법, 수수료 징수에 관하여 필요한 사항은 대통령령으로 정한다.

ANSWER

24 해양수산부장관은 수산물의 수급조절과 가격안정을 위하여 필요한 경우에는 수산발전기금으로 수산물을 비축하거나 수산물의 출하를 약정하는 생산자에게 그 대금의 일부를 미리 지급하여 출하를 조절할 수 있다〈수산물 유통의 관리 및 지원에 관한 법률 제41조(비축사업 등) 제1항〉.

25 위판장 수산물 매매방법 및 대금 결제〈수산물 유통의 관리 및 지원에 관한 법률 제19조〉

㉠ 위판장개설자는 위판장에서 수산물을 경매·입찰·정가매매 또는 수의매매의 방법으로 매매하여야 한다. 다만, 출하자가 선취매매·선상경매·견본경매 등 해양수산부령으로 정하는 매매방법을 원하는 경우에는 그에 따를 수 있다.
㉡ 위판장개설자는 위판장에 상장한 수산물을 위탁된 순위에 따라 경매 또는 입찰의 방법으로 판매하는 경우에는 최고가격 제시자에게 판매하여야 한다. 다만, 출하자가 서면으로 거래 성립 최저가격을 제시한 경우에는 그 가격 미만으로 판매하여서는 아니 된다.
㉢ ㉡에 따른 경매 또는 입찰의 방법은 전자식(電子式)을 원칙으로 하되 필요한 경우 해양수산부령으로 정하는 바에 따라 거수수지식(擧手手指式), 기록식, 서면입찰식 등의 방법으로 할 수 있다.
㉣ 위판장개설자는 매수하거나 위탁받은 수산물이 매매되었을 때에는 그 대금의 전부를 출하자에게 즉시 결제하여야 한다. 다만, 대금의 지급방법에 관하여 위판장개설자와 출하자 사이에 특약이 있는 경우에는 그 특약에 따른다.
㉤ ㉣에 따른 대금결제에 관한 구체적인 절차와 방법, 수수료 징수 등에 관하여 필요한 사항은 해양수산부령으로 정한다.

24.① 25.①

II 수산물유통론

26 **국내 수산물 유통에서 통용되고 있는 거래관행이 아닌 것은?**

① 선물거래제 ② 전도금제
③ 경매 · 입찰제 ④ 위탁판매제

27 **수산물산지위판장에 관한 설명으로 옳지 않은 것은?**

① 주로 연안에 위치한다.
② 수의거래를 위주로 한다.
③ 양륙과 배열 기능을 수행한다.
④ 판매 및 대금결제 기능을 수행한다.

28 **강화군의 A 영어법인이 봄철에 어획한 꽃게를 저장하였다가 가을철에 노량진 수산물도매시장에 판매하였을 때, 수산물 유통의 기능으로 옳지 않은 것은? (단, 주어진 정보로만 판단함)**

① 운송기능 ② 선별기능
③ 보관기능 ④ 거래기능

ANSWER

26 국내 수산물 유통에서 통용되고 있는 거래관행으로는 전도금제, 경매 · 입찰제, 위탁판매제, 외상거래제 등이 있다.
② **전도금제** : 대금의 일부를 미리 지급하고 월 또는 분기 단위로 정산할 때 사용하는 거래제도
③ **경매 · 입찰제** : 구매자가 2명 이상일 때 값을 제일 많이 부르는 사람에게 파는 거래제도
④ **위탁판매제** : 상품의 제조 및 소유자가 도매 · 소매업자에게 기한을 정하여 판매 업무를 위탁하는 거래제도

27 ② 수산물산지위판장은 공개경쟁 입찰방식을 통한 거래를 위주로 한다.
※ "수산물산지위판장"이란 「수산업협동조합법」에 따른 지구별 수산업협동조합, 업종별 수산업협동조합 및 수산물가공 수산업협동조합, 수산업협동조합중앙회, 그 밖에 대통령령으로 정하는 생산자단체와 생산자가 수산물을 도매하기 위하여 개설하는 시설을 말한다〈수산물 유통의 관리 및 지원에 관한 법률 제2조(정의) 제4호〉.

28 문제 지문상에는 수산물 유통의 선별기능에 대한 정보는 주어지지 않았다.
① **운송기능** : 강화군에서 노량진으로 운송
③ **보관기능** : 봄철 어획하여 가을철까지 보관
④ **거래기능** : 법인이 시장에 판매

26.① 27.② 28.②

29 **수산물 유통의 상적 유통기능은?**

① 운송기능
② 보관기능
③ 구매기능
④ 가공기능

30 **다음 중 공영도매시장에 관해 옳게 말한 사람을 모두 고른 것은?**

> A : 법적으로 출하대금을 정산해야 할 의무가 있어.
> B : 도매시장법인과 시장도매인을 동시에 둘 수 있어.
> C : 시장에 들어오는 수산물은 원칙적으로 수탁을 거부할 수 없어.

① A, B
② A, C
③ B, C
④ A, B, C

31 **수산물 유통 특징 중 가격변동성의 원인에 해당되지 않는 것은?**

① 생산의 불확실성
② 어획물의 다양성
③ 높은 부패성
④ 계획적 판매의 용이성

ANSWER

29 상적 유통기능은 거래 유통기능이라고도 한다. 구매기능은 소유권을 이전시키는 상적 유통기능에 해당한다.
①②④ 물적 유통기능
※ **상적 유통과 물적 유통**
㉠ **상적 유통**(상류) : 마케팅, 매매, 소유권이전 등
예 도매업, 소매업, 중개업, 무역업 등
㉡ **물적 유통**(물류) : 운송, 보관, 하역, 포장, 유통가공, 물류정보, 물류관리 등
예 운송업, 창고업, 하역업 등

30 공영도매시장은 법정 도매시장 중 정부와 지방자치단체가 공동으로 투자하여 시에서 개설하고 관리하는 시장이다. A, B, C 모두 공영도매시장에 대해 바르게 설명하고 있다.

31 수산물은 계획적으로 생산하고 물량을 조절하는 것이 용이하지 않다. 이로 인해 가격변동성이 크다.

29.③ 30.④ 31.④

32 소비지 공영도매시장의 경매 진행절차이다. ( ) 안에 들어갈 내용으로 옳은 것은?

하차 → 선별 → (㉠) → (㉡) → 경매 → 정산서 발급

	㉠	㉡		㉠	㉡
①	판매원표 작성	수탁증 발부	②	판매원표 작성	송품장 발부
③	수탁증 발부	판매원표 작성	④	수탁증 발부	송품장 발부

33 다음에서 총 계통출하량(㉠)과 총 비계통출하량(㉡)으로 옳은 것은? (단, 주어진 정보로만 판단함)

- 통영지역 참돔 100kg이 (주)수산유통을 통해 광주로 유통되었다.
- 제주지역 갈치 500kg이 한림수협을 거쳐 서울로 유통되었다.
- 부산지역 고등어 3,000kg이 대형선망수협을 거쳐 대전으로 유통되었다.

	㉠	㉡		㉠	㉡
①	100kg	3,500kg	②	500kg	3,100kg
③	3,000kg	600kg	④	3,500kg	100kg

34 선어 유통에 관한 설명으로 옳은 것을 모두 고른 것은?

㉠ 활어에 비해 계통출하 비중이 높다.
㉡ 선도 유지를 위해 빙장이 필요하다.
㉢ 산지위판장에서는 일반적으로 경매 후 양륙 및 배열한다.
㉣ 고등어 유통량이 가장 많다.

① ㉠㉡　　② ㉠㉢
③ ㉠㉡㉣　　④ ㉡㉢㉣

ANSWER

32 소비지 공영도매시장의 경매 진행절차 … 하차 → 선별 → 수탁증 발부 → 판매원표 작성 → 경매 → 정산서 발급
※ 송품장 … 거래처가 물건을 송품한 목록이나 일시, 가격 등을 기입한 장부를 말한다.

33 수협의 산지위판장을 경유하는 계통출하가 3,500kg이고, 산지수집상 등으로부터 바로 유통되는 비계통출하가 100kg이다.

34 ㉢ 산지위판장에서는 경매 전에 양륙과 배열을 한다.

32.③ 33.④ 34.③

35 다음 그림은 국내 양식 어류의 생산량(톤, 2018년)을 나타낸 것이다. (　　) 안에 들어갈 어종은?

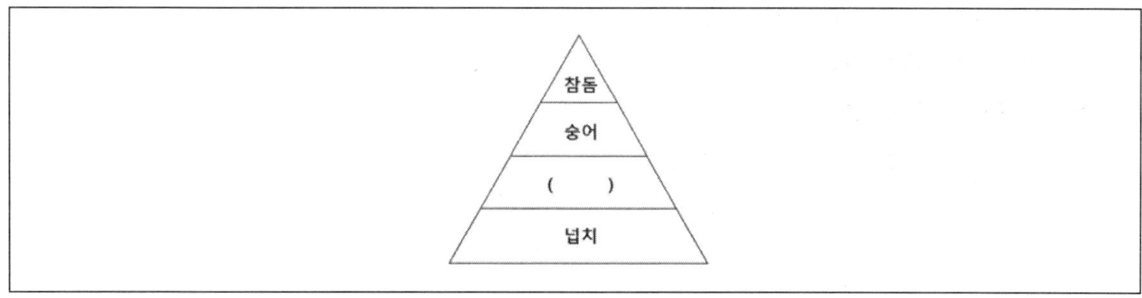

① 민어
② 조피볼락
③ 방어
④ 고등어

36 최근 국내 수입 연어류에 관한 설명으로 옳은 것을 모두 고른 것은?

> ㉠ 수입량은 선어보다 냉동이 많다.
> ㉡ 주로 양식산이다.
> ㉢ 유통량은 양식 조피볼락보다 많다.
> ㉣ 대부분 노르웨이산이다.

① ㉠㉡　　② ㉠㉢
③ ㉠㉡㉣　　④ ㉡㉢㉣

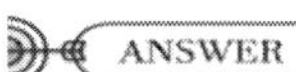
ANSWER

35 통계청(2020)이 발표한 어류양식동향조사 결과에 따르면 2018년 기준 해산양식어류 생산량은 넙치류 > 조피볼락 > 숭어류 > 참돔 > 감성돔 > 농어류 > 돌돔 순이다.
※ 한편 2019년 기준으로는 넙치류 > 조피볼락 > 숭어류 > 참돔 > 돌돔 > 감성돔 > 농어류순, 2020년 기준으로는 넙치류 > 조피볼락 > 숭어류 > 참돔 > 가자미류 > 농어류 > 감성돔 순이다.

36 ㉠ 연어류의 수입량은 냉동보다 선어가 많다. 국내에서 연어류는 대부분 훈제된 형태나, 냉장된 날것의 형태로 소비된다.

35.② 36.④

37 냉동 수산물 유통에 관한 설명으로 옳은 것은?

① 산지위판장을 경유하는 유통이 대부분이다.
② 유통 과정에서의 부패 위험도가 높다.
③ 연근해수산물이 대다수를 차지한다.
④ 냉동창고와 냉동탑차를 주로 이용한다.

38 양식 넙치의 유통에 관한 설명으로 옳지 않은 것은?

① 국내 양식 어류 생산량 중 가장 많다.
② 주로 횟감용으로 소비되며, 대부분 활어로 유통된다.
③ 공영도매시장보다 유사도매시장을 경유하는 경우가 많다.
④ 최대 수출대상국은 미국이며, 대부분 활어로 수출되고 있다.

39 수산가공품 유통의 장점이 아닌 것은?

① 수송이 편리하다.
② 수산물 본연의 맛과 질감을 유지할 수 있다.
③ 저장성이 높아 장기보관이 가능하다.
④ 제품의 규격화가 용이하다.

ANSWER

37 ① 산지수입상을 통한 유통이 대부분이다.
② 냉동 수산물은 유통 과정에서의 부패 위험도가 낮다.
③ 냉동 수산물은 연근해수산물보다 원해수산물의 비중이 높다.

38 양식 넙치의 최대 수출대상국은 일본이며, 중국으로의 수출 물량이 급격히 증가하는 추세이다.

39 수산가공품은 저장, 수송, 상품성 면에서 장점이 있지만, 수산물 본연의 맛과 질감을 변화시킨다.

37.④ 38.④ 39.②

40 다음 (　　) 안에 들어갈 옳은 내용은?

수산물의 공동판매는 (㉠) 간에 공동의 이익을 위한 활동을 의미하며, (㉡)을 통해 주로 이루어진다.

	㉠	㉡
①	생산자	산지위판장
②	유통자	공영도매시장
③	유통자	유사도매시장
④	생산자	전통시장

41 수산물 전자상거래에 관한 설명으로 옳지 않은 것은?

① 유통경로가 상대적으로 짧아진다.
② 구매자 정보를 획득하기 어렵다.
③ 거래 시간 · 공간의 제약이 없다.
④ 무점포 운영이 가능하다.

42 다음 ㉠ ~ ㉣ 중 옳지 않은 것은?

패류의 공동판매는 ㉠ 가공 확대 및 ㉡ 출하 조정을 할 수 있으며, ㉢ 유통비용 절감과 ㉣ 수취가격 제고에 기여할 수 있다.

① ㉠　　② ㉠㉡
③ ㉡㉢㉣　　④ ㉠㉡㉢㉣

ANSWER

40 수산물의 공동판매는 생산자 간에 공동의 이익을 위한 활동을 의미하며, 산지위판장을 통해 주로 이루어진다.

41 ② 전자상거래는 실물시장거래에 비해 구매자 정보를 파악하기가 용이하다.

42 산지 조직에서 공동으로 선별 · 출하 · 판매하면 체계적인 품질관리와 다양한 상품 공급이 가능하며, 규모의 경제를 구현해 전체 유통 비용을 절감하고 소득 증대로 이어질 수 있다.

40.① 41.② 42.①

43 올해 2월 제주산 넙치 산지가격은 코로나19 영향으로 kg당 9,000원이었으나, 드라이브스루 등 다양한 소비 촉진 활동의 영향으로 7월 현재는 12,000원으로 올랐다. 그러나 소비지 횟집에서는 1년 전부터 kg당 30,000원에 판매되고 있다. 그렇다면 현재 제주산 넙치의 유통마진율(%)은 2월보다 얼마만큼 감소했는가?

① 3%포인트
② 5%포인트
③ 10%포인트
④ 20%포인트

44 수산물 산지단계에서 중도매인이 부담하는 비용은?

① 상차비
② 양륙비
③ 위판수수료
④ 배열비

45 국내 수산물 가격 폭락의 원인이 아닌 것은?

① 생산량 급증
② 수산물 안전성 문제 발생
③ 수입량 급증
④ 국제 유류가격 급등

ANSWER

43 • 2월의 유통마진 : 30,000원 − 9,000원 = 21,000원

2월의 유통마진율 : $\frac{21,000}{30,000} \times 100 = 70\% \cdots$ ㉠

• 7월의 유통마진 : 30,000원 − 12,000원 = 18,000원

7월의 유통마진율 : $\frac{18,000}{30,000} \times 100 = 60\% \cdots$ ㉡

따라서 7월의 유통마진율은 2월보다 70 − 60 = 10%p 감소했다.

44 보기 중 상차비는 중도매인이 부담한다. 나머지 양륙 · 배열비와 위판수수료는 생산자가 부담하는 비용이다.

45 국제 유류가격이 급등하면 어업에 이용하는 연료 가격이 상승하기 때문에 수산물 가격이 상승하는 원인이 된다.

43.③ 44.① 45.④

46 **오징어 1상자(10kg) 가격과 비용구조가 다음과 같다. 판매자의 가격결정방식(㉠)과 그에 해당하는 가격(㉡)은?**

> • 구입원가 : 20,000원
> • 시장평균가격 : 23,000원
> • 인건비 및 점포운영비 : 2,000원
> • 소비자 지각 가치 : 21,500원
> • 희망이윤 : 2,000원

	㉠	㉡
①	원가중심 가격결정	22,000원
②	가치 가격결정	23,500원
③	약탈적 가격결정	25,000원
④	경쟁자 기준 가격결정	23,000원

47 **경품이나 할인쿠폰 등을 제공하는 수산물 판매촉진활동의 효과는?**

① 장기적으로 매출을 증대시킬 수 있다.
② 신상품 홍보와 잠재고객을 확보할 수 있다.
③ 고급브랜드의 이미지를 구축할 수 있다.
④ PR에 비해 비용이 저렴하다.

ANSWER

46 ④ **경쟁자 기준 가격결정** : 경쟁자와 비슷한 수준으로 가격을 결정 → 23,000원
① **원가중심 가격결정** : 제품의 원가에 일정 마진을 더하거나 목표 판매량과 목표이익을 반영하여 가격을 결정 → 24,000원
② **가치 가격결정** : 소비자가 지각하는 제품의 가치를 기준으로 가격을 결정 → 21,500원
③ **약탈적 가격결정** : 다른 판매자들이 더 이상 경쟁을 할 수 없어 상품 판매를 중단해야 할 정도로 낮은 가격을 결정 → 23,000원 이하(주어진 자료만으로는 정확히 알 수 없음)

47 경품이나 할인쿠폰 등을 제공하는 판매촉진활동은 신상품 홍보와 잠재고객 확보에 효과가 있다.
① 단기적인 매출 증대를 가져올 수 있다.
③ 경품이나 할인쿠폰 제공은 고급브랜드 이미지 구축과는 거리가 멀다.
④ PR에 비해 비용이 비싸다.

46.④ 47.②

48 **수산식품 안전성 확보 제도와 관련이 없는 것은?**

① 총허용어획량제도(TAC)
② 수산물원산지표시제도
③ 친환경수산물인증제도
④ 수산물이력제도

49 **전복의 수요변화에 관한 내용이다. (　　) 안에 들어갈 옳은 내용은?**

가격이 20% 하락하였는데 판매량은 30% 늘어났다. 수요의 가격탄력성은 (㉠)이므로 전복은 수요 (㉡)이라고 말할 수 있다.

	㉠	㉡
①	0.75	비탄력적
②	1.0	단위탄력적
③	1.5	탄력적
④	1.75	탄력적

50 **수산물 유통정보의 조건이 아닌 것은?**

① 신속성
② 정확성
③ 주관성
④ 적절성

ANSWER

48 **총허용어획량제도**(TAC : Total Allowable Catch) … 개별어종에 대해 연간 잡을 수 있는 어획량을 미리 지정하여 그 한도 내에서만 어획을 할 수 있는 제도를 말한다. 총허용어획량제도의 대상 생물로는 오징어, 제주소라, 개조개, 키조개, 고등어, 전갱이, 도루묵, 참홍어, 꽃게, 대게, 붉은대게가 지정되어 있다.

49 수요의 가격탄력성은 수요량의 변화율의 크기를 가격 변화율의 크기로 나눈 값으로 구한다. 따라서 전복 수요의 가격탄력성은 $\frac{30}{20}=1.5$이고, 1보다 크므로 수요 탄력적이라고 할 수 있다.

50 수산물 유통정보는 객관적이어야 한다.

48.① 49.③ 50.③

Ⅲ 수확 후 품질관리론

51 수산물의 품질관리를 위한 물리 · 화학적 및 관능적 항목에 해당하지 않는 것은?

① 노로바이러스
② 히스타민
③ 2mm 이상의 금속성 이물
④ 고유의 색택과 이미 · 이취

52 혈합육과 보통육의 비교에 관한 설명으로 옳지 않은 것은?

① 혈합육은 보통육보다 미오글로빈이나 헤모글로빈 등 헴(Heme)을 가지는 색소단백질이 많다.
② 혈합육은 보통육보다 조단백질 함량이 적다.
③ 혈합육은 보통육보다 지질 함량이 많다.
④ 혈합육은 보통육보다 철, 황, 구리의 함량이 적다.

53 어는점에 관한 설명으로 옳지 않은 것은?

① 수산물의 어는점은 0℃보다 낮다.
② 냉장 굴비가 생조기보다 높다.
③ 명태 연육이 순수 명태 페이스트보다 낮다.
④ 얼기 시작하는 온도를 말한다.

ANSWER

51 ① 미생물학적 항목
② 화학적 항목
③ 물리적 항목
④ 관능적 항목
※ 수산물의 선도를 측정하는 방법으로는 관능적인 방법, 화학적 방법, 물리적 방법, 미생물학적 방법이 이용된다.

52 혈합육(적색육)은 보통육(백색육)보다 철, 황, 구리의 함량이 많다.

53 ② 냉장 굴비는 소금으로 인한 어는점 내림 현상으로 생조기보다 어는점이 낮아진다.

51.① 52.④ 53.②

54 **어패류가 육상동물육에 비해 변질되기 쉬운 원인으로 옳지 않은 것은?**

① 효소활성이 강하다.

② 지질 중 고도불포화지방산의 비율이 낮다.

③ 근육 조직이 약하다.

④ 어획 시 상처 등으로 세균 오염의 기회가 많다.

55 **냉동어를 1 ~ 4℃ 물에 수초 동안 담근 후 어체 표면에 얼음옷을 입혀 공기를 차단시킴으로써 제품의 건조 및 산화를 방지하는 방법은?**

① 글레이징 ② 진공포장

③ 기체치환포장 ④ 송풍식 냉동

56 **수산물의 이상수축현상 중 냉각수축의 주요 원인은?**

① pH 저하

② 근육 중 ATP 분해

③ 근육 중 글리코겐 분해

④ 근소포체나 미토콘드리아에서 칼슘이온의 방출

ANSWER

54 고도불포화지방산은 네 개 이상의 이중 결합을 가지고 있는 지방산으로, 주로 어류에 존재하는 아라키돈산, 이피에이(EPA), 디에이치에이 등이 있다. 즉, 어패류는 육상동물육에 비해 지질 중 고도불포화지방산의 비율이 높다.

55 글레이징은 재료의 표면을 설탕, 버터, 물 등으로 코팅하여 공기를 차단하는 방법으로 제품의 건조 및 지질의 산화 등을 방지할 수 있다.

※ **기체치환포장**(MAP : Modified Atmosphere Packaging) … 생물체가 가장 활발하게 활동할 수 있는 대기권의 비율(질소 79%, 산소 20.96%, 이산화탄소 0.04%)을 미생물의 번식과 성장을 억제하는 비율(산소 40%, 질소 30%, 이산화탄소 30%)로 바꾼 혼합기체를 주입, 방부제와 같은 화학적 물질 없이 식품의 신선도를 유지시키는 자연친화적 신선포장기법

56 세포가 죽고 ATP가 고갈되면 근소포체나 미토콘드리아에서 칼슘이온이 유리된다. 이때, 유리된 칼슘이온에 의해 근육이 수축과 이완을 반복하게 되는데, ATP가 모두 고갈되면 수축된 상태로 멈춰버린다.

※ 수산물의 사후경직 때의 이상현상

㉠ **냉각수축** : 냉각이 자극으로 작용해 근육이 수축하는 현상

㉡ **해동경직** : 급속동결 후 해동 시에 물이 흘러나와 수축하는 현상

㉢ **수세수축** : 냉수 또는 온수에 침지해 ATP가 감소하여 수축하는 현상

54.② 55.① 56.④

57 명태 필렛(Fillet)을 다음의 조건 하에 저장하였을 때 시간 – 온도 허용한도(T.T.T.)에 의한 품질변화가 가장 많이 진행된 경우는? (단, 품질유지기한은 – 30℃에서 250일, – 22℃에서 140일, – 20℃에서 120일, – 18℃에서 90일로 계산한다.)

① – 30℃에서 125일
② – 22℃에서 85일
③ – 20℃에서 50일
④ – 18℃에서 30일

58 수산물 표준규격에서 정하는 수산물 종류별 등급규격 중 냉동오징어의 '상' 등급규격에 해당하지 않는 것은?

① 1마리의 무게가 270g 이상일 것
② 다른 크기의 것의 혼입률이 10% 이하일 것
③ 세균수가 1,000,000/g 이하일 것
④ 색택 · 선도가 양호할 것

ANSWER

57
② – 22℃에서 140일간 품질이 유지되므로 1일 품질저하량은 $\frac{1}{140}$이고, 85일 저장하였을 때 품질저하량은 $\frac{85}{140}=0.607\cdots$이다.
① – 30℃에서 250일간 품질이 유지되므로 1일 품질저하량은 $\frac{1}{250}$이고, 125일 저장하였을 때 품질저하량은 $\frac{125}{250}=0.5$이다.
③ – 20℃에서 120일간 품질이 유지되므로 1일 품질저하량은 $\frac{1}{120}$이고, 50일 저장하였을 때 품질저할향은 $\frac{50}{120}=0.416\cdots$이다.
④ – 18℃에서 90일간 품질이 유지되므로 1일 품질저하량은 $\frac{1}{90}$이고, 30일 저장하였을 때 품질저하량은 $\frac{30}{90}=0.333\cdots$이다.

58 수산물의 종류별 등급규격(냉동오징어의 등급규격)〈수산물 표준규격 별표 5〉

항목	특	상	보통
1마리의 무게(g)	320 이상	270 이상	230 이상
다른 크기의 것의 혼입률(%)	0	10 이하	30 이하
색택	우량	양호	보통
선도	우량	양호	보통
형태	우량	양호	보통
공통규격	• 크기가 균일하고 배열이 바르게 되어야 한다. • 부패한 냄새 및 기타 다른 냄새가 없어야 한다. • 보관온도는 – 18℃ 이하이어야 한다.		

57.② 58.③

59 **방수 골판지상자 중 장시간 침수된 경우에도 강도가 약해지지 않도록 가공한 것은?**

① 발수(拔水) 골판지상자
② 차수(遮水) 골판지상자
③ 강화(强化) 골판지상자
④ 내수(耐水) 골판지상자

60 **참치통조림의 제조에서 원료 참치의 자숙을 위한 선별항목은?**

① 크기 ② 세균수
③ 맛 ④ 색

61 **수산가공품의 묶음 단위로 옳지 않은 것은?**

① 마른 김 1첩 – 10장
② 마른 김 1속 – 100장
③ 굴비 1톳 – 20마리
④ 마른 오징어 1축 – 20마리

ANSWER

59 방수 골판지상자의 종류
㉠ **발수 골판지상자** : 단시간 물이 닿았을 경우 물방울로 맺혀 흘러내림으로써 습기침투를 방지하도록 표면을 가공한 골판지로 만든 상자
㉡ **내수 골판지상자** : 장시간 물에 잠겼을 경우 그다지 강도가 열화되지 않도록 골판원지, 골판중심원지, 접착제 또는 골판지에 가공한 골판지를 이용하여 만든 상자
㉢ **차수 골판지상자** : 장시간 물과 접촉해도 거의 물이 통과하지 않도록 가공한 골판지로 만든 상자 또는 방수가공한 골판지상자

60 참치통조림 제조 시 해동된 원어는 물을 분사하여 표면의 이물질을 제거하고, 전처리로 배를 갈라 내장을 제거하고 크기별로 분류한 뒤 핏물 제거 후 자숙에 들어간다.

61 톳은 김을 묶어 세는 단위로, 한 톳은 김 100장을 이른다. 굴비 따위의 물고기를 짚으로 한 줄에 10마리씩 두 줄로 엮은 것은 세는 단위는 두름이다.

59.② 60.① 61.③

62 다음과 같이 처리하는 훈연방법은?

> 훈연실에 전선을 배선하여 이 전선에 원료육을 고리에 걸어달고, 밑에서 연기를 발생 시킨 후, 전선에 고전압의 전기를 흘려 코로나방전을 일으켜 연기성분이 원료육에 효율적으로 붙도록 하는 훈연방식

① 온훈법
② 냉훈법
③ 전훈법
④ 액훈법

63 망목(網目)모양으로 작은 구멍이 뚫려있는 회전원반 위에 어체를 얹고, 이 회전원반에 대해서 수직상하운동을 하는 압착반으로 어체를 압착하여 채육(採肉)하는 방식은?

① 롤식
② 스탬프식
③ 스크루식
④ 플레이트식

64 적색육, 뼈, 껍질 등을 분리 · 제거하고 백색육을 주원료로 살쟁임하여 제조하는 어류 통조림은?

① 고등어 보일드 통조림
② 꽁치 보일드 통조림
③ 정어리 가미 통조림
④ 참치 기름담금 통조림

ANSWER

62 제시된 내용은 전훈법에 대한 설명이다.
① **온훈법** : 햄, 소시지, 베이컨, 생선 따위를 높은 온도의 불로 훈제하는 방법으로, 맛이 좋고 연하며 향기가 좋으나 저장성이 떨어진다.
② **냉훈법** : 단백질이 열에 응고하지 않을 정도의 비교적 저온(보통 25℃ 이하)에서 장기간(1 ~ 3주)에 걸쳐 훈연하는 방법이다.
④ **액훈법** : 연기 중의 유효 성분을 녹인 물에 원료를 담갔다가 말리거나 그 겉면에 물을 뿌려서 다시 말리는 방법이다.

63 **망목(網目)** … 그물눈 모양을 말한다. 그물눈 모양의 작은 구멍이 뚫려있는 회전원반 위에 어체를 얹고, 수직상하운동을 하는 압착반으로 어체를 압착하여 스탬프를 찍듯이 어체를 압착하는 채육방식을 스탬프식이라고 한다.

64 통조림 속에 들어있는 모양을 떠올리면 쉽게 정답을 유출할 수 있다. 참치 기름담금 통조림은 흔히 접하는 참치 통조림으로 적색육, 뼈, 껍질 등을 분리 · 제거하고 백색육을 주원료로 살쟁임하여 제조한다.

62.③ 63.② 64.④

65 어육시료 25g(어육시료의 총 수분 함량 15g)을 취하여 원심분리방법에 의해 분리된 육즙의 양이 5mL이었다면 보수력은? (단, 육즙 중 수분비는 0.951로 계산한다.)

① 53.3%

② 58.3%

③ 63.3%

④ 68.3%

66 고등어 보일드 통조림의 제조를 위해 사용되는 기계를 모두 고른 것은?

㉠ 레토르트(Retort) ㉡ 탈기함(Exhaust Box) ㉢ 시이머(Seamer) ㉣ 스크루 압착기(Screw Press)

① ㉠㉡

② ㉢㉣

③ ㉠㉡㉢

④ ㉠㉡㉢㉣

ANSWER

64 보수력(%) = $\dfrac{\text{총 수분} - \text{유리수분}}{\text{총 수분}} \times 100$이므로,

$\dfrac{15-(5\times0.951)}{15} \times 100 = \dfrac{15-4.755}{15} \times 100 = \dfrac{10.245}{15} \times 100 = 68.3\%$이다.

66 ㉠ **레토르트**(Retort) : 조리 · 가공한 식품을 알루미늄 따위로 만든 주머니에 넣어 밀봉한 후에 레토르트 솥에 넣어 고온에서 가열 · 살균하는 일

㉡ **탈기함**(Exhaust Box) : 통조림을 밀봉하기 전, 용기 속의 공기를 제거하는 장치

㉢ **시이머**(Seamer) : 통조림을 밀봉하는 기계

㉣ **스크루 압착기**(Screw Press) : 압력을 가해 짓눌러 즙을 짜는 기계

65.④ 66.③

67 **다음은 어떤 수산물 가공기계를 설명하는 것인가?**

> • 어육페이스트 가공제품 등을 만들기 위해 미리 잘게 절단된 어육을 다시 세절시켜 다지는 기계이다.
> • 수평으로 되어 있는 둥근 접시가 회전하면서 어육을 커터 쪽으로 보내주고 커터는 저속 또는 고속으로 회전하면서 어육을 세절한다.
> • 어육과 커터와의 접촉열에 의한 육질변화를 최소화하기 위해 쇄빙이나 냉수를 첨가한다.

① 탈수기(Dehydrator)
② 육만기(Meat Chopper)
③ 육정제기(Meat Refiner)
④ 사일런트 커터(Silent Cutter)

68 **증기 압축식 냉동기가 냉동품을 제조하기 위하여 냉동사이클을 수행할 때 작동되는 순서가 옳게 나열된 것은?**

① 압축기 – 응축기 – 팽창밸브 – 증발기
② 압축기 – 팽창밸브 – 응축기 – 증발기
③ 팽창밸브 – 압축기 – 증발기 – 응축기
④ 응축기 – 증발기 – 압축기 – 팽창밸브

ANSWER

67 제시된 내용은 사일런트 커터(Silent Cutter)에 대한 설명이다.
① **탈수기**(Dehydrator) : 원료육의 수분을 빼는 기계
② **육만기**(Meat Chopper) : 원료육을 잘게 세절하는 기계
③ **육정제기**(Meat Refiner) : 수세어육을 탈수 후 어육 중의 심줄(힘줄), 비늘, 잔뼈, 껍질 등을 제거하기 위한 처리 기계

68 증기 압축식 냉동기의 냉동사이클 작동 순서

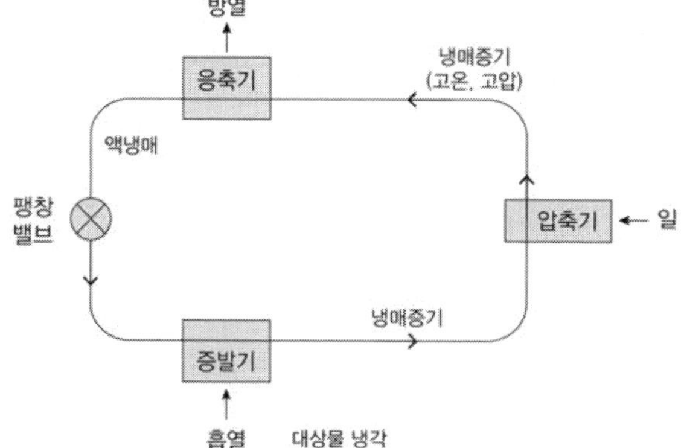

67.④ 68.①

69 육상어류 양식장이 준수하여야 하는 HACCP 선행 요건에 해당하는 것을 모두 고른 것은?

> ㉠ 양식장 위생안전관리
> ㉡ 중요관리점 결정
> ㉢ 양식장 시설 및 설비관리
> ㉣ 동물용의약품 및 사료관리

① ㉠㉡
② ㉡㉢
③ ㉠㉢㉣
④ ㉡㉢㉣

70 HACCP에 관한 설명으로 옳지 않은 것은?

① 사전에 위해요소를 확인 · 평가하여 생산과정 등을 중점 관리하는 기준이다.
② 어육소시지는 HACCP 의무적용품목이다.
③ 정부주도형 사후 위생관리 제도이다.
④ 위해요소 분석과 중요관리점으로 구성된다.

ANSWER

69 HACCP 추진을 위한 식품제조 · 가공업소의 주요 선행요건 관리 사항
㉠ 영업장 : 작업장, 건물 바닥 · 벽 · 천장, 배수 및 배관, 출입구, 통로, 창, 채광 및 조명, 부대시설(화장실 · 탈의실 등)
㉡ 위생관리 : 작업 환경 관리(동선 계획 및 공정 간 오염방지, 온도 · 습도 관리, 환기시설 관리, 방충 · 방서 관리), 개인위생 관리, 폐기물 관리, 세척 또는 소독
㉢ 제조 · 가공 시설 · 설비 관리 : 제조시설 및 기계 · 기구류 등 설비관리
㉣ 냉장 · 냉동시설 · 설비 관리
㉤ 용수관리
㉥ 보관 · 운송관리 : 구입 및 입고, 협력업소 관리, 운송, 보관
㉦ 검사 관리 : 제품검사, 시설 설비 기구 등 검사
㉧ 회수 프로그램 관리

70 ③ HACCP은 사전 위생관리 제도이다.
※ HACCP … 위해요소 분석(Hazard Analysis)과 중요관리점(Critical Control Point)의 영문 약자로서 '위해요소중점관리기준'이고도 불린다. HACCP은 식품을 만드는 과정에서 생물학적, 화학적, 물리적 위해요인들이 발생할 수 있는 상황을 과학적으로 분석하고 사전에 위해요인의 발생 여건들을 차단하여 소비자에게 안전하고 깨끗한 제품을 공급하기 위한 시스템적인 규정을 말한다.

69.③ 70.③

71 어묵 제조의 성형 공정에서 이물 불검출을 기준으로 설정하는 것은 HACCP의 7원칙 중 어느 단계에 해당하는가?

① 중요관리점의 한계기준 결정
② 중요관리점별 모니터링 체계 확립
③ 잠재적 위해요소 분석
④ 공정 흐름도 현장 확인

71 HACCP 7원칙

㉠ **위해요소 분석** : 위해요소(Hazard) 분석은 HACCP팀이 수행하며, 이는 제품설명서에서 파악된 원·부재료별로, 그리고 공정흐름도에서 파악된 공정/단계별로 구분하여 실시한다. 이 과정을 통해 원·부재료별 또는 공정/단계별로 발생 가능한 모든 위해요소를 파악하여 목록을 작성하고, 각 위해요소의 유입경로와 이들을 제어할 수 있는 수단(예방수단)을 파악하여 기술하며, 이러한 유입경로와 제어수단을 고려하여 위해요소의 발생 가능성과 발생 시 그 결과의 심각성을 감안하여 위해(Risk)를 평가한다.

㉡ **중요관리점 결정** : 위해요소분석이 끝나면 해당 제품의 원료나 공정에 존재하는 잠재적인 위해요소를 관리하기 위한 중요관리점을 결정해야 한다. 중요관리점이란 위해요소분석에서 파악된 위해요소를 예방, 제거 또는 허용 가능한 수준까지 감소시킬 수 있는 최종 단계 또는 공정을 말한다.

㉢ **CCP 한계기준 설정** : HACCP팀이 각 CCP에서 취해져야 할 예방조치에 대한 한계기준을 설정하는 것이다. 한계기준은 CCP에서 관리되어야 할 생물학적, 화학적 또는 물리적 위해요소를 예방, 제거 또는 허용 가능한 안전한 수준까지 감소시킬 수 있는 최대치 또는 최소치를 말하며, 안전성을 보장할 수 있는 과학적 근거에 기초하여 설정되어야 한다.

㉣ **CCP 모니터링체계 확립** : 모니터링이란 CCP에 해당되는 공정이 한계기준을 벗어나지 않고 안정적으로 운영되도록 관리하기 위하여 종업원 또는 기계적인 방법으로 수행하는 일련의 관찰 또는 측정수단이다. 모니터링 체계를 수립하여 시행하게 되면 첫째, 작업과정에서 발생되는 위해요소의 추적이 용이하며, 둘째, 작업공정 중 CCP에서 발생한 기준 이탈(Deviation) 시점을 확인할 수 있으며, 셋째, 문서화된 기록을 제공하여 검증 및 식품사고 발생 시 증빙자료로 활용할 수 있다.

㉤ **개선조치 방법 수립** : HACCP 계획은 식품으로 인한 위해요소가 발생하기 이전에 문제점을 미리 파악하고 시정하는 예방체계이므로, 모니터링 결과 한계기준을 벗어날 경우 취해야 할 개선조치 방법을 사전에 설정하여 신속한 대응조치가 이루어지도록 하여야 한다.

㉥ **검증절차 및 방법 수정** : HACCP팀은 HACCP 시스템이 설정한 안전성 목표를 달성하는 데 효과적인지, HACCP 관리계획에 따라 제대로 실행되는지, HACCP 관리계획의 변경 필요성이 있는지를 확인하기 위한 검증절차를 설정하여야 한다. HACCP팀은 이러한 검증활동을 HACCP 계획을 수립하여 최초로 현장에 적용할 때, 해당식품과 관련된 새로운 정보가 발생되거나 원료·제조공정 등의 변동에 의해 HACCP 계획이 변경될 때 실시하여야 한다. 또한, 이 경우 이외에도 전반적인 재평가를 위한 검증을 연 1회 이상 실시하여야 한다.

㉦ **문서화, 기록유지 방법 설정** : 기록유지는 HACCP 체계의 필수적인 요소이며, 기록유지가 없는 HACCP 체계의 운영은 비효율적이며 운영근거를 확보할 수 없기 때문에 HACCP 계획의 운영에 대한 기록의 개발 및 유지가 요구된다. HACCP 체계에 대한 기록유지 방법 개발에 접근하는 방법 중의 하나는 이전에 유지 관리하고 있는 기록을 검토하는 것이다. 가장 좋은 기록유지 체계는 필요한 기록내용을 알기 쉽게 단순하게 통합한 것이다. 즉, 기록유지 방법을 개발할 때에는 최적의 기록담당자 및 검토자, 기록시점 및 주기, 기록의 보관 기간 및 장소 등을 고려하여 가장 이해하기 쉬운 단순한 기록서식을 개발하여야 한다.

71.①

72 장염 비브리오 균(Vibrio Parahaemolyticus)에 관한 설명으로 옳지 않은 것은?

① 독소형 식중독균으로 치사율이 높다.
② 어패류를 충분히 가열하지 않고 섭취하는 경우에 감염될 수 있다.
③ 주요 증상은 설사와 복통이며, 환자 중 일부는 발열 · 두통 · 오심이 나타난다.
④ 호염균으로 바닷가 연안의 해수, 해초, 플랑크톤 등에 분포한다.

73 독소보유생물과 독소의 연결이 옳지 않은 것은?

① 포도상구균 – Enterotoxin
② 뱀장어 – Saxitoxin
③ 보툴리누스균 – Neurotoxin
④ 복어 – Tetrodotoxin

ANSWER

72 장염 비브리오 균은 감염형 식중독균으로, 상당수의 환자에서 다량의 수양성 설사를 일으키지만, 일반적으로 탈수에 따른 수분 보충이 잘되는 경우 1 ~ 2일 내에 증상이 회복된다.
※ 세균성 식중독
㉠ 감염형 식중독 : 장염 비브리오, 살모넬라 등
㉡ 독소형 식중독 : 보툴리누스균, 황색포도구균 등

73 Saxitoxin … 유독한 홍합, 대합조개 및 플랑크톤 등에 포함되어 있는 독소이다.

72.① 73.②

74 **수산물로부터 감염되는 기생충에 해당하지 않는 것은?**

① 간흡충(간디스토마)
② 폐흡충(폐디스토마)
③ 고래회충(아니사키스)
④ 무구조충(민촌충)

75 **유해 중금속에 의한 식중독에 관한 설명으로 옳지 않은 것은?**

① 식품공전에는 수산물 중 연체류에 대해 수은, 납, 카드뮴 기준이 설정되어 있다.
② 수은 중독 시 사지마비, 언어장애 등을 유발하며, 임산부의 경우 기형아 출산의 원인이 된다.
③ 납 중독 시 신장 장애를 유발하며, "미나마타병"이라고도 한다.
④ 카드뮴 중독 시 관절 통증을 유발하며, "이타이이타이병"이라고도 한다.

ANSWER

74 ④ **무구조충** : 소고기를 날 것으로 먹었을 때 감염되는 기생충이다.
① **간흡충** : 쇠우렁(제1중간숙주), 담수어(제2중간숙주)
② **폐흡충** : 다슬기(제1중간숙주), 참게(제2중간숙주)
③ **고래회충** : 크릴새우(제1중간숙주), 오징어, 고등어 등 해산어패류(제2중간숙주)

75 미나마타병 … 수은중독으로 인해 발생하는 신경학적 증후군이다.

74.④ 75.③

76 수산자원관리법상 용어에 관한 정의로 옳지 않은 것은?

① "수산자원"이란 수중에 서식하는 수산동식물로서 국민경제 및 국민생활에 유용한 자원을 말한다.
② "수산자원관리"란 수산자원의 보호 · 회복 및 조성 등의 행위를 말한다.
③ "총허용어획량"이란 포획 · 채취할 수 있는 수산동물의 종별 연간 어획량의 최고한도를 말한다.
④ "바다숲"이란 수산자원을 조성한 후 체계적으로 관리하여 이를 포획 · 채취하는 장소를 말한다.

77 자원 관리형 어업과 관련된 내용으로 옳지 않은 것은?

① 대상 생물의 생태를 파악한다.
② 지속가능한 어업을 영위한다.
③ 어선 및 어구의 규모와 수를 증가시킨다.
④ 자원을 합리적으로 이용한다.

78 다음에서 설명하는 어업은?

• 끌그물 어법에 속하며 한 척의 어선으로 조업한다.
• 어구의 입구를 수평방향으로 벌리게 하는 전개판(Otter Board)을 사용한다.

① 선망
② 자망
③ 봉수망
④ 트롤

ANSWER

76 "바다숲"이란 갯녹음(백화현상) 등으로 해조류가 사라졌거나 사라질 우려가 있는 해역에 연안생태계 복원 및 어업생산성 향상을 위하여 해조류 등 수산종자를 이식하여 복원 및 관리하는 장소를 말한다[해중림(海中林)을 포함한다]〈수산자원관리법 제2조(정의) 제6호〉.

77 자원 관리형 어업은 지속가능한 어업의 영위를 위하여 어선 및 어구의 규모와 수를 적정수준으로 유지 · 감소시키는 것을 지향한다.

78 제시된 내용은 트롤어업에 대한 설명이다.
① 선망어업은 선망(두릿그물)을 사용하여 고등어, 다랑어 등의 물고기를 잡는다.
② 자망어업은 어류의 회유로(回遊路)에 자망을 설치하여 물고기를 잡는다.
③ 봉수망어업은 불빛을 좋아하는 습성을 가진 꽁치 등의 어류를 봉수망으로 유인하여 잡는다.

76.④ 77.③ 78.④

79 우리나라 수산물 생산량이 많은 것부터 적은 순으로 옳게 나열된 것은?

① 원양어업 > 천해양식어업 > 내수면어업 > 일반해면어업
② 원양어업 > 내수면어업 > 천해양식어업 > 일반해면어업
③ 천해양식어업 > 원양어업 > 일반해면어업 > 내수면어업
④ 천해양식어업 > 일반해면어업 > 원양어업 > 내수면어업

80 수산업의 발달에 관한 내용으로 옳은 것은?

① 수산물을 가공한 가장 원시적인 형태는 훈제품이다.
② 유엔해양법 협약에 따라 연안국들은 경제수역 200해리 내에서 자원의 주권적인 권리를 행사할 수 있게 되었다.
③ 1960년대 우리나라는 연안국 어업규제 등으로 수산업의 성장이 둔화되기 시작하였다.
④ 우리나라 양식업이 대규모로 발전한 시기는 가두리식 김양식이 시작된 후부터이다.

81 현재 국내 새우류 중 양식생산량이 가장 많은 것은?

① 대하
② 젓새우
③ 보리새우
④ 흰다리새우

ANSWER

79 통계청 어업생산동향조사에 2019년도 기준으로 우리나라 수산물 생산량을 많은 것부터 적은 순으로 나열하면 천해양식어업(약 2,371,999톤) > 일반해면어업(약 914,570톤) > 원양어업(약 507,883톤) 〉 내수면어업(약 35,255톤)이다. 2020년도 기준으로는 천해양식어업(약 2,309천 톤) > 일반해면어업(약 932천 톤) > 원양어업(약 437천 톤) > 내수면어업(약 34천 톤)이다. 2021년도 기준으로는 천해양식어업(약 2,397천 톤) > 일반해면어업(약 941천 톤) > 원양어업(약 438천 톤) > 내수면어업(약 42천 톤)이다.

80 ① 수산물을 가공한 가장 원시적인 형태는 훈제품이다.
③ 1960년대 우리나라는 연안국 어업규제 등으로 수산업의 성장이 둔화되기 시작하였다.
④ 우리나라 양식업이 대규모로 발전한 시기는 가두리식 김양식이 시작된 후부터이다.

81 국내 새우류 중 양식생산량의 대부분은 흰다리새우가 차지한다. 대하, 젓새우, 보리새우는 바이러스 등에 취약하여 자연자원에 의존하는 양이 대부분이다.

79.④ 80.② 81.④

82 **경골 어류에 해당하지 않는 것은?**

① 고등어
② 참돔
③ 전어
④ 홍어

83 **어류의 체형과 종류의 연결이 옳지 않은 것은?**

① 방추형 – 방어
② 측편형 – 감성돔
③ 구형 – 개복치
④ 편평형 – 아귀

84 **함정 어구 · 어법에 해당하지 않는 것은?**

① 쌍끌이기선저인망
② 통발
③ 정치망
④ 안강망

ANSWER

82 ④ 홍어는 연골어류에 속한다. 연골어류는 골격이 모두 연골(軟骨)로 이루어져 있는 것이 특징으로, 상어류, 홍은류, 은상어류를 포함한다.
※ **경골어류** … 척추동물 · 어류상강에 속하는 하나의 강으로, 뼈의 일부 또는 전체가 딱딱한 뼈로 되어 있어 '경골(硬骨)'이라는 명칭이 붙었다.

83 ③ 개복치는 몸이 타원형으로 옆으로 납작하고 눈과 입, 아가미구멍이 작다.

84 ① 쌍끌이 기선 저인망은 한 틀의 그물로 두 척의 배가 바닷물고기를 대상으로 저층을 끌어서 어획하는 방법이다.
② 통발은 가는 댓조각이나 싸리를 엮어서 통같이 만든 고기잡이 기구로, 아가리에 작은 발을 달아 날카로운 끝이 가운데로 몰리게 하여 한번 들어간 물고기는 거슬러 나오지 못하게 하는 어구이다.
③ 정치망은 한 곳에 쳐 놓고 고기 떼가 지나가다가 걸리도록 한 그물이다.
④ 안강망은 긴 주머니 모양의 통그물로, 조류가 빠른 곳에 큰 닻으로 고정하여 놓고 조류에 밀리는 물고기를 잡는 어구이다.

82.④ 83.③ 84.①

85 **수산자원의 계군을 식별하는데 형태학적 방법으로 이용되는 것을 모두 고른 것은?**

㉠ 체장 ㉡ 두장 ㉢ 체고 ㉣ 비만도 ㉤ 포란수

① ㉠㉡㉢
② ㉠㉢㉤
③ ㉡㉣㉤
④ ㉢㉣㉤

86 **연체동물(문)이 아닌 것은?**

① 전복
② 피조개
③ 해삼
④ 굴

ANSWER

85 수산자원의 계군을 식별하는 데 이용되는 형태학적 방법으로는 체장(몸길이), 두장(머리길이), 체고(몸높이)가 있다.
※ 계군분석법
㉠ 생태학적 방법 : 각 계군의 생활사, 산란장, 분포 및 회유 상태, 기생충의 종류와 기생물 등을 비교 · 분석하는 방법이다.
㉡ 형태학적 방법 : 계군의 특정 형질에 관한 통계자료를 비교 · 분석하는 생물 측정학적 방법과 비늘 유지대의 위치, 가시 형태 등을 측정하는 해부학적 방법이 있다.
㉢ 표지방류법 : 수산자원의 일부 개체에 표지를 붙여 방류하였다가 다시 회수하여 이동 상태를 직접 파악, 절단법, 염색법, 부착법 등 사용한다.
㉣ 어획분석법 : 어획 통계자료를 활용하여 어군의 이동이나 회유로를 추정 · 분석하는 방법이다.

86 ③ 해삼은 극피동물문, 해삼강에 속한다. 극피동물문에는 해삼 외에 성게, 불가사리, 바다나리 따위가 있다.

85.① 86.③

87 우리나라 동해안의 주요 어업을 모두 고른 것은?

> ㉠ 붉은대게 통발 어업
> ㉡ 조기 안강망 어업
> ㉢ 대게 자망 어업
> ㉣ 꽃게 자망 어업

① ㉠㉡
② ㉠㉢
③ ㉡㉢
④ ㉡㉣

88 다음은 멸치에 관한 설명이다. (　) 안에 들어갈 내용을 순서대로 옳게 나열한 것은?

> 우리나라에서 멸치는 건제품이나 젓갈 등으로 가공되며, 주 산란기는 (　)이고, 주 산란장은 (　) 일대이며, (　)으로 가장 많이 어획된다.

① 봄, 동해안, 정치망
② 봄, 남해안, 기선권현망
③ 여름, 남해안, 죽방렴
④ 여름, 동해안, 안강망

ANSWER

87 ㉡ 조기 안강망 어업은 제주 서부해역 ~ 서해 남부해역에서 주로 이루어진다.
㉣ 꽃게 자망 어업은 서해안의 주요 어업이다.

88 멸치의 주 산란기는 봄이고, 주 산란장은 남해안 일대이며, 기선권현망으로 가장 많이 어획된다. 기선권현망은 우리나라 남해 연안의 대표적인 어업으로, 권현망의 구조는 약 400m의 앞날개 부분과 약 30m의 안날개 및 여자망 그물로 만든 자루그물로 구성된다.

87.② 88.②

89 다음에서 설명하는 어장의 물리적 환경요인은?

> • 해양의 기초 생산력을 높이는 데 일익을 담당한다.
> • 수산 생물의 성적인 성숙을 촉진시킨다.
> • 어군의 연직운동에 영향을 미친다.

① 빛
② 영양염류
③ 용존산소
④ 수소이온농도

90 양식장의 환경 특성에 관한 설명으로 옳지 않은 것은?

① 개방적 양식장은 인위적으로 환경요인을 조절하기 쉽다.
② 개방적 양식장은 외부 수질환경과 자유로이 소통한다.
③ 폐쇄적 양식장은 지리적 위치에 상관없이 특정 수산생물 양식이 가능하다.
④ 폐쇄적 양식장은 외부환경과 분리된 공간에서 인위적으로 환경요인의 조절이 가능하다.

91 우리나라에서 가장 오래된 양식 역사를 가지며 사료를 하루에 여러 번 나누어 주는 어류는?

① 잉어　② 넙치
③ 참돔　④ 방어

ANSWER

89 제시된 내용은 빛에 대한 설명이다.
※ 환경요인의 구분
㉠ 물리적 환경요인 : 계절풍, 파도, 광선, 수온, 수색, 투명도, 지형, 지질 구성 등
㉡ 화학적 환경 요인 : 염분, 용존산소, 영양염류, 수소이온농도, 이산화탄소, 암모니아, 황화수소 등

90 ① 개방적 양식장은 양식장의 수질 환경이 자연 환경에 개방되어 있어 자유로운 소통이 가능한 양식장으로, 인위적으로 환경요인을 조절하는 것이 거의 불가능하다.

91 ① 잉어는 위와 창자가 따로 구별되어 있지 않은, 위가 없는 종으로 한꺼번에 많은 먹이를 먹지 못하기 때문에 양식 시 사료를 하루에 여러 번으로 나눠서 준다.

89.① 90.① 91.①

92 **양식과정에서 각포자와 과포자를 관찰할 수 있는 해조류는?**

① 김

② 미역

③ 파래

④ 다시마

93 **전복을 증식 또는 양식하는 방법으로 옳지 않은 것은?**

① 바닥식

② 밧줄식

③ 해상가두리식

④ 육상수조식

ANSWER

92 ② 미역 – 갈조류

③ 파래 – 녹조류

④ 다시마 – 갈조류

※ **각포자 · 과포자**

㉠ **각포자** : 홍조류 Porphyra속(김속)이나 Bangia속(보라털속)에서 볼 수 있는 생식세포의 일종으로, 패각을 천공하여 생육하는 포자체가 만드는 포자

㉡ **과포자** : 홍조류에 나타나는 생식세포의 일종으로, 수정란이 분열과정을 통하여 형성하는 포자

93 ② **밧줄식** : 바위에만 붙어 해조류 등을 밧줄에 붙어 살 수 있도록 수면 아래의 일정한 깊이에 밧줄을 설치하여 양식하는 방법

예 미역, 다시마, 톳, 모자반 등

① **바닥식** : 얕은 바다의 모래 바닥이나 바위에 붙어서 기어 다니며 사는 포복 동물의 양식에 이용되는 방법

예 전복, 해삼, 소라, 대합 등

③ **해상가두리식** : 해상에 뜸, 그물 등을 이용한 가두리시설을 하여 어류 등을 양식하는 방법

예 전복, 방어, 숭어 등

④ **육상수조식** : 육상에서 수조 등의 시설물을 설치하고 민물 또는 바닷물을 끌어올려 수산물을 양식하는 방법

예 새우, 넙치, 전복 등

92.① 93.②

94 **양식생물이 다음과 같은 상황과 증상일 때 올바른 진단은?**

> 주로 수온 20℃ 이하일 때 어류의 두부와 꼬리 부분에 솜 모양의 균사체가 붙어 있는 것이 특징이며, 세심한 주의가 부족할 때 산란된 알에도 자주 발생한다.

① 물이(Argulus) 기생
② 바이러스 질병 감염
③ 백점충 기생
④ 물곰팡이 감염

95 **양식생물에 기생하여 피해를 주는 기생충이 아닌 것은?**

① 점액포자충
② 아가미흡충
③ 케토세로스
④ 닻벌레

96 **다음 설명에서 공통으로 해당하는 양식 방법은?**

> • 사육수를 정화하여 다시 사용한다.
> • 고밀도로 사육할 수 있다.
> • 물이 귀한 곳에서도 양식할 수 있다.

① 지수식 양식
② 유수식 양식
③ 가두리식 양식
④ 순환여과식 양식

ANSWER

94 **물곰팡이** … 물속에 잠긴 식물체에 기생하여 솜 모양으로 발육하는 곰팡이로, 비교적 수온이 낮은 10 ~ 15℃ 일 때 가장 많이 발생하며 수온이 20℃ 이상이면 번식력이 저하된다.

95 규조류(Chaetoceros)는 적조 발생의 주요원인종이다.

96 제시된 내용이 모두 해당되는 것은 순환여과식 양식이다. 순환여과식 양식은 사육 수조의 물을 여과조나 여과기로 정화하여 다시 사용하는 방법으로, 고밀도 양식이 가능하다.
① **지수식 양식(정수식 양식)** : 연못이나 육상에 둑을 쌓아 못을 만들거나, 바다에 제방을 만들어 일부를 막고 양식하는 방법
② **유수식 양식** : 수량이 충분한 하천 지형을 이용하여 사육지에 물을 연속적으로 흘려보내며 양식하는 방법
③ **가두리식 양식** : 수심이 깊은 내만이나 면적이 넓은 호수 등에서 그물로 만든 가두리를 활용하여 양식하는 방법

94.④ 95.③ 96.④

97 수산업법령상 어업과 관리제도가 옳게 연결된 것은?

① 맨손어업 – 허가어업
② 마을어업 – 신고어업
③ 구획어업 – 허가어업
④ 연안어업 – 신고어업

98 면허어업에 해당하는 것은?

① 나잠어업
② 정치망어업
③ 연안자망어업
④ 대형저인망어업

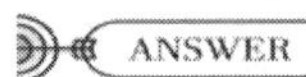

97 ① 맨손어업 – 신고어업
② 마을어업 – 면허어업
④ 연안어업 – 허가어업
※ 「수산업법」에 따른 어업의 구분
㉠ 허가어업 : 총톤수 10톤 이상의 동력어선 또는 수산자원을 보호하고 어업조정을 하기 위하여 특히 필요하여 대통령령으로 정하는 총톤수 10톤 미만의 동력어선을 사용하는 어업을 하려는 자는 어선 또는 어구마다 해양수산부장관의 허가를 받아야 한다.
㉡ 면허어업 : 정치망어업, 마을어업에 해당하는 어업을 하려는 자는 시장 · 군수 · 구청장의 면허를 받아야 한다.
㉢ 신고어업 : 나잠어업, 맨손어업을 하려면 어선 · 어구 또는 시설마다 시장 · 군수 · 구청장에게 해양수산부령으로 정하는 바에 따라 신고하여야 한다.

98 면허어업 … 다음의 어느 하나에 해당하는 어업을 하려는 자는 시장 · 군수 · 구청장의 면허를 받아야 한다〈수산업법 제8조 제1항〉.
㉠ 정치망어업 : 일정한 수면을 구획하여 대통령령으로 정하는 어구(漁具)를 일정한 장소에 설치하여 수산동물을 포획하는 어업
㉡ 마을어업 : 일정한 지역에 거주하는 어업인이 해안에 연접한 일정한 수심(水深) 이내의 수면을 구획하여 패류 · 해조류 또는 정착성(定着性) 수산동물을 관리 · 조성하여 포획 · 채취하는 어업

97.③ 98.②

99 **패류 인공종자를 생산할 때 유생에 많이 공급하는 먹이생물은?**

① 아이소크리시스(Isochrysis)
② 아르테미아(Artemia)
③ 니트로박터(Nitrobacter)
④ 로티퍼(Rotifer)

100 **어류의 생활사 중 해수와 담수를 왕래하는 어종의 관리를 위하여 설립된 국제수산관리기구는?**

① 전미 열대 다랑어 위원회(IATTC)
② 태평양 연어 어업 위원회(PSC)
③ 국제 포경 위원회(IWC)
④ 태평양 넙치 위원회(IPHC)

ANSWER

99 패류의 유생 단계에는 아이소크라이시스(Isochrysis Galbana), 모노크라이시스(Monochrysis Sp.), 키토세로스(Chaetoceros Simplex) 등의 먹이생물을 혼합하여 공급한다.

100 태평양 연어 어업 위원회(PSC : Pacific Salmon Commission) … 태평양의 연어에 대한 과도한 조업을 방지하여 생산량 감소를 막고 연어 자원을 유지할 목적 설립된 기구이다.

※ 회유성 어류
㉠ 강하성 : 민물에서 살다가 바다로 내려가 산란 예 뱀장어, 무태장어 등
㉡ 소하성 : 바다에서 살다가 민물로 올라와 산란 예 연어, 송어, 황복 등
㉢ 양측회유성 : 기수역 부근에서만 산란하고 성장 예 은어, 꺽정이 등

99.① 100.②

I 수산물 품질관리 관련법령

1 농수산물 품질관리법령상 농수산물품질관리심의회 위원을 지명한 자가 그 지명을 철회할 수 있는 경우가 아닌 것은?

① 해당 위원이 심신장애로 인하여 직무를 수행할 수 없게 된 경우
② 해당 위원이 직무와 관련된 비위사실이 있는 경우
③ 해당 위원이 직무태만으로 인하여 위원으로 적합하지 아니하다고 인정되는 경우
④ 위원이 해당 안건에 대하여 자문을 하여 스스로 해당 안건의 심의 · 의결에서 회피한 경우

ANSWER

1 위원의 해촉 등 … 농수산물품질관리심위회 위원을 지명한 자는 해당 위원이 다음의 어느 하나에 해당하는 경우에는 그 지명을 철회할 수 있다〈농수산물 품질관리법 시행령 제2조의2 제1항〉.
㉠ 심신장애로 인하여 직무를 수행할 수 없게 된 경우
㉡ 직무와 관련된 비위사실이 있는 경우
㉢ 직무태만, 품위손상이나 그 밖의 사유로 인하여 위원으로 적합하지 아니하다고 인정되는 경우
㉣ 위원 스스로 직무를 수행하는 것이 곤란하다고 의사를 밝히는 경우
㉤ 농수산물 품질관리법 시행령 제2조의3(위원의 제척 · 기피 · 회피) ㉠의 어느 하나에 해당하는 데에도 불구하고 회피하지 아니한 경우

※ 위원의 제척 · 기피 · 회피 … 농수산물품질관리심의회의 위원이 다음의 어느 하나에 해당하는 경우에는 해당 안건의 심의 · 의결에서 제척(除斥)된다〈농수산물 품질관리법 시행령 제2조의3 제1항〉.
㉠ 위원 또는 그 배우자나 배우자였던 사람이 해당 안건의 당사자(당사자가 법인 · 단체 등인 경우에는 그 임원 또는 직원을 포함한다. 이하 ㉠ 및 ㉡에서 같다)가 되거나 그 안건의 당사자와 공동권리자 또는 공동의무자인 경우
㉡ 위원이 해당 안건의 당사자와 친족이거나 친족이었던 경우
㉢ 위원이 해당 안건에 대하여 증언, 진술, 자문, 연구, 용역 또는 감정을 한 경우
㉣ 위원이 해당 안건의 당사자인 법인 · 단체 등에 최근 3년 이내에 임원 또는 직원으로 재직하였던 경우

1.④

2 **농수산물 품질관리법령상 수산물에 대하여 표준규격품임을 표시하려는 경우 해당 물품의 포장 겉면에 "표준규격품"이라는 문구와 함께 표시하여야 하는 사항을 모두 고른 것은?**

㉠ 품목	㉡ 산지
㉢ 생산 연도	㉣ 포장재

① ㉠㉡

② ㉠㉢

③ ㉡㉣

④ ㉢㉣

3 **농수산물 품질관리법령상 수산물 품질인증 표시의 제도법에 관한 내용으로 옳지 않은 것은?**

① 표지도형의 한글 및 영문 글자는 고딕체로 한다.

② 표지도형의 색상은 파란색을 기본색상으로 하고, 포장재의 색깔 등을 고려하여 녹색 또는 빨간색으로 할 수 있다.

③ 표지도형 내부의 "품질인증"의 글자 색상은 표지도형 색상과 동일하게 한다.

④ 표지도형의 위치는 포장재 주 표시면의 옆면에 표시하되, 포장재 구조상 옆면에 표시하기 어려울 경우에는 표시위치를 변경할 수 있다.

ANSWER

2 　표준규격의 제정 … 표준규격품을 출하하는 자가 표준규격품임을 표시하려면 해당 물품의 포장 겉면에 "표준규격품"이라는 문구와 함께 다음의 사항을 표시하여야 한다〈농수산물 품질관리법 시행규칙 제5조 제2항〉.

㉠ 품목

㉡ 산지

㉢ 품종. 다만, 품종을 표시하기 어려운 품목은 국립농산물품질관리원장, 국립수산물품질관리원장 또는 산림청장이 정하여 고시하는 바에 따라 품종의 표시를 생략할 수 있다.

㉣ 생산 연도(곡류만 해당한다)

㉤ 등급

㉥ 무게(실중량). 다만, 품목 특성상 무게를 표시하기 어려운 품목은 국립농산물품질관리원장, 국립수산물품질관리원장 또는 산림청장이 정하여 고시하는 바에 따라 개수(마릿수) 등의 표시를 단일하게 할 수 있다.

㉦ 생산자 또는 생산자단체의 명칭 및 전화번호

3 　표지도형의 색상은 녹색을 기본색상으로 하고, 포장재의 색깔 등을 고려하여 파란색 또는 빨간색으로 할 수 있다〈농수산물 품질관리법 시행규칙 제32조 제1항 별표7〉.

2.① 3.②

4 농수산물 품질관리법령상 농수산물 또는 농수산가공품에 대한 지리적표시 등록거절사유의 세부기준에 해당하지 않는 경우는?

① 해당 품목이 농수산물인 경우에는 지리적표시 대상지역에서만 생산된 것이 아닌 경우

② 해당 품목의 우수성이 국내 및 국외에서 모두 널리 알려지지 아니한 경우

③ 해당 품목이 농수산가공품인 경우에는 지리적표시 대상지역에서만 생산된 농수산물을 주원료로 하여 해당 지리적표시 대상지역에서 가공된 것이 아닌 경우

④ 해당 품목의 명성·품질 또는 그 밖의 특성이 본질적으로 특정지역의 생산환경적 요인에 기인하나 인적 요인에 기인하지 아니한 경우

4 지리적표시의 등록거절 사유의 세부기준 … 지리적표시 등록거절 사유의 세부기준은 다음과 같다〈농수산물 품질관리법 시행령 제15조〉.

㉠ 해당 품목이 농수산물인 경우에는 지리적표시 대상지역에서만 생산된 것이 아닌 경우

㉡ 해당 품목이 농수산가공품인 경우에는 지리적표시 대상지역에서만 생산된 농수산물을 주원료로 하여 해당 지리적표시 대상지역에서 가공된 것이 아닌 경우

㉢ 해당 품목의 우수성이 국내 및 국외에서 모두 널리 알려지지 아니한 경우

㉣ 해당 품목이 지리적표시 대상지역에서 생산된 역사가 깊지 않은 경우

㉤ 해당 품목의 명성·품질 또는 그 밖의 특성이 본질적으로 특정지역의 생산환경적 요인과 인적 요인 모두에 기인하지 아니한 경우

㉥ 그 밖에 농림축산식품부장관 또는 해양수산부장관이 지리적표시 등록에 필요하다고 인정하여 고시하는 기준에 적합하지 않은 경우

4.④

5 농수산물 품질관리법상 안전성검사기관에 관한 설명으로 옳은 것은?

① 안전성검사기관은 해양수산부장관이 지정한다.

② 거짓으로 지정을 받은 경우 지정취소 또는 6개월 이내의 업무정지 처분을 받을 수 있다.

③ 안전성검사기관 지정의 유효기간은 1년을 초과하지 아니하는 범위에서 한 차례만 연장될 수 있다.

④ 안전성검사기관 지정이 취소된 경우 취소된 후 3년이 지나지 아니하면 그 지정을 신청할 수 없다.

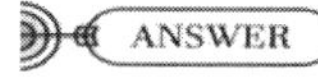

5 ① 식품의약품안전처장은 안전성조사 업무의 일부와 시험분석 업무를 전문적 · 효율적으로 수행하기 위하여 안전성검사기관을 지정하고 안전성조사와 시험분석 업무를 대행하게 할 수 있다〈농수산물 품질관리법 제64조(안전성검사기관의 지정 등) 제1항〉.

② **안전성검사기관의 지정 취소 등** … 식품의약품안전처장은 안전성검사기관이 다음의 어느 하나에 해당하면 지정을 취소하거나 6개월 이내의 기간을 정하여 업무의 정지를 명할 수 있다. 다만, ㉠ 또는 ㉡에 해당하면 지정을 취소하여야 한다〈농수산물 품질관리법 제65조 제1항〉.

㉠ 거짓이나 그 밖의 부정한 방법으로 지정을 받은 경우

㉡ 업무의 정지명령을 위반하여 계속 안전성조사 및 시험분석 업무를 한 경우

㉢ 검사성적서를 거짓으로 내준 경우

㉣ 그 밖에 총리령으로 정하는 안전성검사에 관한 규정을 위반한 경우

③ 안전성검사기관 지정의 유효기간은 지정받은 날부터 3년으로 한다. 다만, 식품의약품안전처장은 1년을 초과하지 아니하는 범위에서 한 차례만 유효기간을 연장할 수 있다〈농수산물 품질관리법 제64조(안전성검사기관의 지정 등) 제4항〉.

④ 안전성검사기관 지정이 취소된 후 2년이 지나지 아니하면 안전성검사기관 지정을 신청할 수 없다〈농수산물 품질관리법 제64조(안전성검사기관의 지정 등) 제1항〉.

5.③

6 **농수산물 품질관리법령상 양식시설이 아닌 수산물의 생산 · 가공시설을 등록신청하는 경우 등록신청서에 첨부하여야 하는 서류가 아닌 것은?**

① 생산 · 가공시설의 위생관리기준 이행계획서
② 생산 · 가공시설의 용수배관 배치도
③ 생산 · 가공시설의 구조 및 설비에 관한 도면
④ 생산 · 가공시설에서 생산 · 가공되는 제품의 제조공정도

7 **농수산물 품질관리법령상 해양수산부장관이 지정해역에서 수산물의 생산을 제한할 수 있는 경우로 명시되지 않은 것은?**

① 선박의 좌초로 인하여 해양오염이 발생한 경우
② 인근에 위치한 폐기물처리시설의 장애로 인하여 해양오염이 발생한 경우
③ 지정해역이 일시적으로 위생관리기준에 적합하지 아니하게 된 경우
④ 지정해역에서 수산물의 생산량이 급격하게 감소한 경우

ANSWER

6 수산물의 생산 · 가공시설 등의 등록신청 등 … 수산물의 생산 · 가공시설을 등록하려는 자는 별지 제45호서식의 생산 · 가공시설 등록신청서에 다음의 서류를 첨부하여 국립수산물품질관리원장에게 제출하여야 한다. 다만, 양식시설의 경우에는 ㅅ의 서류만 제출한다〈농수산물 품질관리법 시행규칙 제88조 제1항〉.
㉠ 생산 · 가공시설의 구조 및 설비에 관한 도면
㉡ 생산 · 가공시설에서 생산 · 가공되는 제품의 제조공정도
㉢ 생산 · 가공시설의 용수배관 배치도
㉣ 위해요소중점관리기준의 이행계획서(외국과의 협약에 규정되어 있거나 수출상대국에서 정하여 요청하는 경우만 해당한다)
㉤ 다음의 구분에 따른 생산 · 가공용수에 대한 수질검사성적서(생산 · 가공시설 중 선박 또는 보관시설은 제외한다)
- 유럽연합에 등록하게 되는 생산 · 가공시설 : 법 제69조에 따른 수산물 생산 · 가공시설의 위생관리기준(시설위생관리기준)의 수질검사항목이 포함된 수질검사성적서
- 그 밖의 생산 · 가공시설 : 「먹는물수질기준 및 검사 등에 관한 규칙」에 따른 수질검사성적서

㉥ 선박의 시설배치도(유럽연합에 등록하게 되는 생산 · 가공시설 중 선박만 해당한다)
㉦ 어업의 면허 · 허가 · 신고, 수산물가공업의 등록 · 신고, 「식품위생법」에 따른 영업의 허가 · 신고, 공판장 · 도매시장 등의 개설 허가 등에 관한 증명서류(면허 · 허가 · 등록 · 신고의 대상이 아닌 생산 · 가공시설은 제외한다)

7 지정해역에서의 생산제한 … 지정해역에서 수산물의 생산을 제한할 수 있는 경우는 다음과 같다〈농수산물 품질관리법 시행령 제27조 제1항〉.
㉠ 선박의 좌초 · 충돌 · 침몰, 그 밖에 인근에 위치한 폐기물처리시설의 장애 등으로 인하여 해양오염이 발생한 경우
㉡ 지정해역이 일시적으로 위생관리기준에 적합하지 아니하게 된 경우
㉢ 강우량의 변화 등에 따른 영향으로 지정해역의 오염이 우려되어 해양수산부장관이 수산물의 생산제한이 필요하다고 인정하는 경우

6.① 7.④

8 **농수산물 품질관리법령상 지정해역에서 위생관리기준에 맞게 생산된 수산물 및 수산가공품에 대한 관능검사 및 정밀검사를 생략할 수 있는 경우 수산물 · 수산가공품 (재)검사신청서에 첨부하는 생산 · 가공일지에 적어야 하는 사항이 아닌 것은?**

① 어획기간
② 생산(가공)기간
③ 포장재
④ 품질관리자

9 **농수산물 품질관리법령상 수산물 및 수산가공품의 검사에 관한 설명으로 옳지 않은 것은?**

① 수산물 및 수산가공품의 검사를 위한 필요한 최소량의 시료의 수거량 및 수거방법은 국립수산물품질관리원장이 정하여 고시한다.
② 정부에서 수매 · 비축하는 수산물 및 수산가공품은 품질 및 규격이 맞는지와 유해물질이 섞여 들어오는지 등에 관하여 해양수산부장관의 검사를 받아야 한다.
③ 외국과의 협약이나 수출 상대국의 요청에 따라 검사가 필요한 경우로서 해양수산부장관이 정하여 고시하는 수산물 및 수산가공품은 관세청장의 검사를 받아야 한다.
④ 검사를 받은 수산물의 포장 · 용기를 바꾸려면 다시 해양수산부장관의 검사를 받아야 한다.

ANSWER

8 **수산물 등에 대한 검사의 일부 생략** … 국립수산물품질관리원장은 법 제88조제4항 제1호 및 제2호에 해당하는 수산물 및 수산가공품 중 다음의 사항을 적은 생상 · 가공일지에 해당하는 경우에는 관능검사 및 정밀검사를 생략할 수 있다. 이 경우 수산물 · 수산가공품 (재)검사신청서에 다음의 구분에 따른 서류를 첨부하여야 한다〈농수산물 품질관리법 시행규칙 제115조 제1항 1호〉.
㉠ 품명
㉡ 생산(가공)기간
㉢ 생산량 및 재고량
㉣ 품질관리자 및 포장재

9 ① 수산물 및 수산가공품의 검사를 위한 필요한 최소량의 시료의 수거량 및 수거방법은 국립수산물품질관리원장이 정하여 고시한다〈농수산물 품질관리법 시행규칙 제112조(수산물 등에 대한 검사시료 수거)제1항〉.
② **수산물 등에 대한 검사** … 다음의 어느 하나에 해당하는 수산물 및 수산가공품은 품질 및 규격이 맞는지와 유해물질이 섞여 들어오는지 등에 관하여 해양수산부장관의 검사를 받아야 한다〈농수산물 품질관리법 제88조 제1항〉.
㉠ 정부에서 수매 · 비축하는 수산물 및 수산가공품
㉡ 외국과의 협약이나 수출 상대국의 요청에 따라 검사가 필요한 경우로서 해양수산부장관이 정하여 고시하는 수산물 및 수산가공품
③ 외국과의 협약이나 수출 상대국의 요청에 따라 검사가 필요한 경우로서 해양수산부장관이 정하여 고시하는 수산물 및 수산가공품은 해양수산부장관의 검사를 받아야 한다〈농수산물 품질관리법 제88조(수산물 등에 대한 검사) 제1항〉.
④ 검사를 받은 수산물 또는 수산가공품의 포장 · 용기나 내용물을 바꾸려면 다시 해양수산부장관의 검사를 받아야 한다〈농수산물 품질관리법 제88조(수산물 등에 대한 검사) 제3항〉.

8.① 9.③

10 농수산물 품질관리법령상 수산물품질관리사가 수행하는 직무로 명시되지 않은 것은?

① 포장수산물의 표시사항 준수에 관한 지도
② 수산물의 생산 및 수확 후의 품질관리기술 지도
③ 수산물의 선별 · 저장 및 포장 시설 등의 운용 · 관리
④ 위판장에 상장한 수산물에 대한 정가 · 수의매매 등의 가격 협의

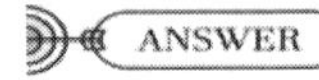

10 농산물품질관리사 또는 수산물품질관리사의 직무〈농수산물 품질관리법 제106조 제2항〉
㉠ 수산물의 등급 판정
㉡ 수산물의 생산 및 수확 후 품질관리기술 지도
㉢ 수산물의 출하 시기 조절, 품질관리기술에 관한 조언
㉣ 그 밖에 수산물의 품질 향상과 유통 효율화에 필요한 업무로서 해양수산부령으로 정하는 업무
※ 수산물품질관리사의 업무 … "해양수산부령으로 정하는 업무"란 다음의 업무를 말한다〈농수산물 품질관리법 시행규칙 제134조의2〉.
㉠ 수산물의 생산 및 수확 후의 품질관리기술 지도
㉡ 수산물의 선별 · 저장 및 포장 시설 등의 운용 · 관리
㉢ 수산물의 선별 · 포장 및 브랜드 개발 등 상품성 향상 지도
㉣ 포장수산물의 표시사항 준수에 관한 지도
㉤ 수산물의 규격출하 지도

10.④

11 농수산물 유통 및 가격안정에 관한 법률 제2조(정의)의 일부 규정이다. (　　) 안에 들어갈 내용은?

> (　　)이란 특별시 · 광역시 · 특별자치시 또는 특별자치도가 개설한 농수산물도매시장 중 해당 관할구역 및 그 인접지역에서 도매의 중심이 되는 농수산물도매시장으로서 농림축산식품부령 또는 해양수산부령으로 정하는 것을 말한다.

① 중앙도매시장
② 지방도매시장
③ 농수산물공판장
④ 민영농수산물도매시장

12 농수산물 유통 및 가격안정에 관한 법령상 "생산자 관련 단체"에 해당하는 것은?

① 도매시장법인
② 어업회사법인
③ 매매참가인
④ 산지유통인

ANSWER

11 "중앙도매시장"이란 특별시 · 광역시 · 특별자치시 또는 특별자치도가 개설한 농수산물도매시장 중 해당 관할구역 및 그 인접지역에서 도매의 중심이 되는 농수산물도매시장으로서 농림축산식품부령 또는 해양수산부령으로 정하는 것을 말한다〈농수산물 유통 및 가격안정에 관한 법률 제2조(정의)제3항〉.

12 농수산물공판장의 개설자 … "대통령령으로 정하는 생산자 관련 단체"란 다음의 단체를 말한다〈농수산물 유통 및 가격안정에 관한 법률 시행령 제3조 제1항〉.
㉠ 「농어업경영체 육성 및 지원에 관한 법률」에 따른 영농조합법인 및 영어조합법인과 같은 법 제19조에 따른 농업회사법인 및 어업회사법인
㉡ 「농업협동조합법」에 따른 농협경제지주회사의 자회사

11.① 12.②

13 농수산물 유통 및 가격안정에 관한 법령상 '농수산물도매시장 · 공판장 및 민영도매시장의 시설기준'에서 필수 시설이 아닌 것은?

① 주차장
② 경비실
③ 경매장(유개[有蓋])
④ 쓰레기 처리장

13 농수산물도매시장 · 공판장 및 민영도매시장의 시설기준〈농수산물 유통 및 가격안정에 관한 법률 시행규칙 별표 2〉

	부류별	양곡	청과			수산			축산			화훼	약용작물
시설	도시인구별 (단위 : 명)	–	30만 미만	30만 이상~ 100만 미만	100만 이상	30만 미만	30만 이상 100만 미만	100만 이상	30만 미만	30만 이상 100만 미만	100만 이상	–	–
		m²	m²	m²	m²	m²	m²	m²	m²	m²	m²	m²	m²
	대 지	1,650	3,300	8,250	16,500	1,650	3,300	6,600	1,320	2,640	5,280	1,650	1,650
	건 물	660	1,320	3,300	6,600	660	1,320	2,640	530	1,060	2,110	660	660
필수시설	경매장(유개[有蓋])	500	990	2,480	4,950	500	990	1,980	170	330	660	500	500
	주 차 장	500	330	830	1,650	170	330	660	170	330	660	330	330
	저온창고(농수산물도매시장만 해당한다)		300	500	1,000								
	냉 장 실					17 (20톤)	30 (40톤)	50 (60톤)	70 (80톤)	130 (160톤)	200 (240톤)		
	저 빙 실					17 (20톤)	30 (40톤)	50 (60톤)					
	쓰레기 처리장	30	30	70	100	30	70	100	70	130	200	30	30
	위생시설 (수세식 화장실)	30	30	70	100	30	70	100	30	70	100	30	30
	사 무 실	30	30	50	70	30	50	70	30	70	100	30	30
	하주대기실 · 출하상담실	30	30	50	70	30	50	70	30	70	100	30	30

13.②

14 **농수산물 유통 및 가격안정에 관한 법률상 시장관리운영위원회의 심의사항으로 명시되어 있는 것을 모두 고른 것은?**

> ㉠ 도매시장의 거래제도 및 거래방법의 선택에 관한 사항
> ㉡ 수수료, 시장 사용료, 하역비 등 각종 비용의 결정에 관한 사항
> ㉢ 최소출하량 기준의 결정에 관한 사항

① ㉠㉡
② ㉠㉢
③ ㉡㉢
④ ㉠㉡㉢

15 **농수산물 유통 및 가격안정에 관한 법령상 과징금에 관한 설명으로 옳지 않은 것은?**

① 업무정지 1개월은 30일로 한다.
② 업무정지를 갈음한 과징금 부과의 기준이 되는 거래금액은 처분 대상자의 전년도 연간거래액을 기준으로 한다.
③ 도매시장의 개설자는 1일당 과징금 금액을 30퍼센트의 범위에서 가감하는 사항을 업무규정으로 정하여 시행할 수 있다.
④ 도매시장법인에 대해 부과하는 과징금은 5천만 원을 초과할 수 없다.

ANSWER

14 시장관리운영위원회의 설치 … 시장관리운영위원회는 다음의 사항을 심의한다〈농수산물 유통 및 가격안정에 관한 법률 제78조 제3항〉.
㉠ 도매시장의 거래제도 및 거래방법의 선택에 관한 사항
㉡ 수수료, 시장 사용료, 하역비 등 각종 비용의 결정에 관한 사항
㉢ 도매시장 출하품의 안전성 향상 및 규격화의 촉진에 관한 사항
㉣ 도매시장의 거래질서 확립에 관한 사항
㉤ 정가매매 · 수의매매 등 거래 농수산물의 매매방법 운용기준에 관한 사항
㉥ 최소출하량 기준의 결정에 관한 사항
㉦ 그 밖에 도매시장 개설자가 특히 필요하다고 인정하는 사항

14.④

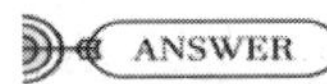

15 농림축산식품부장관, 해양수산부장관, 시 · 도지사 또는 도매시장 개설자는 업무정지를 명하려는 경우, 그 업무의 정지가 해당 업무의 이용자 등에게 심한 불편을 주거나 공익을 해칠 우려가 있을 때에는 업무의 정지를 갈음하여 도매시장법인 등에는 1억원 이하, 중도매인에게는 1천만 원 이하의 과징금을 부과할 수 있다 〈농수산물 유통 및 가격안정에 관한 법률 제83조(과징금) 제1항〉.

※ 과징금의 부과기준〈농수산물 유통 및 가격안정에 관한 법률 시행령 별표 1〉

㉠ 도매시장법인(도매시장공판장의 개설자를 포함한다)

연간 거래액	1일당 과징금 금액
100억 원 미만	40,000원
100억 원 이상 200억 원 미만	80,000원
200억 원 이상 300억 원 미만	130,000원
300억 원 이상 400억 원 미만	190,000원
400억 원 이상 500억 원 미만	240,000원
500억 원 이상 600억 원 미만	300,000원
600억 원 이상 700억 원 미만	350,000원
700억 원 이상 800억 원 미만	410,000원
800억 원 이상 900억 원 미만	460,000원
900억 원 이상 1천억원 미만	520,000원
1천억 원 이상 1천500억원 미만	680,000원
1천500억 원 이상	900,000원

㉡ 시장도매인

연간 거래액	1일당 과징금 금액
5억 원 미만	4,000원
5억 원 이상 10억 원 미만	6,000원
10억 원 이상 30억 원 미만	13,000원
30억 원 이상 50억 원 미만	41,000원
50억 원 이상 70억 원 미만	68,000원
70억 원 이상 90억 원 미만	95,000원
90억 원 이상 110억 원 미만	123,000원
110억 원 이상 130억 원 미만	150,000원
130억 원 이상 150억 원 미만	178,000원
150억 원 이상 200억 원 미만	205,000원
200억 원 이상 250억 원 미만	270,000원
250억 원 이상	680,000원

㉢ 중도매인

연간 거래액	1일당 과징금 금액
5억 원 미만	4,000원
5억 원 이상 10억 원 미만	6,000원
10억 원 이상 30억 원 미만	13,000원
30억 원 이상 50억 원 미만	41,000원
50억 원 이상 70억 원 미만	68,000원
70억 원 이상 90억 원 미만	95,000원
90억 원 이상 110억 원 미만	123,000원
110억 원 이상	150,000원

15.④

16 **농수산물의 원산지 표시에 관한 법령상 수산물가공업자 甲은 국내에서 S어육햄을 제조하여 판매하고자 한다. 이 경우 포장지에 표시하여야 할 원산지 표시는?**

> 〈S어육햄의 성분 구성〉
> 명태연육 : 85% 가다랑어 : 10% 고등어 : 3% 전분 : 1.5% 소금 : 0.5%
> ※ 명태연육은 러시아산, 가다랑어는 인도네시아산, 이외 모두 국산임

① 어육햄(명태연육 : 러시아산)
② 어육햄(명태연육 : 러시아산, 가다랑어 : 인도네시아산)
③ 어육햄(명태연육 : 러시아산, 가다랑어 : 인도네시아산, 고등어 : 국산)
④ 어육햄(명태연육 : 러시아산, 가다랑어 : 인도네시아산, 고등어 : 국산, 전분 : 국산)

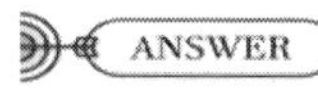

16 배합 비율 높은 순서 3순위

명태연육(85%) > 가다랑어(10%) > 고등어(3%) > 전분(1.5%) > 소금(0.5%)

명태연육은 러시아산, 가다랑어는 인도네시아산, 이외 모두 국산일 때, 배합 비율이 높은 순서의 3순위까지의 원료를 표시한다.

1순위 : 명태연육(85%) + 2순위 : 가다랑어(10%) + 3순위 : 고등어(3%) = 98%

※ **원산지의 표시대상** … 농수산물 가공품의 원료에 대한 원산지 표시대상의 표시방법은 다음과 같다. 다만, 물, 식품첨가물, 주정(酒精) 및 당류(당류를 주원료로 하여 가공한 당류가공품을 포함한다)는 배합 비율의 순위와 표시대상에서 제외한다〈농수산물의 원산지 표시에 관한 법률 시행령 제3조(원산지의 표시대상) 제2항 1호〉.

㉠ 사용된 원료의 배합 비율에서 한 가지 원료의 배합 비율이 98퍼센트 이상인 경우에는 그 원료

㉡ 사용된 원료의 배합 비율에서 두 가지 원료의 배합 비율의 합이 98퍼센트 이상인 원료가 있는 경우에는 배합 비율이 높은 순서의 2순위까지의 원료

㉢ ㉠ 및 ㉡ 외에는 배합 비율이 높은 순서의 3순위까지의 원료

㉣ ㉠부터 ㉢까지의 규정에도 불구하고 김치류 및 절임류(소금으로 절이는 절임류에 한정한다)의 경우에는 다음의 구분에 따른 원료

- 김치류 중 고춧가루(고춧가루가 포함된 가공품을 사용하는 경우에는 그 가공품에 사용된 고춧가루를 포함한다. 이하 같다)를 사용하는 품목은 고춧가루 및 소금을 제외한 원료 중 배합 비율이 가장 높은 순서의 2순위까지의 원료와 고춧가루 및 소금
- 김치류 중 고춧가루를 사용하지 아니하는 품목은 소금을 제외한 원료 중 배합 비율이 가장 높은 순서의 2순위까지의 원료와 소금
- 절임류는 소금을 제외한 원료 중 배합 비율이 가장 높은 순서의 2순위까지의 원료와 소금. 다만, 소금을 제외한 원료 중 한 가지 원료의 배합 비율이 98퍼센트 이상인 경우에는 그 원료와 소금으로 한다.

16.③

17 **농수산물의 원산지 표시에 관한 법령상 수산물도매업자 甲은 원산지표시를 하지 않고 중국산 뱀장어를 판매할 목적으로 저장고에 보관하던 중 단속 공무원 乙에게 적발되었다. 이 경우 처분권자가 甲에게 행할 수 없는 것은?**

① 표시의 이행명령
② 해당 뱀장어의 거래행위 금지
③ 과징금 부과
④ 과태료 부과

18 **농수산물의 원산지 표시에 관한 법령상 해양수산부장관이 "원산지통합관리시스템"의 구축 · 운영 권한을 위임하는 자는?**

① 국립수산물품질관리원장
② 시 · 도지사
③ 시장 · 군수 · 구청장
④ 관세청장

17 **원산지 표시** … 대통령령으로 정하는 농수산물 또는 그 가공품을 수입하는 자, 생산 · 가공하여 출하하거나 판매(통신판매를 포함한다. 이하 같다)하는 자 또는 판매할 목적으로 보관 · 진열하는 자는 다음 각 호에 대하여 원산지를 표시하여야 한다〈농수산물의 원산지 표시에 관한 법률 제5조 제1항〉.

㉠ 농수산물
㉡ 농수산물 가공품(국내에서 가공한 가공품은 제외한다)
㉢ 농수산물 가공품(국내에서 가공한 가공품에 한정한다)의 원료

※ **원산지 표시 등의 위반에 대한 처분 등** … 농림축산식품부장관, 해양수산부장관, 관세청장, 시 · 도지사 또는 시장 · 군수 · 구청장은 원산지 표시 규정이나 거짓 표시 등의 금지 규정을 위반한 자에 대하여 다음의 처분을 할 수 있다〈농수산물의 원산지 표시에 관한 법률 제9조 제1항〉.

㉠ 표시의 이행 · 변경 · 삭제 등 시정명령
㉡ 위반 농수산물이나 그 가공품의 판매 등 거래행위 금지

※ 원산지 표시 규정을 위반하여 원산지 표시를 하지 아니한 자에게는 1천만 원 이하의 과태료를 부과한다〈농수산물의 원산지 표시에 관한 법률 제18조(과태료) 제1항 제1호〉.

18 해양수산부장관은 국립수산물품질관리원장에게 원산지통합관리시스템의 구축 및 운영권한을 위임한다〈농수산물의 원산지 표시에 관한 법률 시행령 제9조(권한의 위임) 제1항 제1의2호〉.

※ **원산지통합관리시스템의 구축 · 운영**〈농수산물의 원산지 표시에 관한 법률 시행령 제6조의2〉

㉠ 농림축산식품부장관과 해양수산부장관은 원산지 조사 업무의 효율적인 운영을 위하여 원산지 표시 조사자료를 통합관리하는 시스템(원산지통합관리시스템)을 구축 · 운영할 수 있다.

㉡ 농림축산식품부장관과 해양수산부장관은 원산지통합관리시스템의 운영을 위하여 관계 중앙행정기관의 장, 시 · 도지사 또는 시장 · 군수 · 구청장에게 정보제공을 요청할 수 있다. 이 경우 협조를 요청받은 관계 중앙행정기관의 장은 정당한 사유가 없으면 그 요청에 따라야 한다.

17.③ 18.①

19 **농수산물의 원산지 표시에 관한 법령상 농수산물 원산지 표시제도 교육을 이수하지 않은 자에 대한 과태료 부과금액은? (단, 위반차수는 1차이며 감경사유는 고려하지 않음)**

① 15만원
② 20만원
③ 30만원
④ 60만원

20 **친환경 농어업 육성 및 유기식품 등의 관리 · 지원에 관한 법령상 유기식품의 인증 및 관리에 관한 설명으로 옳은 것은?**

① 인증기관은 인증 신청을 받았을 때에는 10일 이내에 인증심사계획을 세워 신청인에게 인증심사일정과 인증심사명단을 알리고 그 계획에 따라 인증심사를 해야 한다.
② 인증의 유효기간은 인증을 받은 날부터 2년으로 한다.
③ 인증대상은 유기가공식품을 제조 · 가공하는 자에 한정한다.
④ 인증심사 결과에 대하여 이의가 있는 자는 인증심사를 한 해양수산부장관 또는 인증기관에 재심사를 신청할 수 없다.

ANSWER

19 과태료의 부과기준〈농수산물의 원산지 표시에 관한 법률 시행령 별표2〉

위반행위	근거 법조문	과태료 금액		
		1차 위반	2차 위반	3차 위반
법 제9조의2 제1항에 따른 교육 이수하지 않은 경우	법 제18조 제2항	30만원	60만원	100만원

20 ① 인증기관은 인증 신청을 받았을 때에는 10일 이내에 인증심사계획을 세워 신청인에게 인증심사일정과 인증심사명단을 알리고 그 계획에 따라 인증심사를 해야 한다〈농림축산식품부 소관 친환경 농어업 육성 및 유기식품 등의 관리 · 지원에 관한 법률 시행규칙 제13조(유기식품등의 인증심사 등) 제1항〉.
② 인증의 유효기간은 인증을 받은 날부터 1년으로 한다〈친환경 농어업 육성 및 유기식품 등의 관리 · 지원에 관한 법률 제21조(인증의 유효기간 등)제1항〉.
③ 유기식품 등의 인증대상〈농림축산식품부 소관 친환경 농어업 육성 및 유기식품 등의 관리 · 지원에 관한 법률 시행규칙 제10조 제1항〉
㉠ 유기농축산물을 생산하는 자
㉡ 유기가공식품을 제조 · 가공하는 자
㉢ 비식용유기가공품을 제조 · 가공하는 자
㉣ ㉠부터 ㉢까지에 해당하는 품목을 취급하는 자
④ 인증심사 결과에 대하여 이의가 있는 자는 인증심사를 한 해양수산부장관 또는 인증기관에 재심사를 신청할 수 있다〈친환경 농어업 육성 및 유기식품 등의 관리 · 지원에 관한 법률 제20조(유기식품 등의 인증 신청 및 심사 등) 제5항〉.

19.③ 20.①

21 친환경 농어업 육성 및 유기식품 등의 관리 · 지원에 관한 법률상 공시기관의 지정을 취소하여야 하는 경우는?

① 고의 또는 중대한 과실로 공시기준에 맞지 아니한 제품에 공시를 한 경우
② 업무정지 명령을 위반하여 정지기간 중에 공시업무를 한 경우
③ 정당한 사유 없이 1년 이상 계속하여 공시업무를 하지 아니한 경우
④ 공시기관의 지정기준에 맞지 아니하게 된 경우

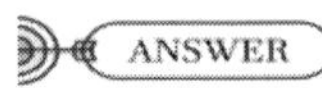

21 **공시기관의 지정취소 등** … 농림축산식품부장관 또는 해양수산부장관은 공시기관이 다음의 어느 하나에 해당하는 경우에는 그 지정을 취소하여야 한다〈친환경 농어업 육성 및 유기식품 등의 관리 · 지원에 관한 법률 제47조 제1항〉.

㉠ 거짓이나 그 밖의 부정한 방법으로 지정을 받은 경우
㉡ 공시기관이 파산, 폐업 등으로 인하여 공시업무를 수행할 수 없는 경우
㉢ 업무정지 명령을 위반하여 정지기간 중에 공시업무를 한 경우

21.②

22 **친환경 농어업 육성 및 유기식품 등의 관리 · 지원에 관한 법률상 벌칙기준이 3년 이하의 징역 또는 3천만원 이하의 벌금에 해당하지 않는 자는?**

① 인증기관의 지정을 받지 아니하고 인증업무를 한 자
② 인증, 인증 갱신 또는 공시, 공시 갱신의 신청에 필요한 서류를 거짓으로 발급한 자
③ 인증품에 인증을 받지 아니한 제품 등을 섞어서 판매할 목적으로 보관, 운반 또는 진열한 자
④ 인증과정에서 얻은 정보와 자료를 신청인의 서면동의 없이 공개하거나 제공한 자

ANSWER

22 벌칙 … 다음의 어느 하나에 해당하는 자는 3년 이하의 징역 또는 3천만 원 이하의 벌금에 처한다〈친환경 농어업 육성 및 유기식품 등의 관리 · 지원에 관한 법률 제60조 제2항〉.
㉠ 인증기관의 지정을 받지 아니하고 인증업무를 하거나 공시기관의 지정을 받지 아니하고 공시업무를 한 자
㉡ 인증기관 지정의 유효기간이 지났음에도 인증업무를 하였거나 공시기관 지정의 유효기간이 지났음에도 공시업무를 한 자
㉢ 인증기관의 지정취소 처분을 받았음에도 인증업무를 하거나 공시기관의 지정취소 처분을 받았음에도 공시업무를 한 자
㉣ 거짓이나 그 밖의 부정한 방법으로 인증심사, 재심사 및 인증 변경승인, 인증 갱신, 유효기간 연장 및 재심사 또는 인증기관의 지정 · 갱신을 받은 자
㉤ 거짓이나 그 밖의 부정한 방법으로 인증심사, 재심사 및 인증 변경승인,인증 갱신, 유효기간 연장 및 재심사를 하거나 받을 수 있도록 도와준 자
㉥ 거짓이나 그 밖의 부정한 방법으로 인증심사원의 자격을 부여받은 자
㉦ 인증을 받지 아니한 제품과 제품을 판매하는 진열대에 유기표시, 무농약표시, 친환경 문구 표시 및 이와 유사한 표시(인증품으로 잘못 인식할 우려가 있는 표시 및 이와 관련된 외국어 또는 외래어 표시를 포함한다)를 한 자
㉧ 인증품 또는 공시를 받은 유기농어업자재에 인증 또는 공시를 받은 내용과 다르게 표시를 한 자
㉨ 인증, 인증 갱신 또는 공시, 공시 갱신의 신청에 필요한 서류를 거짓으로 발급한 자
㉩ 인증품에 인증을 받지 아니한 제품 등을 섞어서 판매하거나 섞어서 판매할 목적으로 보관, 운반 또는 진열한 자
㉪ 인증을 받지 아니한 제품에 인증표시나 이와 유사한 표시를 한 것임을 알거나 인증품에 인증을 받은 내용과 다르게 표시한 것임을 알고도 인증품으로 판매하거나 판매할 목적으로 보관, 운반 또는 진열한 자
㉫ 인증이 취소된 제품 또는 공시가 취소된 자재임을 알고도 인증품 또는 공시를 받은 유기농어업자재로 판매하거나 판매할 목적으로 보관 · 운반 또는 진열한 자
㉬ 인증을 받지 아니한 제품을 인증품으로 광고하거나 인증품으로 잘못 인식할 수 있도록 광고(유기, 무농약, 친환경 문구 또는 이와 같은 의미의 문구를 사용한 광고를 포함한다)하거나 인증품을 인증 받은 내용과 다르게 광고한 자
㉭ 거짓이나 그 밖의 부정한 방법으로 공시, 재심사 및 공시 변경승인, 공시 갱신 또는 공시기관의 지정 · 갱신을 받은 자
ⓐ 공시를 받지 아니한 자재에 공시의 표시 또는 이와 유사한 표시를 하거나 공시를 받은 유기농어업자재로 잘못 인식할 우려가 있는 표시 및 이와 관련된 외국어 또는 외래어 표시 등을 한 자
ⓑ 공시를 받지 아니한 자재에 공시의 표시나 이와 유사한 표시를 한 것임을 알거나 공시를 받은 유기농어업자재에 공시를 받은 내용과 다르게 표시한 것임을 알고도 공시를 받은 유기농어업자재로 판매하거나 판매할 목적으로 보관, 운반 또는 진열한 자
ⓒ 공시를 받지 아니한 자재를 공시를 받은 유기농어업자재로 광고하거나 공시를 받은 유기농어업자재로 잘못 인식할 수 있도록 광고하거나 공시를 받은 자재를 공시 받은 내용과 다르게 광고한 자
ⓔ 허용물질이 아닌 물질이나 공시기준에서 허용하지 아니하는 물질 등을 유기농어업자재에 섞어 넣은 자

22.④

23 **수산물 유통의 관리 및 지원에 관한 법령상 수산물의 이력추적관리를 받으려는 생산자가 등록하여야 하는 사항으로 명시되지 않은 것은?**

① 이력추적관리 대상품목명
② 양식수산물의 경우 양식장 면적
③ 판매계획
④ 천일염의 경우 염전의 위치

24 **수산물 유통의 관리 및 지원에 관한 법률상 해양수산부장관이 수산물의 가격안정을 위하여 필요하다고 인정하여 그 생산자 또는 생산자단체로부터 해당 수산물을 수매하는 경우 그 재원은?**

① 수산정책기금
② 수산발전기금
③ 수산물가격안정기금
④ 재난지원기금

ANSWER

23 이력추적관리의 대상품목 및 등록사항 … 이력추적관리를 받으려는 자는 다음의 구분에 따른 사항을 등록하여야 한다〈수산물 유통의 관리 및 지원에 관한 법률 시행규칙 제25조 제2항〉.

㉠ 생산자(염장, 건조 등 단순처리를 하는 자를 포함한다)
- 생산자의 성명, 주소 및 전화번호
- 이력추적관리 대상품목명
- 양식수산물의 경우 양식장 면적, 천일염의 경우 염전 면적
- 생산계획량
- 양식수산물 및 천일염의 경우 양식장 및 염전의 위치, 그 밖의 어획물의 경우 위판장의 주소 또는 어획장소

㉡ 유통자
- 유통자의 명칭, 주소 및 전화번호
- 이력추적관리 대상품목명

㉢ 판매자 : 판매자의 명칭, 주소 및 전화번호

24 해양수산부장관은 수산물의 가격안정을 위하여 필요하다고 인정할 때에는 그 생산자 또는 생산자단체로부터 수산발전기금으로 해당 수산물을 수매할 수 있다. 다만, 가격안정을 위하여 특히 필요하다고 인정할 때에는 「농수산물 유통 및 가격안정에 관한 법률」에 따른 도매시장 또는 공판장에서 해당 수산물을 수매할 수 있다〈수산물 유통의 관리 및 지원에 관한 법률 제40조(과잉생산 시의 생산자 보호) 제1항〉.

23.③ 24.②

25 **수산물 유통의 관리 및 지원에 관한 법령상 수산물 유통협회가 수행하는 사업으로 명시되지 않은 것은?**

① 수산물유통산업의 육성 · 발전에 필요한 기술의 연구 · 개발
② 수산물 유통발전 기본계획 수립
③ 수산물유통사업자의 경영개선에 관한 상담 및 지도
④ 수산물유통산업의 발전을 위한 해외협력의 촉진

25 **수산물 유통협회** … "수산물 유통의 관리 및 지원에 관한 법령상 수산물 유통협회가 수행하는 사업"이란 다음의 사업을 말한다 〈수산물 유통의 관리 및 지원에 관한 법률 시행령 제26조 제3항〉.
㉠ 수산물유통산업의 육성 · 발전에 필요한 기술의 연구 · 개발과 외국자료의 수집 · 조사 · 연구 사업
㉡ 수산물유통사업자의 경영개선에 관한 상담 및 지도
㉢ 수산물유통산업의 발전을 위한 해외협력의 촉진
㉣ 수산물과 수산물유통산업의 홍보
㉤ 그 밖에 협회의 정관으로 정하는 사업

25.②

26 수산물 유통의 특성으로 옳은 것을 모두 고른 것은?

㉠ 유통 경로의 다양성	㉡ 어획물의 규격화
㉢ 구매의 소량 분산성	㉣ 낮은 유통마진

① ㉠㉡　　② ㉠㉢
③ ㉡㉣　　④ ㉢㉣

27 수산물 물적 유통 활동에 해당되지 않는 것은?

① 금융　　② 운송
③ 정보전달　　④ 보관

ANSWER

26 수산물 유통은 자연환경에 대한 의존도가 크기 때문에 불확실성, 계절적 변동성 등으로 생산물 규격화 및 균질화가 어렵다. 수산물은 유통 과정에서 소규모의 분산적인 소비, 가격의 변동성 및 생산의 불확실성 등의 이유로 불확실성은 증폭된다. 그에 따라 위험분산을 위해 유통단계는 늘어나고 품종이 다양하고 그 유통특성이 각기 달라 한 사람이 취급하는 데는 한계가 있어 유통업자의 규모가 영세하고 참여 수가 많고 복잡하다. 강한 부패 변질성으로 시간적, 공간적 이동상 제약성이 크며, 그에 따른 상품가치 변동이 쉬우며 특별한 유통시설이 요구되어 물적 유통비용이 증가된다. 부패변질성으로 인해 유통과정상 대량신속거래가 요구되지만 사실상 소비는 소규모 분산적이므로 중간단계에서보다 소매단계에서 마진률이 높다.

※ 수산물 유통의 특성
- ㉠ 유통경로의 다양성
- ㉡ 생산물 규격화 및 균질화의 어려움
- ㉢ 가격의 변동성
- ㉣ 구매에 있어서의 소량 분산성

27 수산물 유통 활동 체계

구분	내용	예
상적유통활동	수산물 소유권 이전에 관한 활동	상거래 활동
		유통 금융 · 보험 활동 : 상적 유통 측면 지원
		기타 조성 활동 : 수산물 수집, 상품 구색
물적유통활동	수산물 자체의 이전에 관한 활동	운송 활동 : 수송, 하역
		보관 활동 : 냉동, 냉장
		정보 전달 활동 : 정보 검색
		기타 부대 활동 : 포장

26.② 27.①

28 **수산물 유통기구에 관한 설명으로 옳은 것은?**

① 상품 유통의 원초적 형태는 생산자와 소비자의 간접적 거래로 이루어져 왔다.
② 유통단계가 단순하다.
③ 유통기능은 세분화되며 고도화되고 있다.
④ 수산물 매매는 가능하나 소유권 이전은 불가능하다.

29 **수산물 상적유통기구에서 간접적 유통기구에 해당되지 않는 것은?**

① 수집기구
② 소비기구
③ 수집 및 분산 연결기구
④ 분산기구

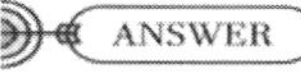

28 ① 상품 유통의 원초적 형태는 생산자와 소비자의 직접적 거래로 이루어져 왔다.
② 수산물 유통단계는 다단계성을 지닌다. 각 지역에 나누어져 활동 중인 공급자와 널리 분포되어 있는 소비자들을 연결하기 위해 유통구조는 1차적 도매시장으로 모이게 되며, 그 후 2차 도매상, 도매상에서 소매상, 소매상에서 최종 소비자에게로 분산되는 유통구조를 가진다.
④ 수산물 매매 및 소유권 이전이 가능하다. 수산 어획물이 공급자에서 소비자에게로 넘겨지는 과정에서 발생하게 되는 교환을 통해 해당 수산물에 대한 소유권이 바뀐다.

29 수산물과 화폐의 교환이 생산자와 소비자 사이에 직접적으로 이루어지는 것을 수산물의 직접적 유통이라고 한다. 즉, 직접적 유통은 매매 당사자 간의 거래 관계에 있어 중간상과 같은 상업 기관의 개입 없이 이루어진다. 수산물 간접유통기구는 수집기구, 분산기구, 수집·분산연결기구로 구별된다.

※ 직·간접 유통
㉠ **직접적 유통** : 생산자와 소비자 간의 거래
㉡ **간접적 유통** : 생산자와 소비자 간의 거래에 있어서 상인등과 같은 유통기구가 개입

28.③ 29.②

30 수산물 유통과정에서 취급 수산물의 소유권을 획득하여 제3자에게 이전시키는 활동을 하는 유통인은?

① 매매 차익 상인
② 수수료 도매업자
③ 대리상
④ 중개인

31 수산물 산지시장의 기능이 아닌 것은?

① 거래형성 기능
② 양육 및 진열 기능
③ 생산 기능
④ 판매 및 대금결제 기능

ANSWER

30 ① 매매 차익 상인 : 수산물 유통과정에서 취급 수산물의 소유권을 획득하여 제3자에게 이전시키는 활동을 하는 유통인을 말한다.
② 수수료 도매업자 : 수산물의 판매를 자신의 명의로 하며 거래상의 책임을 전적으로 자기 부담으로 하는 유통인을 말한다.
③ 대리상 : 구매 및 판매활동의 거래상담기능을 수행하는 중간상으로서 제품에 대한 소유권을 갖지 않는다.
④ 중개인 : 자신이 직접 수산물을 취급하면서 매매활동에 개입하여 대금결재나 물품인도, 재고부담기능 등과 같은 유통기능을 수행하지 않는 수수료상인을 말한다.

31 수산물 산지도매시장의 기능

구분	내용
어획물 양륙과 진열 기능	• 어획물의 양륙과 1차적인 가격 형성, 수산물이 유통, 배분되는 시장 • 어업 생산 기점으로 어항 시설이 갖추어진 곳 • 대부분이 수협이 개설·운영하는 산지 위판장이 해당
판매 및 거래 형성 기능	• 생산자, 시장도매업자(수협), 중도매인, 매매 참가인 사이에서 거래 형성 • 어업 생산자는 수협에 판매를 위탁 • 수요자인 중도매인들과 경매로 가격을 결정
대금 결제 기능	• 수산물을 구입한 중도매인은 당일에 구입 대금을 수협에 납입 • 수협은 판매 대금에서 수수료를 공제하고 생산자에게 대금을 지불

30.① 31.③

32 **객주에 의하여 위탁 유통되는 수산물 판매 경로는?**

① 생산자 → 객주 → 도매시장 → 도매상 → 소매상 → 소비자
② 생산자 → 도매시장 → 객주 → 도매상 → 소매상 → 소비자
③ 생산자 → 위판장 → 객주 → 도매상 → 소매상 → 소비자
④ 생산자 → 도매시장 → 객주 → 소매상 → 소비자

33 **활어의 산지 유통단계에 해당되지 않는 것은?**

① 생산자
② 수집상
③ 위판장
④ 소매점

32 객주에 의해 위탁 유통되는 수산물의 판매경로('생산자 – 객주 – 유사 도매시장 – 도매상 – 소매상 – 소비자'의 형태)
㉠ 이러한 형태의 유통경로는 두 가지 차원으로 구분해 볼 수 있는데, 첫째로는 객주(일종의 상업 자본가)가 직접적으로 수산물을 직접 구입해서 판매하고 매매차익을 영위하는 것과 둘째로 수산물을 객주에게 판매를 위탁하고 객주 스스로의 책임하에서 판매하며 판매 수탁수수료를 받는 것이 있다.
㉡ 특징 : 이러한 형태의 경우에는 높은 수수료 및 대차금의 높은 이자, 낮은 매매가격 등의 객주에 의한 횡포가 나타날 수 있다.

33 활어의 산지 유통 단계
㉠ 활어 유통구조의 경우는 산지 유통 및 소비지 유통으로 분류할 수 있다.
㉡ 활어 산지 유통의 경우에는 수협 산지 위판장을 경유하게 되는 계통 출하 및 산지 수집상이나 또는 생산자 직거래 등으로 출하하는 비계통 출하로 구분하게 된다.

32.① 33.④

34 **꽃게 유통의 특징에 관한 설명으로 옳은 것은?**

① 대부분 양식산이다.
② 주로 자망과 통발 어구로 어획한다.
③ 어류에 비하여 특수한 유통설비가 많이 필요하다.
④ 서해안에서 어획되며 연도별로 어획량의 변동은 없다.

35 **우리나라 굴(Oyster)의 유통구조에 관한 설명으로 옳지 않은 것은?**

① 자연산 굴은 통영 및 거제도를 중심으로 생산되며 수협을 통해 계통 출하된다.
② 양식산 생굴은 주로 산지 위판장을 통해 유통된다.
③ 양식산 굴은 주로 박신 작업을 거쳐 판매된다.
④ 가공용 굴은 주로 산지 위판장을 거치지 않고 직접 가공공장에 판매된다.

ANSWER

34 꽃게는 주로 통발과 자망을 이용하여 포획한다. 꽃게는 우리나라 제주도 근해에서부터 백령도 해역까지 광범위하게 분포되어 있다. 꽃게는 양쯔강 하구를 중심으로 한 동중국해에 대량으로 서식하고 있지만, 일본의 일부 해역에서도 서식하고 있다. 꽃게는 동남아의 베트남, 캄보디아, 인도네시아, 중남미의 멕시코, 칠레 등 여러 나라의 해역에서도 서식하고 있으며, 이들 지역에서는 통발어법을 비롯하여 다양한 방식으로 꽃게를 포획하고 있다. 통발어업의 발전 단계에 따르거나 정치적 요인으로 인하여 어획량의 변동이 크다. 꽃게는 어획 후 일정 기간 살 수 있기 때문에 산지에서는 활어차나 수조 없이 유통하여 판매한다.

35 굴 양식은 주로 경남의 통영, 고성, 거제, 마산, 남해에서 이루어지며, 전남의 여수, 고흥 및 충남의 서산, 태안 등에서도 이루어지고 있다. 경남은 주로 박신 작업이 이루어진 상태의 알굴의 상태로 주로 유통된다. 통영 굴수하식 수협, 고성군수협 등을 통해 계통 출하의 비중이 상당히 높은 편이며 전남 및 충남은 주로 각굴의 형태로 유통되는 경우가 많고 계통판매 비율은 상대적으로 경남에 비해 낮은 편이다.

※ 지역별 굴 생산량은 경상남도가 양식 굴 생산량의 대부분을 차지하고 있다. 경상남도의 생산 비중이 85.7%로 가장 큰 비율을 차지했으며, 전라남도가 10.9%, 충청남도가 2.6%, 부산광역시가 0.7% 순이다.

34.② 35.①

36 **선어의 유통구조 및 경로에 관한 설명으로 옳은 것은?**

① 선도 유지를 위하여 냉동법을 이용한다.
② 원양 어획물의 유통경로이다.
③ 대부분 수협을 통하지 않고 유통된다.
④ 산지 유통과 소비지 유통으로 구분된다.

37 **냉동 수산물의 유통구조 및 특성에 관한 설명으로 옳지 않은 것은?**

① 수협을 통하여 출하한다.
② 부패하기 쉬운 수산물의 보존성을 높인다.
③ 선어에 비해 선도가 낮고 질감이 떨어진다.
④ 유통을 위해 냉동 저장시설은 필수적이다.

38 **수산물 전자상거래에서 판매업체의 장점이 아닌 것은?**

① 판촉비의 절감
② 시공간적 사업영역 확대
③ 제품의 표준화
④ 효율적인 마케팅 전략수립

ANSWER

36 선어의 유통
㉠ 어류의 어획과 동시에 신선냉장 처리 또는 저온 보관 등을 통해 냉동하지 않은 원어 상태에서의 수산물을 말하며, 살아 있지 않다는 부분에서 활어와 구분된다.
㉡ 수산물의 선도를 선어의 상태에서 최상으로 유지하기 위해서는 저온의 유지를 통한 빠른 유통이 필수적이다.
㉢ 선어는 주로 우리나라의 연근해에서 어획된 것이 대부분이다.
㉣ 선어의 유통경로는 산지 유통 및 소비지 유통으로 분류된다.
㉤ 산지 유통의 경우 계통 출하 및 비계통 출하로 구분된다. 계통 출하의 경우 유통기구는 산지 수협 위판장이고, 비계통 출하의 경우 유통기구는 산지 수협 위판장을 뺀 산지 수집상 등이다.
㉥ 소비지 도매시장에서는 산지에서부터 집하한 수산물을 소비지 소매기구인 재래시장이나 소매정, 식당 등을 거래하면서 비록 소매기구임에도 불구하고 도매기구인 소비지 도매시장과의 수산물 집하 경쟁이 치열하다.
※ 선어에 해당하는 것들
㉠ 생물고등어
㉡ 신선 갈치
㉢ 냉장 조기

37 냉동수산물은 원양수산물과 수입수산물이 대부분이며, 냉동수산물이 수협의 산지위판장을 경유하는 비중은 낮다.

38 수산물 전자상거래의 제약요소
㉠ 수산물의 등급화 및 표준화 등이 미흡하다.
㉡ 소량의 주문판매가 성립될 경우에 공산품에 비해 물류비용이 상당히 소요된다.
㉢ 가격에 대한 불안정성 및 연중 계속적으로 판매할 수 있는 상품을 확보하기가 어렵다.
㉣ 수산물의 생산자가 고령화되어 인터넷에 대한 활용층이 제한되어 있다.

36.④ 37.① 38.③

39 **수산물 가격결정 방식에 관한 설명으로 옳은 것은?**

① 한 · 일식 경매방식은 네덜란드 경매방식과 유사하다.
② 한 · 일식 경매방식은 동시호가식 경매이다.
③ 네덜란드식 경매방식은 상향식 경매이다.
④ 영국식 경매방식은 하향식 경매이다.

40 **수산물의 유통 효율화에 관한 설명으로 옳은 것은?**

① 유통성과를 유지하면서 유통마진을 줄이면 유통효율은 감소한다.
② 유동성과를 줄이넌서 유통마신을 늘리면 유통효율은 증가한다.
③ 유통성과가 유통마진보다 크면 유통효율은 증가한다.
④ 유통구조가 노동집약적이거나 복잡할수록 유통효율은 증가한다.

ANSWER

39 ① 한 · 일식 경매방식은 영국식 경매방식과 유사하다. 그러나 한 · 일식 경매방식은 경매 참가자들이 동시에 입찰가격을 제시하는 동시호가식 경매방식이다. 경매 시 경매 참가자가 의도적으로 가격을 높게 제시하고 경매사는 제시된 가격을 공표하면서 경매를 진행한다.
③ 네덜란드식 경매방식은 하향식 경매이다.
④ 영국식 경매방식은 상향식 경매이다.

40 ① 유통성과를 유지하면서 유통마진을 줄이면 유통효율은 증가한다.
② 유통성과를 줄이면서 유통마진을 늘리면 유통효율은 감소한다.
④ 유통구조가 노동집약적이거나 복잡할수록 유통효율은 감소한다.
※ **유통성과** … 유통 기능의 결과물, 즉 유통 기능으로 얻을 수 있는 능력 등과 같이 포괄적 의미로 사용할 수 있으며, 다른 의미로는 유통 주체들에게 효과적이고 효율적으로 업무를 수행토록 이를 평가하고 개선할 수 있는 방향성을 제시하는 지표로 활용될 수 있는 척도가 될 수 있어야 한다.

39.② 40.③

41 **유통업자 A는 마른 멸치 한 상자를 팔아 5,000원의 이익을 얻었다. 이 이익을 얻는데 상자당 보관비 1,000원, 운송비 1,000원, 포장비 1,000원이 소요되었다고 한다. 이때 유통마진은 얼마인가?**

① 2,000원
② 5,000원
③ 7,000원
④ 8,000원

42 **활광어 가격이 10% 하락하였는데 매출량은 5% 증가했다. 이에 관한 설명으로 옳은 것은?**

① 공급이 비탄력적이다.
② 수요가 비탄력적이다.
③ 수요는 탄력적이나 공급이 비탄력적이다.
④ 공급은 탄력적이나 수요가 비탄력적이다.

41 **유통비용** … 생산자가 출하할 때부터 소비자가 구매할 때까지의 모든 비용을 말한다. 즉, 농수산물 유통의 총 비용은 그 사회에서 모든 농수산물을 유통하는 데 사용된 자원, 특히 노동과 자본에 대한 가격을 말하는데, 실제로 이를 측정하기란 어렵다. 그러나 일반적으로 유통비용은 생산자 수취가격에서 소비자 지불가격을 제한 금액으로 표현할 수 있으며, 순수유통 비용에다 상업이윤을 합한 금액이기도 하다.

㉠ 유통마진 = 소비자지불가격 − 농가판매가격(= 유통비용 + 상업이윤)
㉡ 유통마진 = (마른 멸치 한 상자를 팔아 5,000원의 이익 = 상업이윤) + (보관비 1,000원 + 운송비 1,000원 + 포장비 1,000원 = 유통비용)

※ **유통마진**
㉠ **직접비용** : 포장비, 수송비, 감소비 등
㉡ **간접이용** : 임대료, 인건비 등
㉢ **이윤** : 직접비와 간접비를 공제한 이윤
㉣ 유통마진율

42 $수요의\ 탄력성 = \frac{수요량의\ 변화율}{가격의\ 변화율}$

수요의 탄력성 = 0	완전 비탄력적
0 < 수요의 탄력성 < 1	비탄력적
수요의 탄력성 = 1	단위탄력적
수요의 탄력성 > 1	탄력적

41.④ 42.②

43 **산지단계에서 중도매인 유통 비용에 해당되는 것을 모두 고른 것은?**

㉠ 위판수수료	㉡ 운송비
㉢ 어상자대	㉣ 양육 및 배열비
㉤ 저장 및 보관비용	

① ㉠㉡㉢
② ㉠㉡㉣
③ ㉡㉢㉤
④ ㉢㉣㉤

44 **수산물 마케팅 전략이 아닌 것은?**

① 상품개발(Product)
② 가격결정(Price)
③ 유통경로결정(Place)
④ 콜드체인(Cold Chain)

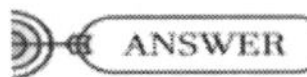

43 유통 비용
㉠ 직접 비용 : 수송비, 포장비, 하역비, 저장비, 가공비 등
㉡ 간접 비용 : 점포임대료, 자본이자, 통신비, 제세공과금 등

44 ④ 저온 유통을 콜드체인이라고 하며, 2℃ 이하의 온도에서 관련 상품을 취급한다.
※ 마케팅 믹스 … 수산물 마케팅에서 표적시장의 욕구와 선호를 효과적으로 충족시키기 위해 기업이 제공하는 마케팅 수단을 말한다. 4P라고도 하며 이 네 가지 수단들은 사전에 설정 된 포지션에 부합하도록 일관성 있게 조정되고 통합된다는 의미에서 믹스라고 한다. 마케팅 믹스(4P)에는 상품개발(Product), 가격결정(Price), 유통경로결정(Place), 판매촉진전략(Promotion)이 있다.

43.③ 44.④

45 수산물 이력 정보에 포함되지 않는 것은?

① 상품 정보
② 생산지 정보
③ 소비자 정보
④ 가공업체 정보

46 음식점 A는 추어탕에 국내산과 중국산 미꾸라지를 섞어 판매하고 있다. 섞음 비율이 중국산보다 국내산이 높은 경우, 추어탕의 원산지 표시방법으로 옳은 것은?

① 추어탕(미꾸라지 : 국내산과 중국산)
② 추어탕(미꾸라지 : 국내산과 중국산을 섞음)
③ 추어탕(미꾸라지 : 중국산과 국내산)
④ 추어탕(미꾸라지 : 중국산과 국내산을 섞음)

ANSWER

45 소비자정보는 수산물 이력정보에 포함되지 않는다.

46 위의 보기는 섞음 비율이 중국산보다 국내산이 높은 경우이므로, 국내산을 외국산 보다 먼저 표시해야 한다.
※ **영업소 및 집단급식소의 원산지 표시 방법** … 원산지가 다른 2개 이상의 동일 품목을 섞은 경우에는 섞음 비율이 높은 순서대로 표시한다〈농수산물의 원산지 표시에 관한 법률 시행 규칙 별표 4〉.
㉠ 국내산(국산)의 섞음 비율이 외국산보다 높은 경우 : 국내산을 외국산보다 먼저 표시한다.
㉡ 국내산(국산)의 섞음 비율이 외국산보다 낮은 경우 : 외국산을 국내산보다 먼저 표시한다.

45.③ 46.②

47 수산물 유통 관련 국제기구에 해당되지 않는 것은?

① WTO
② FAO
③ WHO
④ EEZ

48 수산물 유통정책의 주요 목적이 아닌 것은?

① 수산물 가격의 적정화
② 수산물 유통의 효율화
③ 수산물 가격의 안정화
④ 안전한 수산물의 양식 생산

ANSWER

47 ④ EEZ : 배타적 경제 수역은 유엔 해양법협약에서 처음 도입된 제도로 영해의 기선으로부터 200해리까지의 수역이다. 경제수역 내에서는 연안국이 생물자원 및 광물자원에 대해서 주권적 권리를 행사하고, 더불어 인공섬 또는 시설물을 설치하고 이용하거나, 해양 과학 조사 및 해양 보전에 대해서는 관할권을 행사하며, 외국 선박에 대해서는 항해의 자유가 보장된다.
① WTO : 세계무역기구이다. 기존의 관세 및 무역에 관한 일반협정(GATT)을 흡수, 통합해 명실공히 세계무역질서를 세우고 UR협정의 이행을 감시하는 역할을 하는 국제기구이다.
② FAO : 국제연합식량농업기구이다. 국제연합의 경제사회이사회 전문기관으로, 세계의 식량 및 농림 · 수산에 관한 문제를 취급하며 세계 각 국민의 영양 및 생활수준의 향상 등을 위하여 활동한다.
③ WHO : 보건 · 위생 분야의 국제적인 협력을 위하여 설립한 UN 전문기구이다.

48 수산물 유통정책의 목적
㉠ 수산물 유통효율의 극대화
㉡ 수산물 가격의 안정화
㉢ 수산물 가격수준의 적정화
㉣ 식품안전성 확보

47.④ 48.④

49 소비지 유통정보에 해당되지 않는 것은?

① 농수산물유통공사의 가격정보
② 노량진 수산시장의 가격정보
③ 부산 공동어시장의 가격정보
④ 부산 국제수산물도매시장의 가격정보

50 수산물 가격 및 수급 안정정책 중 정부 주도형에 해당되는 것은?

① 비축제도
② 유통협약제도
③ 자조금제도
④ 관측사업제도

ANSWER

49 ③ 부산 공동어시장은 산지시장에 해당한다.

50 ① **비축제도** : 수산비축 사업은 정부주도형 정책으로 수산물의 원활한 수급조절과 가격안정을 위하여 주 생산시기에 수매 비축하여 비생산 성수기에 방출함으로써 생산자와 소비자 보호를 통해 국민생활의 안정을 도모하는 것을 목적으로 한다.
② **유통협약제도** : 유통협약은 생산자나 유통업자들이 자발적 협약에 따라 농산물이나 수산물과 같은 1차 상품의 유통을 규제함으로써 생산물의 가격을 제고하기 위한 것이다.
③ **자조금제도** : 자조금은 생산자단체가 판로확대, 수급조절 및 가격안정 등 자체 공동활동을 위하여 그 구성원이 자율적으로 납입하는 금액으로 조정하는 재원이라고 정의할 수 있다.
④ **관측사업제도** : 2004년 1월 2일 해양수산부와 정부출연연구기관인 한국해양수산개발원 간에 MOU를 체결하여 한국해양수산개발원 내에 수산업관측센터를 설립함으로써 수산업 관측사업이 본격적으로 시작되었다.

49.③ 50.①

Ⅲ 수확 후 품질관리론

51 어패류의 근육 단백질 중에서 함유량이 가장 많은 것은?

① 액틴
② 미오신
③ 미오겐
④ 콜라겐

52 어류의 신선도를 유지하기 위하여 연장해야 할 사후변화 단계는?

① 해경
② 숙성
③ 사후경직
④ 자가소화

51 미오신 … 근육의 구조 단백질의 약 75%를 차지한다. 마쇄한 어육을 저농도 염류 용액으로 추출하여 근형질 단백질을 제거한 다음 이온 강도 0.5 부근의 약산성 염류 용액으로 단시간 추출하면 미오신이 용출하며, 이것을 이온 강도 0.05까지 투석하면 미오신은 침전으로 얻어진다. 미오신은 섬유상 단백질이고, 이온 강도 0.3 이상에서 용해한다.

52 사후경직 … 동물의 사후의 일정기간 후에 근육이 수축하여 딱딱하게 되는 현상을 말한다. 사후경직 시간이 길수록 선도가 오래 유지되고 부패가 늦게 일어난다.

51.② 52.③

53 어패류에 함유되어 있는 색소가 아닌 것은?

① 티라민　　② 멜라닌
③ 구아닌　　④ 미오글로빈

54 어패류의 선도가 떨어질 때 발생하는 냄새를 모두 고른 것은?

㉠ 암모니아	㉡ 인돌
㉢ 저급 아민	㉣ 저급 지방산
㉤ 히포크산틴	

① ㉠㉡㉢　　② ㉠㉣㉤
③ ㉠㉡㉢㉣　　④ ㉡㉢㉣㉤

ANSWER

53 ① 티라민 : 파라 – 하이드록시페닐에틸아민. 미생물(대장균, 장구균 따위)의 탈카복실화 효소의 작용으로 타이로신으로부터 생기는 아민 화합물. 식품에는 특히 숙성 치즈, 초콜릿, 포도주와 발효 식품에 들어있다.
② 멜라닌 색소는 어두운 발색을 나타낸다.
③ 구아닌이라는 색소는 광채세포에서 빛을 굴절 시킨다. 이 색소가 많이 포함될수록 금빛광택을 띈다.
④ 미오글로빈은 근세포 속에 있는 헤모글로빈과 비슷한 단백질로 적색 색소를 함유하고 있어 조류나 포유류의 근육을 붉게 보이는 물질이다. 일반적으로 붉은 살 생선에 주로 함유되어 있으며, 산소와 결합하면 옥시 미오글로빈이 되어 선홍색으로 바뀐다.

※ 어패류의 색소

종류	함유성분	색깔	함유 어패류
피부색소	멜라닌	검정색	흑돔
	아스타잔틴	빨간색	참돔
	구아닌	은색	갈치
근육색소	미오글로빈	빨간색	참다랑어
	아스티잔틴	빨간색	연어, 송어
혈액색소	헤모글로빈	빨간색	보통어류
	헤모시아닌	청색	게, 새우, 오징어
내장색소	멜라닌	검정색	오징어 먹물

54 어류의 특유 비린내가 나는 대표적은 원인 물질은 트리메틸아민 옥사이드(TMAO)이다. 어패류의 산도가 떨어져 나는 냄새는 암모니아, 메틸메르캅탄, 인돌, 스카톨, 저급 지방산, 저급 아민 등이 있다.

53.① 54.③

55 새우를 빙장 또는 동결 저장할 때 새우 표면에 흑색 반점이 생기는 이유는?

① 효소에 의한 색소 형성
② 황화수소에 의한 육 색소 변색
③ 껍질 색소의 공기 노출
④ 키틴의 산화 변색

56 수산 식품에 사용되는 대표적인 보존료는?

① 소르브산 칼륨
② 안식향산 나트륨
③ 프로피온산 칼륨
④ 디히드로초산 나트륨

57 조기를 염장할 때 소금의 침투에 관한 설명으로 옳은 것은?

① 지방 함량이 많으면 소금의 침투가 빠르다.
② 염장 온도가 높을수록 소금의 침투가 빠르다.
③ 칼슘염 및 마그네슘염이 많으면 소금의 침투가 빠르다.
④ 일반적으로 염장 초기에는 물간법이 마른간법보다 소금의 침투가 빠르다.

ANSWER

55 흑변 … 일정 온도 이상 올라가면 내장의 소화액이 다른 조직을 소화시켜 머리 부분이 검게 보이는 현상이다. 새우는 자가소화 효소를 가지고 있어 사후 육질이 급속히 가수분해 되면서 냉동 외에는 선도유지가 어려워서 식품 가공상의 문제점이 발생한다. 새우를 빙장 또는 동결 저장할 때 효소에 의해 멜라닌 색소가 형성되어 새우 표면에 흑색 반점이 생긴다. 이를 예방하기 위하여 새우를 NaHSO3의 1%수용액에 20 ~ 30분간 담갔다가 동결한다.

56 ② 안식향산 나트륨 : 세균과 곰팡이가 생기지 않게 하며, 식품이 변질되지 않게 해주는 보존제이다. 항균 작용으로 방부력이 뛰어나며, 단맛과 떫은맛을 내고 냄새가 없다. 물과 알코올에 녹는 성질이 있으며, 값이 싸고 독성이 낮아 탄산음료, 마가린, 마요네즈, 잼 등에 사용된다.
③ 프로피온산 : 프로피온산은 식품, 목재, 곡류를 위한 보존제로 사용된다. 0.1 ~ 1% 농도에서 진균과 세균의 증식을 억제하는 작용이 있어 이외에도 제초제, 향수, 인공감미료와 의약품 합성에도 사용한다.
④ 디히드로초산 나트륨 : 가공식품의 보존료로 사용되는 식품첨가물로 치즈, 버스, 마가린 등에 사용한다.

57 식염 중 칼슘염 및 마그네슘염이 소량 함유 되어있으면 식염침투를 저해한다.

55.① 56.① 57.②

58 기체투과성이 낮고 열수축성과 밀착성이 좋아 수산 건제품 및 어육 연제품의 포장에 이용되는 플라스틱 필름은?

① 셀로판
② 폴리스티렌
③ 폴리프로필렌
④ 폴리염화비닐리덴

59 마른 멸치를 포장할 때 탈산소제 봉입 포장의 효과가 아닌 것은?

① 갈변 방지
② 지방의 산화 방지
③ 식품 성분의 손실 방지
④ 혐기성 미생물의 생육 억제

60 수산물을 건조할 때 감률 제1건조 단계에 관한 설명으로 옳지 않은 것은?

① 표면 경화 현상이 생기기 시작한다.
② 항률 건조 단계에 비해 건조 속도가 느리다.
③ 한계 함수율에 도달하기 직전의 건조 단계이다.
④ 내부의 수분 확산에 의해 건조 속도가 영향을 받는다.

61 알긴산에 관한 설명으로 옳지 않은 것은?

① 고분자 산성다당류이다.
② 2가 금속 이온에 의해 겔을 만든다.
③ 감태와 모자반 등이 원료로 사용된다.
④ 아가로즈와 아가로펙틴으로 구성되어 있다.

ANSWER

58 ④ 식품 포장용 필름 등 방습 · 방취(防臭) 제품과 천막 · 어망 등으로 사용된다.

59 혐기성 미생물은 산소가 있으면 생육이 불가능한 미생물을 말한다. 혐기성 미생물은 무산소 상태에서 생육한다.

60 ③ 한계 함수율을 기점으로 해서 일어나는 감률 건조 제1단은 고체 표면이 부분적으로 건조하기 시작한 후 전 표면이 거의 평형 함수율에 달하기까지의 단계이다.

61 아가르(Agar)는 홍해조류에서 추출한 하이드로콜로이드다. 그것은 아가로즈(Agarose)와 아가로펙틴(Agaropectin)의 두 가지 주요 성분으로 구성되어 있다.

58.④ 59.④ 60.③ 61.④

62 동남아시아에서 생산되는 동결 연육의 주 원료로 탄력형성능은 좋으나 되풀림이 쉬운 어종은?

① 명태
② 대구
③ 임연수어
④ 실꼬리돔

63 어묵의 주원료로 사용하는 동결 연육의 품질 판정 지표가 아닌 것은?

① 단백질 용해도
② Ca－ATPase 활성
③ 휘발성엄기질소 함량
④ 연육 가열겔의 겔강도

64 영하 50℃ 냉동고에서 저장 중인 참치의 TTT 계산 결과 그 값이 80%이었다. 이 냉동 참치의 품질에 관한 설명으로 옳은 것은?

① 식용이 가능하다.
② 품질 저하율이 20% 이다.
③ 상품 가치를 잃어버린 상태이다.
④ 실용 저장 기간이 80% 남아 있다.

ANSWER

62 실꼬리돔 … 우리나라의 남해안부터 제주도를 지나 대만과 베트남, 인도네시아, 오스트레일리아에 이르는 동지나해, 남지나해와 남태평양 지역에 사는 물고기로, 꼬리지느러미 윗부분이 길게 실처럼 늘어져서 실꼬리돔이라는 이름이 붙었다. 자연응고가 잘 일어나고 되풀림이 쉬워 우리나라에서 요즘 어묵 재료로 많이 쓰인다.

63 휘발성염기질소 함량은 단백질의 변패 정도를 측정하는 것으로 식품의 저장성 설정 지표로 사용된다.

64 어떤 시점에 있어서 동결 식품에 상품가치를 갖게 하려면 허용(Tolerance)되는 경과시간(Time)과 그동안 유지되는 품온(Temperature)에 한계가 있다. 이들의 관계를 숫자적으로 정리한 것이 TTT(Time Teemperature Tolerance) 개념이라고 한다. TTT Value 즉, 계산 값은 동결식품의 저장 · 유통 단계에서 전체품질의 변화 값이다. 위의 TTT를 계산한 값이 0.8 이였다. 품질저하량은 0.8이라고 할 수 있다. 상품가치의 잃었을 때의 품질저하량은 1.0 이므로 이 계산값(D)을 1.0와 비교하여 D < 1.0이면 상품가치를 유지하고 있다는 뜻이고, D > 1.0이면 이미 상품가치를 상실하였음을 의미한다. 영하 50℃ 냉동고에서 저장 중인 참치의 TTT(Time Temperature Tolerance) 계산 결과 그 값이 0.8이므로, 이 상품은 상품가치를 유지하고 있고, 더불어 식용도 가능하다는 것을 알 수 있다.

62.④ 63.③ 64.①

65 냉동 어패류의 프리저번 또는 갈변을 방지하기 위한 보호처리로 옳지 않은 것은?

① 블랜칭
② 급속동결
③ 글레이징
④ 방습포장

66 통조림용 기기인 이중밀봉기에서 캔 뚜껑의 컬을 몸통의 플랜지 밑으로 말아 넣는 역할을 하는 부위는?

① 리프터
② 시이밍 척
③ 시이밍 제1롤
④ 시이밍 제2롤

67 멸치 액젓의 품질 기준 항목이 아닌 것은?

① 수분 ② 염도
③ 총질소 ④ 유기산

ANSWER

65 ① **블랜칭** : 자기효소를 파괴하여, 색조나 비타민을 보존하기 위해서 원료를 삶거나 찌는 것. 특히 채소류의 건조나 빙과류의 전처리로서 하는 경우가 많다.
② **급속동결** : 냉동법의 일종으로 최대 얼음 결정 생성대인 $-1 \sim 5$℃의 온도대역을 급속히 통과시키는 냉동법이다.
③ **글레이징** : 생선류 등의 동결품을 냉동 저장할 때 저장 중의 탈수 · 변질 등을 방지하기 위해 표면에 얼음으로 피막을 씌우는 것이다.
④ **방습포장** : 물건을 저장하여 두거나 운송할 때, 습기로 물건이 상하거나 녹이 슬지 않게 처리하는 포장. 포장 재료로는 수지 가공지, 알루미늄박 따위를 쓴다.
※ **프리저번** … 식품의 잘못된 냉동에 의하여 색과 맛이 변화가 생기는 것을 말한다.

66 ③ **시이밍 제1롤** : 뚜껑의 컬을 몸통의 플랜지 밑으로 말아 넣어 압착한다.
① **리프터** : 관을 들어 올려 시이밍 척에 고정시키고 밀봉 후 내려주는 장치로 관의 크기에 맞도록 홈이 파져있다.
② **시이밍 척** : 밀봉 시 관을 단단히 고정하고 받쳐주는 장치이다.
④ **시이밍 제2롤** : 제1롤이 압착한 것을 더욱 견고하게 눌러서 밀봉을 완성한다.

67 멸치 액젓의 품질기준항목에는 성상, 수분, 총질소, 아미노산성 질소, 염도가 있다.

65.① 66.③ 67.④

68 **세균 A의 포자를 100℃에서 사멸시키는 데 300분이 소요되었다. 살균 온도를 120℃로 올릴 경우 사멸에 필요한 예상 시간은? (단, 세균 A 포자의 Z값은 10℃ 이다.)**

① 3분
② 6분
③ 30분
④ 60분

69 **황색포도상 구균(Staphylococcus Aureus) 식중독에 관한 설명으로 옳지 않은 것은?**

① 고열이 지속되는 감염형 식중독이다.
② 장독소(Enterotoxin)를 생성한다.
③ 다른 세균성 식중독에 비해 잠복기가 짧은 편이다.
④ 신체에 화농이 있으면 식품을 취급해서는 안된다.

ANSWER

68 **가열 멸균법** … 일정한 온도에서 균의수를 90% 사멸시키는 데 소요되는 시간을 D값이라고 한다. D값은 온도에 따라 달라지게 되므로 반드시 온도를 표시해 준다. 예를 들어, 처음균수가 100℃에서 처음균수가 90% 사멸하는 시간이 10분이라 하면 이를 D_{100} = 10(단위 : 시간), Z 값은 가열치사시간(D값)을 1/10에 대응하는 가열온도의 변화를 나타내는 값이다. 즉 Z값은 단위가 온도이다.

$D_{100} = 300 \rightarrow D_{110} = 30 \rightarrow D_{120} = 3$

살균온도를 120℃로 올릴 경우 사멸에 필요한 시간은 3분이다.

69 **황색포도상 구균**(Staphylococcus Aureus) **식중독 특징**

㉠ 1941년 바버(Barber)에 의해 급성위장염 원인균으로 밝혀졌다.
㉡ 이 균이 생산하는 독소는 장독소(Enterotoxin)이다.
㉢ 다른 세균성 식중독에 비해 잠복기가 짧은 편이다.
㉣ 화농성 질환에 걸린 식품관계자에 의해 감염 될 수 있다.

68.① 69.①

70 HACCP 선행 요건에서 위생표준 운영절차(SSOP)가 아닌 것은?

① 독성물질 관리 보관
② 위해 허용 한도 설정
③ 위생약품 등의 혼입방지
④ 식품 접촉 표면의 청결유지

71 HACCP 7원칙에 포함되는 내용을 모두 고른 것은?

㉠ 중요관리점 파악	㉡ 위해요소 분석
㉢ 검증절차 및 방법수립	㉣ 공정흐름도 작성

① ㉠㉡
② ㉠㉣
③ ㉠㉡㉢
④ ㉡㉢㉣

ANSWER

70 HACCP … 위해요소 분석과 중요관리점의 영문 약자로서 '위해요소중점관리기준'이라고도 불린다. HACCP은 식품을 만드는 과정에서 생물학적, 화학적, 물리적 위해요인들이 발생할 수 있는 상황을 과학적으로 분석하고 사전에 위해요인의 발생 여건들을 차단하여 소비자에게 안전하고 깨끗한 제품을 공급하기 위한 시스템적인 규정이다.

71 HACCP의 7원칙
㉠ 위해요소 분석
㉡ 중요관리점(CCP) 결정
㉢ CCP 한계기준 설정
㉣ CCP 모니터링 체계 확립
㉤ 개선조치방법 수립
㉥ 검증절차 및 방법 수립
㉦ 문서화 및 기록유지방법 설정

70.② 71.③

72 **노로바이러스 식중독에 관한 설명으로 옳지 않은 것은?**

① 겨울철에 많이 발생하고 전염력이 강하다.
② GⅠ, GⅡ의 유전자형이 주로 식중독을 유발한다.
③ DNA 유전체를 가진 독소형 식중독이다.
④ 열에 약하므로 식품조리시 익혀 먹어야 한다.

73 **수산가공품의 품질검사 방법이 아닌 것은?**

① 관능 검사　　② 원산지 검사
③ 영양성분 검사　　④ 위생안전성 검사

74 **마비성 패류 독소의 독성 성분(㉠)과 허용 기준치(㉡)로 옳은 것은?**

	㉠	㉡
①	Domoic acid,	0.2 mg/kg 이하
②	Okadaic acid,	0.8 mg/kg 이하
③	Venerupin,	0.2 mg/kg 이하
④	Saxitoxin,	0.8 mg/kg 이하

ANSWER

72 **노로바이러스** … 공기, 접촉, 물 등의 경로로 전염되는 바이러스성 식중독이다.

73 **수산물 및 수산가공품에 대한 검사의 종류**
㉠ **서류검사** : 검사신청서류를 검토하여 그 적합여부를 판정하는 검사
㉡ **관능검사** : 사람의 오관에 의하여 그 적합여부를 판정하는 검사
㉢ **정밀검사** : 물리적, 화학적, 미생물학적 방법으로 그 적합여부를 판정하는 검사

74 **삭시톡신** … 편모충이 분비하는 강한 신경독으로서 대합이나 홍합 등에 포함되어 있다. 또한 식중독의 원인이기도 하다. 복어중독과 비슷하게 말초신경의 마비증상을 나타내므로 일명 마비성 조개중독이라고도 한다. 복용 후 12시간 이내에 사망이 일어나며 사망률도 15%이다. 허용 기준치는 0.8mg/kg 이하이다.

72.③ 73.② 74.④

75 식품위생법에서 수산물 중 허용 기준치가 설정되어 있지 않은 것은?

① 납 ② 불소
③ 메틸수은 ④ 카드뮴

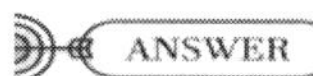

75 수산물의 중금속 기준(2022년 6월 기준)

대상식품	납(mg/kg)	카드뮴(mg/kg)	수은(mg/kg)	메틸수은(mg/kg)
어류	0.5 이하	• 0.1 이하 ※ 민물 및 회유 어류에 한한다 • 0.2 이하 ※ 해양어류에 한한다	0.5 이하 ※ 아래 어류는 제외한다	1.0 이하 ※ 아래 어류는 제외한다
연체류	2.0 이하 ※ 다만, 오징어는 1.0 이하, 내장을 포함한 낙지는 2.0 이하	2.0 이하 ※ 다만, 오징어는 1.5 이하, 내장을 포함한 낙지는 3.0 이하	0.5 이하	-
갑각류	0.5 이하 ※ 다만, 내장을 포함한 꽃게류는 2.0 이하)	1.0 이하 ※ 다만, 내장을 포함한 꽃게류는 5.0 이하	-	-
해조류	0.5 이하 ※ 미역(미역귀 포함)에 한한다	0.3 이하 ※ 김(조미김 포함) 또는 미역(미역귀 포함)에 한한다	-	-
냉동식용 어류머리	0.5 이하	-	0.5 이하 ※ 아래 어류는 제외한다	1.0 이하 ※ 아래 어류에 한한다
냉동식용 어류내장	0.5 이하 ※ 다만, 두족류는 2.0 이하	3.0 이하 ※ 다만, 어류의 알은 1.0 이하, 두족류는 2.0 이하	0.5 이하 ※ 아래 어류는 제외한다	1.0 이하 ※ 아래 어류에 한한다

※ 메틸수은 규격 적용 대상 해양어류 : 쏨뱅이류(적어포함, 연안성 제외), 금눈돔, 칠성상어, 얼룩상어, 악상어, 청상아리, 곱상어, 귀상어, 은상어, 청새리상어, 흑기흉상어, 다금바리, 체장메기(홍메기), 블랙오레오도리(Allocyttus niger), 남방달고기(Pseudocyttus maculatus), 오렌지라피(Hoplostethus atlanticus), 붉평치, 먹장어(연안성 제외), 흑점샛돔(은샛돔), 이빨고기, 은민대구(뉴질랜드계군에 한함), 은대구, 다랑어류, 돛새치, 청새치, 녹새치, 백새치, 황새치, 몽치다래, 물치다래

75.②

Ⅳ 수산일반

76 수산업의 산업적 특성으로 옳지 않은 것은?

① 생산의 확실성
② 생산물의 강부패성
③ 노동 및 자본의 비유동성
④ 수산자원 및 어장의 공유재산적 성격

77 다음에서 설명하는 수산업 정보 시스템은?

지리 공간 데이터를 분석 · 가공하여 교통 · 통신 등과 같은 지형 관련 분야에 활용할 수 있는 시스템이다.

① USN
② SMS
③ GIS
④ RFID

ANSWER

76 수산물은 생산량이 매년 일정하지 않다. 생산은 수역의 위치 및 해양 기상 등의 영향을 많이 받는다.

77 ③ GIS : 지리 공간 데이터를 분석 · 가공하여 교통 · 통신 등과 같은 지형 관련 분야에 활용할 수 있는 시스템
① USN : 필요한 모든 사물에 전자태그를 부착해(Ubiquitous) 사물과 환경을 인식하고(Sensor) 네트워크(Network)를 통해 실시간 정보를 구축, 활용토록 하는 통신망.
② SMS : 단문 메시지 서비스(Short Message Service)의 약어로 휴대전화를 이용하는 사람들이 별도의 다른 장비를 사용하지 않고 휴대전화로 짧은 메시지(영문 알파벳 140자 혹은 한글 70자 이내)를 주고 받을 수 있는 서비스를 말한다. 흔히 문자메시지라고 한다.
④ RFID : 무선인식이라고도 하며, 반도체 칩이 내장된 태그(Tag), 라벨(Label), 카드(Card) 등의 저장된 데이터를 무선주파수를 이용하여 비접촉으로 읽어내는 인식시스템이다. RFID 태그는 전원을 필요로 하는 능동형(Active 형)과 리더기의 전자기장에 의해 작동되는 수동형(Passive 형)으로 나눌 수 있다.

76.① 77.③

78 수산 자원 관리에서 가입관리에 해당되는 요소는?

① 시비
② 수초 제거
③ 망목 제한
④ 먹이 증강

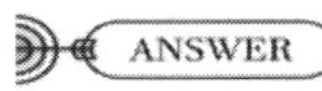

78 ① 시비 : 재배하는 작물에 인위적으로 비료성분을 공급하여 주는 일을 말한다.
② 수초 제거 : 수산 자원 생물의 성장을 촉진하도록 적합한 환경을 인위적으로 제공한다. 환경관리에 해당된다.
③ 망목제한 : 그물코의 크기를 제한해 어린 고기가 잡히지 않도록 하여 자원의 번식 보호 및 번식 촉진 등의 증식행위를 유도한다.
④ 먹이증강 : 어류의 먹이를 늘리므로 성장을 촉진한다. 성장관리의 대표적인 예이다.
※ 자원관리 … 자원생물의 자연생산과정을 인간의 이용에 합당하도록 조절하는 것이다. 자원의 이용은 어업에 의해서 이루어지므로, 자원관리는 어업관리의 기초가 된다. 자원관리에는 자원의 양과 질이 관련된다. 자원의 양과 질은 러셀의 방정식에 나오는 가입, 성장, 자연사망 및 어획사망의 네 가지 요소에 의해 결정된다. 따라서 자원관리는 이 네 가지 요소의 관리로 통하며 환경에 의한 작용요소가 더해져 이루어진다.
㉠ 가입관리 : 자원 생물의 초기 발육단계에 있는 개체의 생잔율은 미성어기나 성어기와 같은 가입 이후의 단계에 있는 개체의 생잔율보다 월등하게 낮다. 따라서 알에서 부호하여 자어기 및 치어기를 거치는 동안의 성육을 보호하고 사망률을 낮추어, 생잔개체수를 높이면 가입량은 크게 증가할 것이다. 인공수정란 방류나 인공부화방류는 가입관리의 대표적인 예이며 조업의 시기나 장소, 어획개체의 크기나 성별, 또는 망 어구의 규격 등에 제한(망목제한)을 가하는 것은 가입관리의 법적수단이라고 볼 수 있다.
㉡ 성장관리 : 자원량의 증가요소로서 성장을 관리하는 데에는 자원생물에게 성장에 적합한 환경을 제공하는 방법이 사용되는 수가 많다. 전복에 있어 냉수성의 북방종을 난해역에 이식해서 성장을 촉진하는 것은 성장관리의 대표적인 예이다.
㉢ 자연사망관리 : 생물은 서로 잡아먹고 먹히는 생존투쟁을 하면서 안정된 사회를 유지하지만, 특별히 자원 생물에게 해를 끼치는 생물에 대해 인위적인 대책을 강구해야 한다. 자연 사망을 관리하는 성격이 강하게 나타난 실례는 적으며 경쟁종 또는 천적으로부터 중요 재래종을 보호하기 위해 외래 생물의 이식을 규제하는 것이 한 예가 된다.
㉣ 어획관리 : 일반적으로 어획관리는 어구, 어법, 어장, 어획량에 대한 제한을 통해서 운용된다. 즉 어선의 규격과 출어척수 등을 규제, 어획효율이 과다하게 높은 어구의 사용을 금지하는 것, 어기 중에 어획량의 상한선을 설정하는 것 등은 어업생산량과 조화된 재생산력을 자원에게 부여하는 데 유효한 조치로서 어획관리는 적정어획의 문제로 귀결된다.
㉤ 환경관리 : 생물이 그 환경을 보전하려는 것을 인위적으로 돕는 것을 말한다. 따라서, 성육환경의 개선책으로 연안에서는 어류의 안식처를 제공하기 위한 인공어초 및 해중림 같은 조성사업이 진행되고 있다.

78.③

79 우리나라의 종자 배양장에서 인공 종자를 생산하여 방류하고 있는 품종을 모두 고른 것은

㉠ 넙치	㉡ 전복
㉢ 연어	㉣ 보리새우

① ㉠㉡
② ㉠㉢
③ ㉡㉢㉣
④ ㉠㉡㉢㉣

ANSWER

79 우리나라를 비롯한 미국, 캐나다, 러시아 및 일본 5개 국가에서는 자원을 관리하고 과학적인 연구를 시행하고 있으며, 자연적이든 인위적이든 종자생산을 통한 방류사업을 통해 연어자원 증강을 도모하고 있다. 산란을 위해 태어난 하천으로 돌아오는 모천회귀성을 이용하여 우리나라에서도 어업자원으로 연어를 육성하기 위해 동해안과 남해안의 하천에서 연어 치어를 방류하고 있다.

※ 수산 종자 방류지침

구분	방류 품종
합계	67종
해 면 (53종)	• 전해역 공통 : 전복, 넙치, 자주복, 해삼, 쥐노래미, 쥐치, 말쥐치, 볼락, 황점볼락, 조피볼락, 개볼락, 붉은쏨뱅이, 쏨뱅이, 돌돔, 참돔, 감성돔, 문치가자미, 돌가자미, 농어, 점농어, 능성어, 대구, 비단가리비, 개조개, 주꾸미, 가리맛조개, 참문어, 소라 • 동해안 : 참가리비, 강도다리, 개량조개, 북방대합, 뚝지, 물렁가시붉은새우, 명태 • 서해안 : 황복, 대하, 보리새우, 가숭어, 민어, 꽃게, 참조기, 꼬막, 민꽃게, 바윗털갯지렁이, 짱뚱어, 백합, 박대 • 남해안 : 보리새우, 꽃게, 왕우럭, 꼬막, 참조기, 민어, 대하, 민꽃게, 왕밤송이게(털게), 바윗털갯지렁이, 짱뚱어, 백합 • 제주해역 : 자바리, 오분자기, 참조기 ※ 시범방류 품종은 5년간 시행 후 방류품종으로 최종 반영 여부 결정 2019년 시범방류 품종 : 주꾸미, 명태, 박대, 가리맛조개 2020년 시범방류 품종 : 참문어, 소라 2021년 시범방류 품종 : 말백합, 미유기
내수면 (16종)	참게, 잉어, 동자개, 붕어, 메기, 쏘가리, 꺽지, 뱀장어, 자라, 은어, 다슬기, 대농갱이, 동남참게, 미꾸라지(미꾸리), 기수재첩 ※ 다만, 뱀장어, 메기, 쏘가리, 꺽지, 미유기는 기존에 서식이 확인된 장소에만 방류

79.④

80 **수산 생물의 생태적 분류가 아닌 것은?**

① 저서 생물　　② 편형 생물
③ 유영 생물　　④ 부유 생물

81 **다음에서 설명하는 계군 분석 방법은?**

> • 계군의 이동 상태를 직접 파악할 수 있어 매우 좋은 계군 식별 방법이다.
> • 두 해역 사이에 어군이 교류하고 있다는 것을 추정할 수 있다.

① 표지 방류법　　② 생태학적 방법
③ 형태학적 방법　　④ 어황의 분석에 의한 방법

82 **수산 자원량을 추정하는 방법 중 총량추정법이 아닌 것은?**

① 어탐법　　② 간접조사법
③ 상대지수 표시법　　④ 잠재적 생산량 추정법

ANSWER

80 수산생물은 유영능력이 없거나 미약한 흐름에 따라 생활하는 부유생물, 스스로 유영능력을 갖고 있는 유영동물, 해양 밑바닥에서 살고 있는 저서생물 등으로 구분한다.

81 표지방류법 : 계군의 이동상태를 직접 파악할 수 있기 때문에 가장 좋은 계군 식별 방법으로, 자원량을 간접적으로 추정하고 회유 경류를 추적할 수 있다. 이동속도, 분포범위, 인공부화 방류효과, 귀소성, 성장률, 사망률 등을 추정할 수 있으며 두 해역 사이에 어군이 교류하면 이들은 동일한 계군으로 취급한다.
② 생태학적 방법 : 각 계군의 생활사, 산란기, 분포 및 회유 상태, 기생충의 종류와 기생물 등을 비교 · 분석
③ 형태학적 방법 : 계군의 특정 형질에 관한 통계자료를 비교 · 분석하는 생물 측정학적 방법과 비늘 유지대의 위치, 가시 형태 등을 측정하는 해부학적 방법이 있음.
④ 어황의 분석에 의한 방법 : 어획 통계자료를 활용하여 어군의 이동이나 회유로를 추정 · 분석하는 방법

82 자원총량 추정법
㉠ 직접적 방법 : 전수조사법, 표본채취에 의한 부분조사법
㉡ 간접적 방법 : 표지방류 채포 결과 사용, 총 산란량을 추정하여 천연자원을 추정하는 방법, 어군탐지기 사용 방법

80.② 81.① 82.③

83 **어선 설비 중 항해 설비가 아닌 것은?**

① 컴퍼스 ② 양묘기
③ 레이더 ④ 측심의

84 **끌그물 어법이 아닌 것은?**

① 트롤 ② 봉수망
③ 기선저인망 ④ 기선권현망

ANSWER

83 ② **양묘기** : 보통 뱃머리갑판 위에 있으나 특수한 배에서는 선미에 설치하는 경우도 있다. 양묘기의 설계에는 종류나 양식이 많지만, 앵커케이블을 감는 체인풀리와 브레이크가 주요한 부분이다. 체인풀리를 회전시키는 원동기에는 기동 · 전동 · 전동유압 · 압축공기식 등이 있다.

① **컴퍼스** : 자석을 이용해 자침이 지구 자기의 방향을 지시하도록 만든 장치로, 마그네틱 컴퍼스를 이용하여 선박의 침로(Course)를 알거나 물표의 방위(Bearing)를 관측하여 선위 확인하는 자기컴퍼스와 자이로스코프를 이용하여 지구상의 북쪽을 향하도록 하는 장치로서, 마그네틱 컴퍼스에서 나타나는 자차 및 편차가 없고 지북력이 강하며, 방위를 간단히 전기신호로 바꿀 수 있어 여러 개의 리피터 컴퍼스(Repeater Compass)에 송신 및 방위표시 가능한 자이로 컴퍼스가 있다.

③ **레이더** : 전파의 특성을 이용하여 물체를 탐지하고, 그 방향 및 거리를 알아내는 계기로서, 다른 전파 항법 계기가 가지는 여러 특성에 추가하여 자선 주위에 있는 물체 및 지형을 지시기 화면(Screen)에 표시함으로써, 선위 결정뿐만 아니라 제한시계에서 선박 충돌방지나 협수로 등을 통과 시 안전항해를 위해 필수적인 항해 계기한다.

④ **측심의** : 음파를 이용해서 수심을 측정하는 장비로서, 해저를 향해 음파를 발사하고 발사 시부터 되돌아오는 시간을 기록한 다음, 음파의 속도와 왕복시간의 곱을 반으로 나누어 해저 수심을 측정한다.

84 ② **봉수망** : 꽁치와 같이 불빛에 잘 따르는 어군을 어획하는 어구로 그물의 모양은 가운데가 오목한 보자기와 같으며, 집어등이 있는 현에 집어가 되면 배를 멈추고 투망현이 조류아래로 가도록 하여 그물을 완전히 전개시키고 유도등을 켬과 동시에 집어등을 꺼서 어군을 그물 위에 유도하는 어구이다.

① **트롤 어법** : 어망 입구가 넓고 앞부리가 뾰족한 화살촉 같은 형상의 트롤망을 일단의 배들로 잡아당기는 저인망 어법이다. 17세기 유럽에는 범선이 어망을 끌었으나 19세기에 기선이 등장하면서 발달하게 되었다. 아주 작은 물고기까지 완전히 포획하는 어법으로 연안어업과의 마찰이 끊이지 않는다. 현재는 심해 트롤, 원양의 표층, 중층 트롤로 새우나 크릴잡이에 사용된다.

※ 끌그물 어법의 종류

㉠ **기선 권현망 어법** : 연안 표층 부근을 유영하는 남해안 멸치를 잡는 어법
㉡ **쌍끌이 기선 저인망 어법** : 2척의 배로 끝줄을 끌어서 조업하는 어법
㉢ **트롤 어법** : 그물 어구의 입구를 수평 방향으로 벌리게 하는 전개판을 사용하여 한 척의 배로 조업하는 어법으로 끝그물 중 가장 발달한 어법이다.

83.② 84.②

85 가장 먼 거리를 나타내는 도량형 단위는?

① 1 미터
② 1 야드
③ 1 해리
④ 1 마일

86 유기물을 박테리아에 의해 산화시키는 데 필요한 산소량을 측정하여 오염의 정도를 나타내는 수질오염 지표는?

① COD
② BOD
③ DO
④ SS

87 다음에서 설명하는 양식 생물은?

> • 주로 동해와 남해에 서식한다.
> • 알에서 부화한 유생은 척삭 또는 척색을 지닌다.
> • 신티올(Cynthiol)로 인해 특유의 맛을 낸다.

① 참굴
② 해삼
③ 참전복
④ 우렁쉥이

ANSWER

85 1 해리(1.852km) > 1 마일(1.609344km) > 1m > 1 야드(0.9144m)

86 ① COD : 화학적 산소요구량. 오염된 물의 수질을 나타내는 한 지표로서 유기물질이 들어 있는 물에 산화제를 투입하여 산화시키는 데 소비된 산화제의 양에 상당하는 산소의 양을 나타낸 것이다.
③ DO : 용존산소량. 물속에 녹아 있는 산소이며 디오(DO)라고도 한다. 유기물에 의하여 뚜렷히 오염된 수역일수록 낮은 농도를 보인다. DO가 전혀 없으면 하천수는 부패 상태가 되며, 황화수소 등의 악취 가스가 발생하여 물속의 철분과 결합하여 황화철을 만들어 물색이 검어진다.
④ SS : 현탁물질로 부유물질이라고 불리는 경우도 있다. 또한 부유물질량을 가리키는 수도 있다. 물 속에 현탁되어 있는 모든 불용성물질 또는 입자를 가리킨다. 하천에서는 미생물, 점도, 모래, 초목 등이 중심이다.

87 ① **참굴** : 바위에 붙어살기 때문에 석화라고도 불린다. 단단한 껍데기 속에 연한 몸체가 있어 식용으로 이용한다.
② **해삼** : 극피동물 해삼강에 속하는 해삼류의 총칭이다. 약효가 인삼과 같다고 하여 이름 지어졌다. 몸은 앞뒤로 긴 원통 모양이고, 등에 혹 모양의 돌기가 여러 개 나 있다. 몸의 앞쪽 끝에는 입이 열려 있고 그 둘레에 촉수가 여럿 달려 있으며, 뒤쪽 끝에는 항문이 있다.
③ **참전복** : 전복류 중에서는 가장 얕은 곳에 살며 수심 약 15m 이내이고 바닷물이 깨끗해 해조류가 많이 번식하는 곳에 서식한다.

85.③ 86.② 87.④

88 **양식 어류의 세균성 질병이 아닌 것은?**

① 비브리오병　　② 에드워드병
③ 에로모나스병　　④ 림포시스티스병

89 **인공 종자 생산을 위한 먹이 생물이 아닌 것은?**

① 로티퍼　　② 아르테미아
③ 케토세로스　　④ 렙토세파르스

90 **양식 대상종 중 새끼를 낳는 난태생인 것은?**

① 넙치　　② 참돔
③ 조피볼락　　④ 참다랑어

ANSWER

88 람포시스티스병은 양식어류의 바이러스성 질병이다.
※ 양식 어류의 세균성 질병으로는 에로모나스병(솔방울병), 콜룸나리스병(아가미부식병), 비브리오병, 연쇄상 구균증, 에드와드병, 노카르디아증, 활주세균증 등이 있다.

89 ④ **렙토세파르스**(Leptocephalus) : 수양버들 잎 모양의 처음 부화한 뱀장어 유생이다.
① **로티퍼**(Rotifer) : 어류 자어 성장을 위한 먹이생물로 이용된다.
② **아르테미아**(Artermia) : 새우나 은어, 돔 등 여러 양식 어류의 미세한 자어기 사육을 위해서 널리 이용되는 중요한 먹이 생물이다. 패류 유생의 먹이생물로는 키토세로스, 모노크리시스, 나비쿨라 등이 이용된다.
③ **케토세로스**(Chaetoceros) : 패류 유생의 먹이생물로 이용된다.

90 **조피볼락** … 우럭으로 불리우는 양볼락과에 속하는 난태생(체내수정을 통하여 배가 형성 되고, 부화 된 자어가 난황을 어느 정도 섭취할 때까지 어미의 체내에 머무는 생식방법) 어류로 비교적 낮은 수온에 서식한다. 성장이 빠르고 저수온에 강하여 월동이 가능하기 때문에 양식 대상종으로 각광을 받고 있다.

88.④ 89.④ 90.③

91 **수온이 연중 20℃ 이상 유지되는 중남미의 태평양 연안이 원산지인 광염성 새우는?**

① 대하　　② 보리새우
③ 징거미새우　　④ 흰다리새우

92 **양식 어류 중 육식성이 아닌 것은?**

① 방어　　② 초어
③ 뱀장어　　④ 무지개송어

93 **해조류 양식 방법이 아닌 것은?**

① 말목식　　② 밧줄식
③ 흘림발식　　④ 순환여과식

ANSWER

91 ① 대하 : 십각목 보리새우과의 갑각류이다. 먹이와 산란을 위해 연안과 깊은 바다를 오가며 생활하는 몸집이 큰 대형 새우로 수명은 약 1년이다. 소금구이로 많이 알려져 있는 고급 새우이며 양식을 하기도 한다.
② 보리새우 : 십각목 보리새우과의 갑각류이다. 연안에서 생활하면서 작은 갑각류나 조류를 먹고 살며, 주로 밤에 활동하는 습성이 있다. 수명은 약 2 ~ 3년 정도이다. 값비싼 고급 새우로, 살이 많고 맛이 좋아 중요한 수산자원으로 자리 잡고 있다.
③ 징거미새우 : 십각목 징거미새우과의 갑각류이다. 몸집에 비해 상당히 커다란 집게발을 갖고 있는 것이 특징이다. 바닥이 진흙이나 모래로 덮인 민물에 살지만, 산란기에는 알을 낳기 위해 바닷물이 섞여 있는 강 하구로 이동하는 습성이 있다.

92 초어는 잉엇과 어족 중에 가장 크게 자라는 생선으로 늘 풀만 뜯어 먹고 살기 때문에 초어라고 불린다.

93 순환여과식 양식 방법은 유영동물의 양식 방법이다.
※ 유영동물의 양식 방법
㉠ 지수식 양식
㉡ 가두리식 양식
㉢ 유수식 양식
㉣ 순환여과식 양식

91.④ 92.② 93.④

94 수산양식에서 담수의 일반적인 염분 농도 기준은?

① 0.5 psu 이하
② 1.0 psu 이하
③ 1.5 psu 이하
④ 2.0 psu 이하

95 서로 다른 2개의 해류가 접하고 있는 경계에서 주로 형성되는 어장은?

① 조경 어장
② 용승 어장
③ 와류 어장
④ 대륙붕 어장

ANSWER

94 담수의 염분의 함유량은 1L 중 500mg 이하이다.
1L = 1kg
500g = 0.5g
담수의 염분 농도 = 0.5pus 이하이다.
※ PSU(Practical Salinity Unit)… 실용염분단위. 전도도로 측정한 해수의 염분을 나타내는 단위이다. 해수 1kg에 들어 있는 총 염분의 g을 나타내는 값이다.

95 ② **용승어장**: 하층의 물이 표면으로 올라는 현상을 용승이라 하는데, 이러한 용승류가 존재하는 수역에 형성되는 어장을 말한다. 용승된 물은 저온, 고염분, 빈용존산소이다. 부영양염류를 끌어올려 식물성 플랑크톤의 번식을 크게 하여 좋은 어장을 형성한다. 페루해안, 캘리포니아 해역, 벤쿠에라 해역 등이 그 예이다.
③ **와류어장**: 물이 소용돌이치는 곳에서 형성되는 어장. 만(灣)이나 섬의 뒤, 또는 해안선의 굴곡이 심한 곳 따위에서 형성된다.
④ **대륙붕 어장**: 대륙붕에는 좋은 어장이 많고 석탄·석유·천연가스 등의 자원이 풍부하며 주석·철·금 등의 표사광상(漂砂鑛床)도 발견되어 세계 각국이 대륙붕의 광물자원 개발에 관심을 가지고 있다.

94.① 95.①

96 다음은 수산업법상 허가어업에 관한 설명이다. ( ) 안에 들어갈 내용으로 옳은 것은?

> 총톤수 (㉠) 이상의 동력어선 또는 수산자원을 보호하고 어업조정을 하기 위하여 특히 필요하여 (㉡)으로 정하는 총톤수 (㉠) 미만의 동력어선을 사용하는 어업을 하려는 자의 어선 또는 어구가 대상이다.

㉠ ㉡

① 8톤, 대통령령
② 8톤, 해양수산부령
③ 10톤, 대통령령
④ 10톤, 해양수산부령

97 다음에서 설명하는 어업은?

> 조류가 빠른 곳에서 어구를 고정하여 설치해 두고, 강한 조류에 의하여 물고기가 강제로 어구 속으로 들어가도록 하는 강제 함정 어법이다.

① 안강망 어업
② 근해선망 어업
③ 기선권현망 어업
④ 꽁치걸그물 어업

ANSWER

96 총톤수 10톤 이상의 동력어선 또는 수산자원을 보호하고 어업조정을 하기 위하여 특히 필요하여 대통령령으로 정하는 총톤수 10톤 미만의 동력어선을 사용하는 어업을 하려는 자의 어선 또는 어구가 대상이다.

구분	내용	
어업의 허가	• 수산동식물의 보존과 어업 질서 유지를 위해 어업 행위를 적절하게 제한 • 일반적으로 금지되어 있는 어업을 일정한 조건을 갖춘 특정인에게 해제하여 어업 행위의 자유를 회복시켜 주는 것	
허가어업 종류	해양수산부장관	근해어업, 원양어업
	시 · 도지사	연안어업, 해상종묘 생산 어업
	시장 · 군수 또는 구청장	구회어업
어업 유효 기간	5년(연장 가능)	

97 ① **안강맘 어업**: 조류가 빠른 곳에서 어구를 조류에 밀려가지 않게 고정해 놓고, 어군이 조류의 힘에 의해 강제로 자루에 밀려들어가게 하여 잡는 어구 · 어법. 어획성능이 가장 우수하며 어장이동이 가능한 강제함정어구이다.
② **근해선망 어업**: 총톤수 8톤 이상의 동력 어선에 의하여 선망을 사용하여 수산동물을 포획하는 어업이다.
③ **기선권현망 어업**: 연안 표층 부근을 유영하는 남해안 멸치를 잡는 어법이다.
④ **꽁치걸그물 어업**: 꽁치자망어업이라고도 한다. 자망어업은 조업방법에 따라 저자망어업(底刺網漁業) · 부자망어업(浮刺網漁業) · 유자망어업(流刺網漁業) · 선자망어업(旋刺網漁業) 등으로 나누어지고, 어획대상에 따라 꽁치자망어업 · 명태자망어업 등으로 나누어진다. 꽁치 자망어업은 전국 연안에서 약 2만여 척의 어선이 조업하고 있다.

96.③ 97.①

98 **수산 자원 관리와 관련된 용어와 명칭의 연결이 옳은 것은?**

① MSY – 최대 순경제 생산량
② MEY – 최대 지속적 생산량
③ OY – 최대 생산량
④ ABC – 생물학적 허용 어획량

99 **수산업법령상 신고어업인 것은?**

① 잠수기 어업
② 나잠 어업
③ 연안선망 어업
④ 근해자망 어업

ANSWER

98 ① MSY : 최대 지속적 생산량으로 주어진 특정자원으로부터 물량적 생산을 최대 수준에서 지속적으로 실현할 수 있는 생산수준이다.
② MEY : 최대 순경제 생산량으로 주어진 환경조건 아래서 특정 수산자원을 경제적으로 최대이윤을 얻을 수 있는 수준에서 지속적으로 포획할 수 있는 어획량이다.
③ OY : 최적 어획량이다.
④ ABC : 생물학적 허용 어획량으로 자원량의 크기와 어획사망률을 이용하여 생물학적인 관점에서 추정된 어획 가능한 양이다.

99 신고어업

구분	내용
어업의 신고	영세 어민이 면허나 허가 같은 까다로운 절차를 밟지 않고, 신고만 함으로써 소규모 어업을 할 수 있도록 하는 것
신고어업 종류	맨손어업, 나잠어업, 투망어업, 육상양식어업, 육상종묘생산어업
신고 행정 관청	시 · 군 또는 자치구의 구(어선, 어구, 시설 등을 신고)
어업 유효 기간	5년

98.④ 99.②

100 **국제해양법상 배타적 경제수역(EEZ)의 어족 관리를 위한 어족과 어종의 연결이 옳지 않은 것은?**

① 정착성 – 조피볼락
② 강하성 – 뱀장어
③ 소하성 – 연어
④ 고도 회유성 – 가다랑어

100 EEZ와 국제 어업 관리

구분	내용
경계 왕래 어족의 관리 (명태, 돔, 오징어)	• EEZ에 서식하는 동일 어족 또는 관련 어족이 2개국 이상의 EEZ에 걸쳐 서식할 경우 당해 연안국들이 협의하여 그의 보존과 개발을 조정하고 보장하는 조치 강구 • 동일 어족 또는 관련 어족이 특정국의 EEZ와 그 바깥의 인접한 공해에서 동시에 서식할 경우 그 연안국과 공해 수역 내에서 그 어종을 어획하는 국가는 서로 합의하여 어족의 보존에 필요한 조치 강구
고도 회유성 어족 (다랑어, 가다랭이)	광역의 해역을 회유하는 어종을 어획하는 연안국은 EEZ와 그 바깥의 인접 공해에서 어족의 자원을 보호하고 국제 기구와 협력
소하성 어류(연어)	• 모천국이 1차적 이익과 책임을 가지고 자국의 EEZ에 있어서 어업 규제 및 보존의 의무를 지님 • EEZ 밖의 수역인 공해나 다른 국가의 EEZ애셔는 모천국이라도 어획 금지
강하성 어종(뱀장어)	그 어종이 생장기를 대부분 보내는 수역을 가지는 연안국이 관리 책임을 지고 회유하는 어종의 출입을 확보

100.①

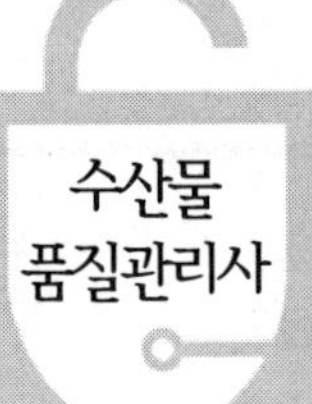

제8회 수산물품질관리사 | 2022년 6월 4일 시행

Ⅰ 수산물품질관리 관련법령

1 농수산물 품질관리법상 '물류표준화' 용어의 정의이다. ( ) 안에 들어갈 내용을 순서대로 옳게 나열한 것은?

> 농수산물의 운송 · 보관 · 하역 · 포장 등 물류의 각 단계에서 사용되는 기기 · 용기 · 설비 · 정보 등을 ( ) 하여 ( )과 ( )을 원활히 하는 것을 말한다.

① 안정화, 호환성, 편의성
② 규격화, 호환성, 연계성
③ 규격화, 연계성, 편의성
④ 안정화, 정형성, 연계성

1 "물류표준화"란 농수산물의 운송 · 보관 · 하역 · 포장 등 물류의 각 단계에서 사용되는 기기 · 용기 · 설비 · 정보 등을 규격화하여 호환성과 연계성을 원활히 하는 것을 말한다〈농수산물 품질관리법(시행 2023. 6. 11) 제2조(정의) 제3호〉.

1.②

2 농수산물 품질관리법상 농수산물품질관리심의회 설치에 관한 내용으로 옳지 않은 것은?

① 심의회 위원구성은 위원장 및 부위원장 각 1명을 제외한 60명 이내의 위원으로 한다.
② 위원장은 위원 중에서 호선(互選)하고 부위원장은 위원장이 위원 중에서 지명하는 사람으로 한다.
③ 해양수산부 소속 공무원 중 해양수산부장관이 지명한 사람은 심의회 위원이 될 수 있다.
④ 수산물의 소비 분야에 전문적인 지식이 풍부한 사람으로서 해양수산부장관이 위촉한 위원의 임기는 3년으로 한다.

ANSWER

2 심의회는 위원장 및 부위원장 각 1명을 포함한 60명 이내의 위원으로 구성한다〈농수산물 품질관리법(시행 2023. 6. 11) 제3조(농수산물품질관리심의회의 설치) 제2항〉.

※ **농수산물품질관리심의회의 설치**〈농수산물 품질관리법(시행 2023. 6. 11) 제3조〉

㉠ 이 법에 따른 농수산물 및 수산가공품의 품질관리 등에 관한 사항을 심의하기 위하여 농림축산식품부장관 또는 해양수산부장관 소속으로 농수산물품질관리심의회(이하 "심의회"라 한다)를 둔다.
㉡ 심의회는 위원장 및 부위원장 각 1명을 포함한 60명 이내의 위원으로 구성한다.
㉢ 위원장은 위원 중에서 호선(互選)하고 부위원장은 위원장이 위원 중에서 지명하는 사람으로 한다.
㉣ 위원은 다음의 사람으로 한다.
- 교육부, 산업통상자원부, 보건복지부, 환경부, 식품의약품안전처, 농촌진흥청, 산림청, 특허청, 공정거래위원회 소속 공무원 중 소속 기관의 장이 지명한 사람과 농림축산식품부 소속 공무원 중 농림축산식품부장관이 지명한 사람 또는 해양수산부 소속 공무원 중 해양수산부장관이 지명한 사람
- 다음의 단체 및 기관의 장이 소속 임원·직원 중에서 지명한 사람

– 「농업협동조합법」에 따른 농업협동조합중앙회
– 「산림조합법」에 따른 산림조합중앙회
– 「수산업협동조합법」에 따른 수산업협동조합중앙회
– 「한국농수산식품유통공사법」에 따른 한국농수산식품유통공사
– 「식품위생법」에 따른 한국식품산업협회
– 「정부출연연구기관 등의 설립·운영 및 육성에 관한 법률」에 따른 한국농촌경제연구원
– 「정부출연연구기관 등의 설립·운영 및 육성에 관한 법률」에 따른 한국해양수산개발원
– 「과학기술분야 정부출연연구기관 등의 설립·운영 및 육성에 관한 법률」에 따른 한국식품연구원
– 「한국보건산업진흥원법」에 따른 한국보건산업진흥원
– 「소비자기본법」에 따른 한국소비자원

- 시민단체(「비영리민간단체 지원법」 제2조에 따른 비영리민간단체를 말한다)에서 추천한 사람 중에서 농림축산식품부장관 또는 해양수산부장관이 위촉한 사람
- 농수산물의 생산·가공·유통 또는 소비 분야에 전문적인 지식이나 경험이 풍부한 사람 중에서 농림축산식품부장관 또는 해양수산부장관이 위촉한 사람

㉤ ㉣의 시민단체(「비영리민간단체 지원법」 제2조에 따른 비영리민간단체를 말한다)에서 추천한 사람 중에서 농림축산식품부장관 또는 해양수산부장관이 위촉한 사람 및 농수산물의 생산·가공·유통 또는 소비 분야에 전문적인 지식이나 경험이 풍부한 사람 중에서 농림축산식품부장관 또는 해양수산부장관이 위촉한 사람(위원)의 임기는 3년으로 한다.
㉥ 심의회에 농수산물 및 농수산가공품의 지리적표시 등록심의를 위한 지리적표시 등록심의 분과위원회를 둔다.
㉦ 심의회의 업무 중 특정한 분야의 사항을 효율적으로 심의하기 위하여 대통령령으로 정하는 분야별 분과위원회를 둘 수 있다.
㉧ ㉥에 따른 지리적표시 등록심의 분과위원회 및 ㉦에 따른 분야별 분과위원회에서 심의한 사항은 심의회에서 심의된 것으로 본다.
㉨ 농수산물 품질관리 등의 국제 동향을 조사·연구하게 하기 위하여 심의회에 연구위원을 둘 수 있다.
㉩ ㉠부터 ㉨까지에서 규정한 사항 외에 심의회 및 분과위원회의 구성과 운영 등에 필요한 사항은 대통령령으로 정한다.

2.①

3 농수산물 품질관리법상 ( ) 안에 들어갈 내용을 순서대로 옳게 나열한 것은?

> 수산물의 품질인증 유효기간은 품질인증을 받은 날부터 ( )으로 한다. 다만, 품목의 특성상 달리 적용할 필요가 있는 경우에는 ( )의 범위에서 ( )으로 유효기간을 달리 정할 수 있다.

① 1년, 2년, 대통령령
② 2년, 3년, 총리령
③ 2년, 4년, 해양수산부령
④ 3년, 5년, 해양수산부령

4 농수산물 품질관리법령상 지리적표시의 등록거절 사유가 아닌 것은?

① 해당 품목의 우수성이 국내에서는 널리 알려져 있으나 국외에서는 널리 알려지지 아니한 경우
② 해당 품목이 지리적표시 대상지역에서 생산된 역사가 깊지 않은 경우
③ 해당 품목이 수산물인 경우에는 지리적표시 대상지역에서만 생산된 것이 아닌 경우
④ 해당 품목의 명성·품질이 본질적으로 특정지역의 생산환경적 요인과 인적 요인 모두에 기인하지 아니한 경우

ANSWER

3 품질인증의 유효기간은 품질인증을 받은 날부터 2년으로 한다. 다만, 품목의 특성상 달리 적용할 필요가 있는 경우에는 4년의 범위에서 해양수산부령으로 유효기간을 달리 정할 수 있다〈농수산물 품질관리법(시행 2023. 6. 11) 제15조(품질인증의 유효기간 등) 제1항〉.

4 지리적표시의 등록거절 사유의 세부기준 … 지리적표시 등록거절 사유의 세부기준은 다음과 같다〈농수산물 품질관리법 시행령(시행 2022. 4. 29) 제15조〉.

㉠ 해당 품목이 농수산물인 경우에는 지리적표시 대상지역에서만 생산된 것이 아닌 경우
㉡ 해당 품목이 농수산가공품인 경우에는 지리적표시 대상지역에서만 생산된 농수산물을 주원료로 하여 해당 지리적표시 대상지역에서 가공된 것이 아닌 경우
㉢ 해당 품목의 우수성이 국내 및 국외에서 모두 널리 알려지지 아니한 경우
㉣ 해당 품목이 지리적표시 대상지역에서 생산된 역사가 깊지 않은 경우
㉤ 해당 품목의 명성·품질 또는 그 밖의 특성이 본질적으로 특정지역의 생산환경적 요인과 인적 요인 모두에 기인하지 아니한 경우
㉥ 그 밖에 농림축산식품부장관 또는 해양수산부장관이 지리적표시 등록에 필요하다고 인정하여 고시하는 기준에 적합하지 않은 경우

※ 지리적표시의 등록 … 농림축산식품부장관 또는 해양수산부장관은 등록 신청된 지리적표시가 다음의 어느 하나에 해당하면 등록의 거절을 결정하여 신청자에게 알려야 한다〈농수산물 품질관리법(시행 2023. 6. 11) 제32조 제9항〉.

㉠ 먼저 등록 신청되었거나 등록된 타인의 지리적표시와 같거나 비슷한 경우
㉡ 「상표법」에 따라 먼저 출원되었거나 등록된 타인의 상표와 같거나 비슷한 경우
㉢ 국내에서 널리 알려진 타인의 상표 또는 지리적표시와 같거나 비슷한 경우
㉣ 일반명칭[농수산물 또는 농수산가공품의 명칭이 기원적(起原的)으로 생산지나 판매장소와 관련이 있지만 오래 사용되어 보통명사화된 명칭을 말한다]에 해당되는 경우
㉤ 지리적표시 또는 동음이의어 지리적표시의 정의에 맞지 아니하는 경우
㉥ 지리적표시의 등록을 신청한 자가 그 지리적표시를 사용할 수 있는 농수산물 또는 농수산가공품을 생산·제조 또는 가공하는 것을 업(業)으로 하는 자에 대하여 단체의 가입을 금지하거나 가입조건을 어렵게 정하여 실질적으로 허용하지 아니한 경우

3.③ 4.①

5 농수산물 품질관리법령상 수산물 및 수산가공품에 대한 관능검사의 대상이 아닌 것은?

① 검사신청인이 위생증명서를 요구하는 수산물 · 수산가공품(비식용수산 · 수산가공품은 제외)

② 검사신청인이 분석증명서를 요구하는 수산물

③ 국내에서 소비하는 수산물

④ 정부에서 수매하는 수산물 · 수산가공품

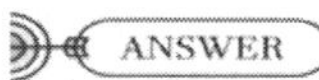

5 수산물 및 수산가공품에 대한 검사의 종류 및 방법 : 관능검사〈농수산물 품질관리법 시행규칙(시행 2022. 4. 29) 별표 24〉

㉠ "관능검사"란 오관(五官)에 의하여 그 적합 여부를 판정하는 검사로서 다음의 수산물 및 수산가공품을 그 대상으로 한다.

- 법 제88조 제4항 제1호에 따른 수산물 및 수산가공품으로서 외국요구기준을 이행했는지를 확인하기 위하여 품질 · 포장재 · 표시사항 또는 규격 등의 확인이 필요한 수산물 · 수산가공품
- 검사신청인이 위생증명서를 요구하는 수산물 · 수산가공품(비식용수산 · 수산가공품은 제외한다)
- 정부에서 수매 · 비축하는 수산물 · 수산가공품
- 국내에서 소비하는 수산물 · 수산가공품

㉡ 관능검사는 다음과 같이 한다. 국립수산물품질관리원장이 전수검사가 필요하다고 정한 수산물 및 수산가공품 외에는 다음의 표본추출방법으로 한다.

- 무포장 제품(단위 중량이 일정하지 않은 것)

신청 로트(Lot)의 크기	관능검사 채점 지점(마리)
1톤 미만	2
1톤 이상 3톤 미만 3톤 이상 5톤 미만 5톤 이상 10톤 미만	3 4 5
10톤 이상 20톤 미만	6
20톤 이상	7

- 포장 제품(단위 중량이 일정한 블록형의 무포장 제품을 포함한다)

신청 개수	추출 개수	채점 개수
4개 이하	1	1
5개 이상 50개 이하	3	1
51개 이상 100개 이하	5	2
101개 이상 200개 이하	7	2
201개 이상 300개 이하	9	3
301개 이상 400개 이하	11	3
401개 이상 500개 이하	13	4
501개 이상 700개 이하	15	5
701개 이상 1,000개 이하	17	5
1,001개 이상	20	6

✓ 1.②

6 **농수산물 품질관리법령상 수산물검사관의 자격 취소 및 정지에 관한 내용으로 옳은 것은? (단, 경감은 고려하지 않음)**

① 위반행위가 둘 이상인 경우에는 그 중 무거운 처분기준을 적용하며, 둘 이상의 처분기준이 동일한 자격정지인 경우에는 가중처분할 수 없다.

② 위반행위의 횟수에 따른 행정처분의 기준은 최근 1년간 같은 위반행위로 행정처분을 받은 경우에 적용한다.

③ 다른 사람에게 1회 그 자격증을 대여하여 검사를 한 경우 "자격취소"에 해당한다.

④ 고의적인 위격검사를 1회 위반한 경우 "자격정지 6개월"에 해당한다.

ANSWER

6 농산물검사관의 자격 취소 및 정지에 대한 세부 기준〈농수산물 품질관리법 시행규칙(시행 2022. 4. 29) 별표 21〉

㉠ 일반기준

- 위반행위가 둘 이상인 경우에는 그 중 무거운 처분기준을 적용하며, 둘 이상의 처분기준이 동일한 자격정지인 경우에는 무거운 처분기준의 2분의 1까지 가중할 수 있다. 이 경우 각 처분기준을 합산한 기간을 초과할 수 없다.
- 위반행위의 횟수에 따른 행정처분의 기준은 최근 2년간 같은 위반행위로 행정처분을 받은 경우에 적용한다. 이 경우 행정처분 기준의 적용은 같은 위반행위에 대하여 최초로 행정처분을 한 날을 기준으로 한다.
- 위반사항의 내용으로 보아 그 위반의 정도가 경미하거나 그 밖에 특별한 사유가 있다고 인정되는 경우 그 처분이 자격정지일 때에는 2분의 1 범위에서 경감할 수 있고, 자격취소일 때에는 6개월의 자격정지 처분으로 경감할 수 있다.

㉡ 개별기준

위반행위	근거 법조문	위반횟수별 처분기준		
		1회	2회	3회
가. 거짓이나 그 밖의 부정한 방법으로 검사나 재검사를 한 경우	법 제83조 제1항제1호			
1) 검사나 재검사를 거짓으로 한 경우		자격취소	–	–
2) 거짓 또는 부정한 방법으로 자격을 취득하여 검사나 재검사를 한 경우		자격취소	–	–
4) 자격정지 중에 검사나 재검사를 한 경우		자격취소	–	–
5) 고의적인 위격검사를 한 경우		자격취소	–	–
6) 1등급 착오 20% 이상, 2등급 착오 5% 이상에 해당되는 위격검사를 한 경우		6개월 정지	자격취소	
7) 1등급 착오 10% 이상 20% 미만, 2등급 착오 3% 이상 5% 미만에 해당되는 위격검사를 한 경우		3개월 정지	6개월 정지	자격취소
나. 법 또는 법에 따른 명령을 위반하여 현저히 부적격한 검사 또는 재검사를 하여 정부나 농산물검사기관의 공신력을 크게 떨어뜨린 경우	법 제83조 제1항제2호	자격취소	–	–
다. 다른 사람에게 그 명의를 사용하게 하거나 자격증을 대여한 경우	법 제83조 제1항제3호	자격취소		
라. 명의의 사용이나 자격증의 대여를 알선한 경우	법 제83조 제1항제4호	자격취소		

6.③

7 농수산물 품질관리법령상 수산물품질관리사 제도에 관한 내용으로 옳지 않은 것은?

① 수산물품질관리사는 수산물의 생산 및 수확 후 품질관리기술 지도를 수행할 수 있다.
② 해양수산부장관은 수산물품질관리사의 자격을 부정한 방법으로 취득한 사람의 자격을 취소하여야 한다.
③ 해양수산부장관은 수산물품질관리사 자격시험의 시행일 1년 전까지 수산물품질관리사 자격시험의 실시계획을 세워야 한다.
④ 해양수산부장관은 수산물품질관리사 자격시험의 최종 합격자 명단을 제2차시험 시행 후 40일 이내에 공고하여야 한다.

8 농수산물 품질관리법령상 시 · 도지사가 지정해역을 지정받으려는 경우 국립수산물품질관리원장에게 지정을 요청해야 한다. 이때 갖추어야 할 서류가 아닌 것은?

① 지정받으려는 해역 및 그 부근의 도면
② 지정해역 지정의 타당성에 대한 환경부장관의 의견서
③ 지정받으려는 해역의 위생조사 결과서
④ 지정받으려는 해역의 오염 방지 및 수질 보존을 위한 지정해역 위생관리계획서

ANSWER

7 ③ 해양수산부장관은 수산물품질관리사 자격시험의 시행일 6개월 전까지 수산물품질관리사 자격시험의 실시계획을 세워야 한다〈농수산물 품질관리법 시행령(시행 2022. 4. 29) 제40조의2(수산물품질관리사 자격시험의 실시계획 등) 제2항〉

① 수산물품질관리사는 수산물의 등급 판정, 수산물의 생산 및 수확 후 품질관리기술 지도,수산물의 출하 시기 조절, 품질관리기술에 관한 조언, 그 밖에 수산물의 품질 향상과 유통 효율화에 필요한 업무로서 해양수산부령으로 정하는 업무를 수행한다〈농수산물 품질관리법(시행 2023. 6. 11) 제106조(농산물품질관리사 또는 수산물품질관리사의 직무) 제2항〉.

② 농림축산식품부장관 또는 해양수산부장관은 농산물품질관리사 또는 수산물품질관리사의 자격을 거짓 또는 부정한 방법으로 취득한 사람, 른 사람에게 농산물품질관리사 또는 수산물품질관리사의 명의를 사용하게 하거나 자격증을 빌려준 사람, 명의의 사용이나 자격증의 대여를 알선한 사람에 대하여 농산물품질관리사 또는 수산물품질관리사 자격을 취소하여야 한다.〈농수산물 품질관리법(시행 2023. 6. 11) 제109조(농산물품질관리사 또는 수산물품질관리사의 자격 취소)〉.

④ 농림축산식품부장관은 농산물품질관리사 자격시험의 최종 합격자 명단을 제2차시험 시행 후 40일 이내에 「정보통신망 이용촉진 및 정보보호 등에 관한 법률」 제2조에 따른 정보통신망에 공고하여야 한다〈농수산물 품질관리법 시행령(시행 2022. 4. 29) 제39조(농산물품질관리사 자격시험 합격자의 공고 등)〉.

8 지정해역의 지정 등 … 시 · 도지사는 지정해역을 지정받으려는 경우에는 다음의 서류를 갖추어 국립수산물품질관리원장에게 요청해야 한다〈농수산물 품질관리법 시행규칙(시행 2022. 4. 29.) 제86조 제2항〉.

㉠ 지정받으려는 해역 및 그 부근의 도면
㉡ 지정받으려는 해역의 위생조사 결과서 및 지정해역 지정의 타당성에 대한 국립수산과학원장의 의견서
㉢ 지정받으려는 해역의 오염 방지 및 수질 보존을 위한 지정해역 위생관리계획서

7.③ 8.②

9 농수산물 품질관리법령상 유전자변형농수산물의 표시대상품목을 고시하는 자는?

① 해양수산부장관
② 식품의약품안전처장
③ 국립수산과학원장
④ 국립수산물품질관리원장

10 농수산물 품질관리법령상 지정해역의 지정해제에 관한 내용이다. (　　) 안에 들어갈 내용은?

해양수산부장관은 지정해역에 대한 최근 (　　)의 조사·점검 결과를 평가한 후 위생관리기준에 적합하지 아니하다고 인정되는 경우에는 지정해역의 전부 또는 일부를 해제하고, 그 내용을 고시하여야 한다.

① 1년간
② 1년 6개월간
③ 2년간
④ 2년 6개월간

ANSWER

9　유전자변형농수산물의 표시대상품목은 「식품위생법」 제18조에 따른 안전성 평가 결과 식품의약품안전처장이 식용으로 적합하다고 인정하여 고시한 품목(해당 품목을 싹틔워 기른 농산물을 포함한다)으로 한다〈농수산물 품질관리법 시행령(시행 2022. 4. 29) 제19조(유전자변형농수산물의 표시대상품목)〉.

10　해양수산부장관은 지정해역에 대한 최근 2년 6개월간의 조사·점검 결과를 평가한 후 위생관리기준에 적합하지 아니하다고 인정되는 경우에는 지정해역의 전부 또는 일부를 해제하고, 그 내용을 고시하여야 한다〈농수산물 품질관리법 시행령(시행 2022. 4. 29) 제28조(지정해역의 지정해제)〉.

9.② 10.④

11 농수산물 유통 및 가격안정에 관한 법률상 중도매인의 영업에 해당하지 않는 것은?

① 농수산물도매시장에 상장된 수산물을 매수하여 도매하는 영업
② 농수산물도매시장에 상장된 수산물을 위탁받아 도매하는 영업
③ 농수산물도매시장의 개설자로부터 허가를 받은 비상장 수산물을 위탁받아 도매하는 영업
④ 농수산물도매시장의 개설자로부터 허가를 받은 비상장 수산물의 매매를 중개하는 영업

12 농수산물 유통 및 가격안정에 관한 법률상 해양수산부령으로 정하는 주요 수산물의 가격 예시에 관한 내용으로 옳지 않은 것은?

① 해양수산부장관이 주요 수산물의 수급조절과 가격안정을 위하여 필요하다고 인정할 때 가격 예시를 할 수 있다.
② 수산물의 종자입식 시기 이후에 하한가격을 예시하여야 한다.
③ 가격 예시는 생산자를 보호하기 위함이다.
④ 예시가격을 결정할 때에는 미리 기획재정부장관과 협의하여야 한다.

ANSWER

11 정의 … "중도매인"(仲都賣人)이란 농수산물도매시장 · 농수산물공판장 또는 민영농수산물도매시장의 개설자의 허가 또는 지정을 받아 다음의 영업을 하는 자를 말한다〈농수산물 유통 및 가격안정에 관한 법률(시행 2022. 1. 1.) 제2조 제9호〉.

㉠ 농수산물도매시장 · 농수산물공판장 또는 민영농수산물도매시장에 상장된 농수산물을 매수하여 도매하거나 매매를 중개하는 영업
㉡ 농수산물도매시장 · 농수산물공판장 또는 민영농수산물도매시장의 개설자로부터 허가를 받은 비상장(非上場) 농수산물을 매수 또는 위탁받아 도매하거나 매매를 중개하는 영업

※ 중도매업의 허가 … 중도매인은 다음의 행위를 하여서는 아니 된다〈농수산물 유통 및 가격안정에 관한 법률(시행 2022. 1. 1.) 제25조 제5항〉.

㉠ 다른 중도매인 또는 매매참가인의 거래 참가를 방해하는 행위를 하거나 집단적으로 농수산물의 경매 또는 입찰에 불참하는 행위
㉡ 다른 사람에게 자기의 성명이나 상호를 사용하여 중도매업을 하게 하거나 그 허가증을 빌려 주는 행위

12 ①②③ 농림축산식품부장관 또는 해양수산부장관은 농림축산식품부령 또는 해양수산부령으로 정하는 주요 농수산물의 수급조절과 가격안정을 위하여 필요하다고 인정할 때에는 해당 농산물의 파종기 또는 수산물의 종자입식 시기 이전에 생산자를 보호하기 위한 하한가격[이하 "예시가격"(豫示價格)이라 한다]을 예시할 수 있다〈농수산물 유통 및 가격안정에 관한 법률(시행 2022. 1. 1.) 제8조(가격 예시) 제1항〉.

④ 농림축산식품부장관 또는 해양수산부장관은 예시가격을 결정할 때에는 미리 기획재정부장관과 협의하여야 한다〈농수산물 유통 및 가격안정에 관한 법률(시행 2022. 1. 1.) 제8조(가격 예시) 제3항〉.

11.③ 12.②

13 농수산물 유통 및 가격안정에 관한 법률상 도매시장에서 경매사의 업무에 해당하지 않는 것은?

① 도매시장법인이 상장한 수산물에 대한 경매 우선순위의 결정
② 도매시장법인이 상장한 수산물에 대한 가격평가
③ 도매시장법인이 상장한 수산물에 대한 경락자의 결정
④ 도매시장법인이 상장한 수산물에 대한 경락 수수료 징수

14 농수산물 유통 및 가격안정에 관한 법령상 민영도매시장을 개설하려는 자가 개설허가신청서에 첨부하여야 할 서류로써 명시되어 있는 것을 모두 고른 것은?

㉠ 민영도매시장의 업무규정
㉡ 운영관리계획서
㉢ 해당 민영도매시장의 소재지를 관할하는 시장 또는 자치구의 구청장의 의견서
㉣ 민영도매시장의 운영자금계획서

① ㉠㉡㉢
② ㉠㉡㉣
③ ㉠㉢㉣
④ ㉡㉢㉣

ANSWER

13 경매사의 업무 등 … 경매사는 다음의 업무를 수행한다〈농수산물 유통 및 가격안정에 관한 법률 제28조 제1항〉.
㉠ 도매시장법인이 상장한 농수산물에 대한 경매 우선순위의 결정
㉡ 도매시장법인이 상장한 농수산물에 대한 가격평가
㉢ 도매시장법인이 상장한 농수산물에 대한 경락자의 결정

14 민영도매시장의 개설허가 절차 … 민영도매시장을 개설하려는 자는 시 · 도지사가 정하는 개설허가신청서에 다음의 서류를 첨부하여 시 · 도지사에게 제출하여야 한다〈농수산물 유통 및 가격안정에 관한 법률 시행규칙(시행 2022. 1. 1.) 제41조〉.
㉠ 민영도매시장의 업무규정
㉡ 운영관리계획서
㉢ 해당 민영도매시장의 소재지를 관할하는 시장 또는 자치구의 구청장의 의견서

13.④ 14.①

15 **농수산물 유통 및 가격안정에 관한 법령상 농수산물 전자거래소의 거래수수료 및 결재방법에 관한 설명으로 옳은 것은?**

① 거래수수료는 거래액의 1천분의 20을 상한으로 한다.
② 수수료는 금전 또는 현물로 징수한다.
③ 판매자의 판매수수료는 사용료에 포함하므로 별도로 징수하지 않는다.
④ 거래계약이 체결된 경우 한국농수산식품유통공사가 구매자를 대신하여 그 거래대금을 판매자에게 직접 결제할 수 있다.

16 **농수산물의 원산지 표시 등에 관한 법률상 수산물 및 그 가공품의 원산지 표시 등에 관한 사항을 심의하는 기관은?**

① 농수산물품질관리심의회
② 한국농수산식품유통공사
③ 국립수산물품질관리원
④ 한국소비자원

ANSWER

15 농수산물전자거래의 거래품목 및 거래수수료 등〈농수산물 유통 및 가격안정에 관한 법률 시행규칙(시행 2022. 1. 1.) 제49조 제2항 ~ 4항〉
㉠ 거래수수료는 농수산물 전자거래소를 이용하는 판매자와 구매자로부터 다음의 구분에 따라 징수하는 금전으로 한다.
- 판매자의 경우 : 사용료 및 판매수수료
- 구매자의 경우 : 사용료

㉡ 거래수수료는 거래액의 1천분의 30을 초과할 수 없다.
㉢ 농수산물 전자거래소를 통하여 거래계약이 체결된 경우에는 한국농수산식품유통공사가 구매자를 대신하여 그 거래대금을 판매자에게 직접 결제할 수 있다. 이 경우 한국농수산식품유통공사는 구매자로부터 보증금, 담보 등 필요한 채권확보수단을 미리 마련하여야 한다.

16 농산물 · 수산물 및 그 가공품 또는 조리하여 판매하는 쌀 · 김치류, 축산물(「축산물 위생관리법」 제2조 제2호에 따른 축산물을 말한다. 이하 같다) 및 수산물 등의 원산지 표시 등에 관한 사항은 「농수산물 품질관리법」 제3조에 따른 농수산물품질관리심의회(이하 "심의회"라 한다)에서 심의한다〈농수산물의 원산지 표시 등에 관한 법률(시행 2022. 1. 1.) 제4조〉.

15.④ 16.①

17 농수산물의 원산지 표시 등에 관한 법률상 원산지 표시 등의 적정성을 확인하기 위해 관계 공무원이 조사할 경우에 관한 내용으로 옳지 않은 것은?

① 관계 공무원이 확인 · 조사를 위해 보관창고 출입 시 수색영장을 갖추어야 한다.

② 관계 공무원이 조사할 때 원산지 표시대상 수산물을 판매하는 자는 정당한 사유 없이 이를 거부 · 방해하거나 기피하여서는 아니 된다.

③ 관계 공무원은 출입 시 성명, 출입시간, 출입목적 등이 표시된 문서를 관계인에게 교부하여야 한다.

④ 관계 공무원은 조사 시 필요한 경우 해당 영업과 관련된 장부나 서류를 열람할 수 있다.

ANSWER

17 조사 시 필요한 경우 해당 영업장, 보관창고, 사무실 등에 출입하여 농수산물이나 그 가공품 등에 대하여 확인 · 조사 등을 할 수 있으며 영업과 관련된 장부나 서류의 열람을 할 수 있다〈농수산물의 원산지 표시 등에 관한 법률(시행 2022. 1. 1.) 제7조(원산지 표시 등의 조사) 제2항〉.

※ 원산지 표시 등의 조사〈〈농수산물의 원산지 표시 등에 관한 법률(시행 2022. 1. 1.) 제7조〉

㉠ 농림축산식품부장관, 해양수산부장관, 관세청장, 시 · 도지사 또는 시장 · 군수 · 구청장은 원산지의 표시 여부 · 표시사항과 표시방법 등의 적정성을 확인하기 위하여 대통령령으로 정하는 바에 따라 관계 공무원으로 하여금 원산지 표시대상 농수산물이나 그 가공품을 수거하거나 조사하게 하여야 한다. 이 경우 관세청장의 수거 또는 조사 업무는 원산지 표시 대상 중 수입하는 농수산물이나 농수산물 가공품(국내에서 가공한 가공품은 제외한다)에 한정한다.

㉡ ㉠에 따른 조사 시 필요한 경우 해당 영업장, 보관창고, 사무실 등에 출입하여 농수산물이나 그 가공품 등에 대하여 확인 · 조사 등을 할 수 있으며 영업과 관련된 장부나 서류의 열람을 할 수 있다.

㉢ ㉠이나 ㉡에 따른 수거 · 조사 · 열람을 하는 때에는 원산지의 표시대상 농수산물이나 그 가공품을 판매하거나 가공하는 자 또는 조리하여 판매 · 제공하는 자는 정당한 사유 없이 이를 거부 · 방해하거나 기피하여서는 아니 된다.

㉣ ㉠이나 ㉡에 따른 수거 또는 조사를 하는 관계 공무원은 그 권한을 표시하는 증표를 지니고 이를 관계인에게 내보여야 하며, 출입 시 성명 · 출입시간 · 출입목적 등이 표시된 문서를 관계인에게 교부하여야 한다.

㉤ 농림축산식품부장관, 해양수산부장관, 관세청장이나 시 · 도지사는 ㉠에 따른 수거 · 조사를 하는 경우 업종, 규모, 거래 품목 및 거래 형태 등을 고려하여 매년 인력 · 재원 운영계획을 포함한 자체 계획(이하 이 조에서 "자체 계획"이라 한다)을 수립한 후 그에 따라 실시하여야 한다.

㉥ 농림축산식품부장관, 해양수산부장관, 관세청장이나 시 · 도지사는 ㉠에 따른 수거 · 조사를 실시한 경우 다음의 사항에 대하여 평가를 실시하여야 하며 그 결과를 자체 계획에 반영하여야 한다.

- 자체 계획에 따른 추진 실적
- 그 밖에 원산지 표시 등의 조사와 관련하여 평가가 필요한 사항

㉦ ㉥에 따른 평가와 관련된 기준 및 절차에 관한 사항은 대통령령으로 정한다.

17.①

18 **농수산물의 원산지 표시 등에 관한 법령상 과징금의 부과 · 징수에 관한 내용으로 옳지 않은 것은?**

① 과징금을 부과하려면 그 위반행위의 종류와 과징금의 금액 등을 명시하여 과징금을 낼 것을 과징금 부과대상자에게 서면으로 알려야 한다.

② 원산지를 위장하여 판매하는 행위를 2년 이내에 2회 이상 위반한 자에게 그 위반금액의 5배 이하에 해당하는 금액을 과징금으로 부과 · 징수할 수 있다.

③ 과징금을 한꺼번에 내면 자금사정에 현저한 어려움이 예상되는 경우에도 과징금의 납부기한 연장은 허용되지 않는다.

④ 과징금을 내야 하는 자가 납부기한까지 내지 아니하면 국세 또는 지방세 체납처분의 예에 따라 징수한다.

18 ③ 농림축산식품부장관, 해양수산부장관, 관세청장, 시 · 도지사나 시장 · 군수 · 구청장은 법 제6조의2제1항에 따라 과징금 부과처분을 받은 자가 재해 등으로 재산에 현저한 손실을 입은 경우, 경제 여건이나 사업 여건의 악화로 사업이 중대한 위기에 있는 경우, 과징금을 한꺼번에 내면 자금사정에 현저한 어려움이 예상되는 경우 중 어느 하나에 해당하는 사유로 과징금의 전액을 한꺼번에 내기 어렵다고 인정되는 경우에는 그 납부기한을 연장하거나 분할 납부하게 할 수 있다. 이 경우 필요하다고 인정하는 때에는 담보를 제공하게 할 수 있다〈농수산물의 원산지 표시 등에 관한 법률 시행령(시행 2022. 9. 16.) 제5조의2(과징금의 부과 및 징수) 제4항〉.

① 농림축산식품부장관, 해양수산부장관, 관세청장 또는 특별시장 · 광역시장 · 특별자치시장 · 도지사 · 특별자치도지사(이하 "시 · 도지사"라 한다)나 시장 · 군수 · 구청장(자치구의 구청장을 말한다. 이하 같다)은 법 제6조의2 제1항에 따라 과징금을 부과하려면 그 위반행위의 종류와 과징금의 금액 등을 명시하여 과징금을 낼 것을 과징금 부과대상자에게 서면으로 알려야 한다〈농수산물의 원산지 표시 등에 관한 법률 시행령(시행 2022. 9. 16.) 제5조의2(과징금의 부과 및 징수) 제2항〉.

② 농림축산식품부장관, 해양수산부장관, 관세청장, 특별시장 · 광역시장 · 특별자치시장 · 도지사 · 특별자치도지사(이하 "시 · 도지사"라 한다) 또는 시장 · 군수 · 구청장(자치구의 구청장을 말한다. 이하 같다)은 제6조(거짓표시 등의 금지) 규정을 2년 이내에 2회 이상 위반한 자에게 그 위반금액의 5배 이하에 해당하는 금액을 과징금으로 부과 · 징수할 수 있다. 이 경우 제6조 제1항을 위반한 횟수와 같은 조 제2항을 위반한 횟수는 합산한다〈농수산물의 원산지 표시 등에 관한 법률(시행 2022. 1. 1.) 제6조의2(과징금) 제1항〉.

④ 농림축산식품부장관, 해양수산부장관, 관세청장, 시 · 도지사 또는 시장 · 군수 · 구청장은 과징금을 내야 하는 자가 납부기한까지 내지 아니하면 국세 또는 지방세 체납처분의 예에 따라 징수한다〈농수산물의 원산지 표시 등에 관한 법률(시행 2022. 1. 1.) 제6조의2(과징금) 제4항〉.

18.③

19 **농수산물의 원산지 표시 등에 관한 법령상 대통령령으로 정하는 식품접객업(일반음식점)에서 수산물을 조리하여 판매하는 경우 원산지의 표시대상이 아닌 것은?**

① 넙치
② 뱀장어
③ 대구
④ 주꾸미

20 **친환경농어업 육성 및 유기식품 등의 관리 · 지원에 관한 법령상 유기수산물 양식장에 양식생물(수산동물)이 있는 경우, 새우 양식의 pH 조절에 한정하여 사용 가능한 물질은?**

① 알코올
② 부식산
③ 백운석
④ 요오드포

ANSWER

19 "대통령령으로 정하는 농수산물이나 그 가공품을 조리하여 판매 · 제공하는 경우"란 넙치, 조피볼락, 참돔, 미꾸라지, 뱀장어, 낙지, 명태(황태, 북어 등 건조한 것은 제외한다. 이하 같다), 고등어, 갈치, 오징어, 꽃게, 참조기, 다랑어, 아귀 및 주꾸미(해당 수산물가공품을 포함한다. 이하 같다)를 조리하여 판매 · 제공하는 경우를 말한다. 이 경우 조리에는 날 것의 상태로 조리하는 것을 포함하며, 판매 · 제공에는 배달을 통한 판매 · 제공을 포함한다〈농수산물의 원산지 표시 등에 관한 법률 시행령 제3조(원산지의 표시대상) 제5항 제8호〉.

20 허용물질 : 양식생물(수산동물)이 있는 경우〈해양수산부 소관 친환경농어업 육성 및 유기식품 등의 관리 · 지원에 관한 법률 시행규칙(시행 2022. 5. 2.) 별표 1〉

사용가능 물질	사용가능 조건
석회석(탄산칼슘)	pH 조절에 한정함
백운석(白雲石)	새우 양식의 pH 조절에 한정함

19.③ 20.③

21 **친환경농어업 육성 및 유기식품 등의 관리 · 지원에 관한 법령상 친환경어업 육성계획에 포함되어야 하는 사항으로 명시되지 않은 것은?**

① 어장의 수질 등 어업 환경 관리 방안
② 수질환경기준 설정에 관한 사항
③ 무항생제수산물의 수출 · 수입에 관한 사항
④ 환경친화형 어업 자재의 개발 및 보급과 어업 폐자재의 활용 방안

22 **친환경농어업 육성 및 유기식품 등의 관리 · 지원에 관한 법령상 유기식품 인증취소 사유가 아닌 것은?**

① 잔류물질이 검출되어 인증기준에 맞지 아니한 경우
② 거짓이나 그 밖의 부정한 방법으로 인증을 받은 경우
③ 전업(轉業), 폐업 등의 사유로 인증품을 생산하기 어렵다고 인정하는 경우
④ 인증품의 판매금지 명령을 정당한 사유 없이 따르지 아니한 경우

ANSWER

21 친환경어업 육성계획에 포함되어야 하는 사항 … 법 제7조제2항 제11호에 따라 친환경어업 육성계획에 포함되어야 하는 사항은 다음과 같다〈해양수산부 소관 친환경농어업 유것ㅇ 및 유기식품 등의 관리 · 지원에 관한 법률 시행규칙(시행 2022. 5. 2.) 제4조〉.
㉠ 어장의 수질 등 어업 환경 관리 방안
㉡ 질병의 친환경적 관리 방안
㉢ 환경친화형 어업 자재의 개발 및 보급과 어업 폐자재의 활용 방안
㉣ 수산물의 부산물 등의 자원화 및 적정 처리 방안
㉤ 유기식품 또는 무항생제수산물 등의 품질관리 방안
㉥ 유기식품 또는 무항생제수산물 등의 수출 · 수입에 관한 사항
㉦ 국내 친환경어업의 기준 및 목표에 관한 사항
㉧ 그 밖에 해양수산부장관이 친환경어업 발전을 위하여 필요하다고 인정하는 사항

22 제43조(공시의 취소 등) … 농림축산식품부장관 · 해양수산부장관 또는 공시기관은 공시사업자가 다음 각 호의 어느 하나에 해당하는 경우에는 그 공시를 취소하거나 판매금지 또는 시정조치를 명할 수 있다. 다만, ㉠의 경우에는 그 공시를 취소하여야 한다〈친환경농어업 육성 및 유기식품 등의 관리 · 지원에 관한 법률(시행 2021. 10. 14.) 제43조 제1항〉.
㉠ 거짓이나 그 밖의 부정한 방법으로 공시를 받은 경우
㉡ 농림축산식품부령 또는 해양수산부령에 따른 공시기준에 맞지 아니한 경우
㉢ 정당한 사유 없이 공시취소 · 판매금지 또는 시정조치, 유기농어업자재의 회수 · 폐기, 공시표시의 제거 · 정지 또는 세부 표시사항 변경에 따른 명령에 따르지 아니한 경우
㉣ 전업 · 폐업 등으로 인하여 유기농어업자재를 생산하기 어렵다고 인정되는 경우
㉤ ㉢에 따른 품질관리 지도 결과 공시의 제품으로 부적절하다고 인정되는 경우

21.② 22.①

23 수산물 유통의 관리 및 지원에 관한 법률 제1조(목적)에 관한 내용이다. (　　) 안에 들어갈 내용을 순서대로 옳게 나열한 것은?

> 수산물 유통체계의 (　　)와 수산물유통산업의 경쟁력 강화에 관하여 규정함으로써 원활하고 (　　) 수산물의 유통체계를 확립하여 (　　)와 소비자를 보호하고 국민경제의 발전에 이바지함을 목적으로 한다.

① 효율화, 위생적인, 판매자
② 투명화, 위생적인, 생산자
③ 효율화, 안전한, 생산자
④ 투명화, 안전한, 판매자

24 수산물 유통의 관리 및 지원에 관한 법령상 위판장 외의 장소에서 매매 또는 거래할 수 없는 수산물은?

① 종자용 홍어
② 양식용 문어
③ 종자용을 제외한 뱀장어
④ 종자용을 제외한 미꾸라지

25 수산물 유통의 관리 및 지원에 관한 법령상 수산물 규격품임을 표시하려고 할 경우 "규격품"이라는 문구와 함께 표시하여야 할 사항이 아닌 것은?

① 산지
② 등급
③ 생산자단체의 명칭 및 전화번호
④ 생산일자와 유통기한

ANSWER

23 이 법은 수산물 유통체계의 효율화와 수산물유통산업의 경쟁력 강화에 관하여 규정함으로써 원활하고 안전한 수산물의 유통체계를 확립하여 생산자와 소비자를 보호하고 국민경제의 발전에 이바지함을 목적으로 한다〈수산물 유통의 관리 및 지원에 관한 법률(시행 2021. 6. 15.) 제1조(목적)〉.

24 거래 정보의 부족으로 가격교란이 심한 수산물로서 해양수산부령으로 정하는 수산물은 위판장 외의 장소에서 매매 또는 거래하여서는 아니 된다〈수산물 유통의 관리 및 지원에 관한 법률(시행 2021. 6. 15.) 제13조의2(수산물매매장소의 제한)〉.
※ "해양수산부령으로 정하는 수산물"이란 뱀장어(종자용 뱀장어를 제외한다)를 말한다〈수산물 유통의 관리 및 지원에 관한 법률(시행 2021. 6. 15.) 제7조의2(매매장소 제한 수산물〉.

25 **규격품의 출하 및 표시방법 등** … 규격에 부합하는 수산물을 출하하는 자가 해당 수산물이 규격품임을 표시하려는 경우에는 해당 수산물의 포장 겉면에 "규격품"이라는 문구와 함께 다음의 사항을 표시하여야 한다〈수산물 유통의 관리 및 지원에 관한 법률 시행규칙(시행 2022. 2. 24.) 제41조 제2항〉.
㉠ 품목
㉡ 산지
㉢ 품종. 다만, 품종을 표시하기 어려운 품목은 해양수산부장관이 정하여 고시하는 바에 따라 품종의 표시를 생략할 수 있다.
㉣ 등급
㉤ 실중량. 다만, 품목 특성상 실중량을 표시하기 어려운 품목은 해양수산부장관이 정하여 고시하는 바에 따라 개수 또는 마릿수 등의 표시를 단일하게 할 수 있다.
㉥ 생산자 또는 생산자단체의 명칭 및 전화번호

23.③ 24.③ 25.④

II 수산물유통론

26 수산물 유통의 거리와 기능 관계를 연결한 것 중 옳지 않은 것은?

① 장소 거리 － 운송 기능
② 시간 거리 － 보관 기능
③ 품질 거리 － 선별 기능
④ 인식 거리 － 거래 기능

27 수산물 거래관행에 관한 설명으로 옳지 않은 것은?

① 위탁판매제란 수협위판장에 수산물을 판매 · 위탁하는 제도이다.
② 산지위판장에서는 주로 경매 · 입찰제가 실시된다.
③ 연근해수산물은 수협위판장을 경유하여 판매해야만 한다.
④ 원양선사는 대량으로 생산된 원양어획물 판매를 위해 입찰제를 실시하고 있다.

28 수산물 유통경로가 다양하고 다단계로 이루어지는 이유로 옳지 않은 것은?

① 수산물 생산이 계절적으로 행해진다.
② 조업어장이 해역별로 집중되어 있다.
③ 영세한 어업인이 전국적으로 분포되어 있다.
④ 수산물은 부패하기 쉽다.

ANSWER

26 거래기능은 생산자와 소비자 간의 소유권 거리를 중간에서 적정 가격으로 연결시키는 기능을 한다.

27 국내 수산물 유통 시 거래관행으로 전도금제, 경매 · 입찰제, 위탁만태제가 있다. 전도금제는 고가의 수산물이나 안정적인 확보를 위해 생산자에게 출어자금은 선지급하는 제도이다. 위탁판매제는 생산자들이 자신의 생산물을 수산업 협동조합에 판매를 위탁하는 제도이다. 경매를 통해 수산물을 입찰받는 제도를 거래제도라고 한다.

28 어업생산은 계절적으로 행해지며 조업어장은 해역별로 분산되어 있다.

26.④ 27.③ 28.②

29 **수산물 유통 활동 중 물적유통 활동에 관한 설명으로 옳지 않은 것은?**

① 수산물의 보관 및 판매를 위한 포장 활동
② 수산물의 양륙 및 상·하차 등 물류 활동
③ 수산물 소유권 이전을 위한 거래 활동
④ 산지와 소비지를 연결시켜 주는 운송 활동

30 **수산물 산지위판장에서 발생하는 유통비용에 관한 설명으로 옳지 않은 것은?**

① 위판장에 접안한 어선에서 생산물을 양륙·반입할 때 양륙비가 발생한다.
② 양륙한 수산물의 경매를 위해 위판장에 진열하는 배열비가 발생한다.
③ 수산물을 입상하여 경매할 경우 추가로 삭업비가 발생한다.
④ 모든 수산물 산지위판장에서는 동일한 위판 수수료율이 발생한다.

31 **수산물 경매사가 최고가를 제시한 후 낙찰자가 나타날 때까지 가격을 내려가면서 제시하는 방식은?**

① 상향식 경매 방식
② 하향식 경매 방식
③ 동시호가식 경매 방식
④ 최고가격 입찰 방식

29 물적유통 활동
㉠ **운송활동** : 생산지와 소비지 등 장소의 거리를 연결하는 활동
㉡ **보관활동** : 수산물 생산 집중시기와 연중 소비시기 등 시간을 연결하는 활동
㉢ **정보유통활동** : 수산물 생산 동향 및 가격동향 등 생산과 소비 정보를 연결하는 활동
㉣ **하역활동** : 상·하차 등의 활동
㉤ **포장활동** : 수산물 보관 및 판매를 위한 포장 활동
㉥ **규격화 활동** : 수산물의 운반 및 보관 효율을 높이기 위한 활동
㉦ **표준화 활동** : 물적유통 촉진 도모를 위한 활동
※ 상적유통활동은 수산물 소유권 이전에 관한 활동이며 물적유통활동은 수산물 자체의 이전에 관한 활동이다.

30 위판수수료율은 출하금액에 부과되는 법정 수수료의 4.5%로 지역마다 차이가 있다.

31 ① **상향식 경매 방식** : 낮은 가격으로부터 시작하여 최고가격을 신청한 사람에게 낙찰시키는 방식이다.
③ **동시호가식 경매 방식** : 경매참가자들이 경쟁하며 가격을 높게 제시하고 경매사들은 제시한 가격을 공표하여 경매를 진행시킨다. 상향식 경매와 비슷하다.
④ **최고가격 입찰방식** : 중도매인들이 낮은 가격으로부터 높은 가격을 제시하고 가장 높은 가격을 부르는 중도매인에게 낙찰한다.

29.③ 30.④ 31.②

32 수산물도매시장의 구성원에 관한 설명으로 ( ) 안에 들어갈 옳은 내용은?

> • (㉠)이란 농수산물도매시장 개설자에게 등록하고, 수산물을 수집하여 농수산물도매시장에 출하하는 영업을 하는 자를 말한다.
> • (㉡)이란 농수산물도매시장에 상장된 수산물을 직접 매수하는 자로서 중도매인이 아닌 가공업자, 소매업자 등의 수산물 수요자를 말한다.

	㉠	㉡		㉠	㉡
①	산지유통인,	매매참가인	②	산지유통인,	시장도매인
③	도매시장법인,	매매참가인	④	도매시장법인,	시장도매인

33 수산물 산지위판장의 중도매인이 지불해야 하는 유통비용이 아닌 것은?

① 상차비
② 어상자대
③ 위판수수료
④ 저장 · 보관비

34 활어 유통에 관한 설명으로 옳은 것을 모두 고른 것은?

> ㉠ 일반적으로 살아있는 수산물을 '활어'라고 한다.
> ㉡ 활어는 최종 소비단계에서 대부분 '회'로 소비된다.
> ㉢ 활어의 산지 유통은 대부분 수협 위판장을 경유한다.
> ㉣ 소비자들은 활어회보다 선어회를 선호한다.

① ㉠㉡
② ㉠㉣
③ ㉡㉢
④ ㉢㉣

ANSWER

32 산지유통인이란 농수산물도매시장 개설자에게 등록하고, 수산물을 수집하여 농수산물도매시장에 출하하는 영업을 하는 자를 말한다〈농수산물유통 및 가격안정에 관한 법률(시행 2022. 1. 1.) 제2조(정의) 제11호〉, 매매참가인이란 농수산물도매시장에 상장된 수산물을 직접 매수하는 자로서 중도매인이 아닌 가공업자, 소매업자 등의 수산물 수요자를 말한다〈농수산물유통 및 가격안정에 관한 법률(시행 2022. 1. 1.) 제2조(정의) 제10호〉.

33 위판수수료, 양륙비, 배열비는 생산자 비용에 해당한다.

34 활어의 산지유통은 생산자가 활어를 생산하여 수협의 중매인이나 수집상 등의 산지 상인, 지역 식당 등의 소매점에 판매하고 상인이 구매한 활어를 소비지로 판매하기 전까지를 말한다. 일반적으로 우리나라는 활어회를 가장 활발히 소비하며 선어회는 일본이 주로 소비한다.

32.① 33.③ 34.①

35 양식산 넙치의 유통 특성에 관한 설명으로 옳지 않은 것은?

① 주요 산지는 제주도와 완도이다.
② 대부분 유사도매시장을 경유한다.
③ 최대 수출대상국은 일본이며, 주로 활어로 수출된다.
④ 해면양식어업 전체 품목 중 생산량이 가장 많다.

36 선어 유통에 관한 설명으로 옳지 않은 것은?

① 선어란 저온보관을 통해 냉동하지 않은 수산물을 의미한다.
② 전체 수산물 유통량의 50% 이상이다.
③ 우리나라 연근해에서 어획된 것이 대부분이다.
④ 선도유지가 중요하며, 신속한 유통이 필요하다.

37 냉동수산물 유통에 관한 설명으로 옳은 것을 모두 고른 것은?

> ㉠ 어획된 수산물을 동결하여 유통하는 상품형태를 의미한다.
> ㉡ 선어에 비해 유통 과정에서의 부패 위험도가 낮다.
> ㉢ 수협 산지위판장을 경유하는 경우가 대부분이다.
> ㉣ 냉동 창고와 냉동 탑차가 필수적 유통수단이다.

① ㉠㉡㉢　　② ㉠㉡㉣
③ ㉠㉢㉣　　④ ㉡㉢㉣

ANSWER

35　양식산 넙치는 남해안과 제주도 지역에서 주로 양식되고 있다. 해면양식어업 생산량의 76%가 김, 다시마, 미역 등 해조류이다.

36　국내 유통량 중 활어는 65.9%, 선어는 20%, 냉동은 14.1% 비중 차지한다.

37　냉동수산물 유통
㉠ 냉동수산물이란 어획된 수산물이 동결된 상태로 유통되는 상품이다.
㉡ 선어에 비해 선도가 떨어지기 때문에 가격이 상대적으로 저렴하다.
㉢ 부패되기 쉬운 수산물의 보장성을 높여 부패 변질 부담이 감소된다.
㉣ 어선에 동결장치를 갖추어 선상에서 동결하기도 한다.
㉤ 냉동수산물은 양륙·수입된 후 냉동 창고(− 18℃)에 보관하고 운송 시 선어보다 더 낮은 온도를 유지해야 하므로 냉동 탑차(− 18℃)를 이용한다.
㉥ 유통을 위해 냉동 창고와 냉동 탑차는 필수이다.
㉦ 대부분 원양산이기 때문에 수협의 산지 위판장 경유 비중은 매우 적다.

35.④　36.②　37.②

38 수산가공품의 유통에 관한 설명으로 옳지 않은 것은?

① 부패를 억제하여 장기간의 저장이 가능하다.
② 가공정도가 높을수록 일반 수산물 유통과 유사하다.
③ 수송이 편리하고, 공급조절이 가능하다.
④ 위생적인 제품 생산으로 상품성을 높일 수 있다.

39 수입 연어류 유통에 관한 설명으로 옳은 것은?

① 대부분 활수산물이다.
② 대부분 양식산이다.
③ 대부분 러시아산이다.
④ 대부분 유사도매시장을 경유한다.

40 수산물 공동판매의 장점으로 옳은 것을 모두 고른 것은?

㉠ 투입 노동력이 증가한다.	㉡ 유통비용을 절감할 수 있다.
㉢ 가격교섭력을 높일 수 있다.	㉣ 유통업자 간의 판매시기를 조절할 수 있다.

① ㉠㉡
② ㉠㉣
③ ㉡㉢
④ ㉢㉣

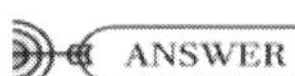

38 수산가공품의 유통
㉠ 냉동품, 소건품, 염장품 등 부패를 억제하여 장기간 저장이 용이하다.
㉡ 수송이 편리하며 공급조절이 가능하다.
㉢ 위생적으로 안전한 제품 생산이 가능하다.

39 ① 대부분 선어이다.
③ 노르웨이산이 대부분을 차지한다.
④ 대부분 수협의 산지 위판장을 경유하고 있다.

40 수산물 공동판매 장점
㉠ 유통비(수송비 및 거래비용)를 절감할 수 있다.
㉡ 수산업협동종합을 통해 가격교섭력을 제고한다.
㉢ 가격안정화를 유도하고 안정적인 시장을 확보한다.
㉣ 수산물 출하 시기 조절이 용이하다.

38.② 39.② 40.③

41 **수산물 소비지 도매시장의 기능으로 옳지 않은 것은?**

① 양륙기능 ② 수집기능
③ 분산기능 ④ 가격형성기능

42 **수산물 전자상거래에 관한 설명으로 옳은 것은?**

① 유통경로가 상대적으로 길다.
② 거래 시간과 공간의 제한이 없다.
③ 구매자 정보를 획득하기 어렵다.
④ 홍보 및 판촉비용이 증가한다.

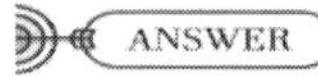

41 소비지 도매시장의 기능
㉠ 수집기능 : 산지시장으로부터 수산물을 수집
㉡ 가격형성기능 : 경매 · 입찰 등
㉢ 분산기능 : 도시 수요자에게 유통
㉣ 대금결제기능 : 현금으로 신속하고 확실한 결제기능

42 전자상거래의 특징
㉠ 짧은 유통 채널
㉡ 시간 및 공간의 제약 없음
㉢ 즉각적인 고객욕구 대응
㉣ 고객정보 수집 용이
㉤ 판매 거점 불필요
㉥ 저렴한 비용

41.① 42.②

43 **조기의 수요변화로 (　　) 안에 들어갈 옳은 내용은?**

> 조기 가격이 10% 하락함에 따라 수요가 5% 증가하였다. 이 때 조기 수요의 가격탄력성은 (㉠)로 조기는 수요 (㉡) 이라고 말할 수 있다.

㉠　㉡

① 0.2, 탄력적
② 0.2, 비탄력적
③ 0.5, 탄력적
④ 0.5, 비탄력적

44 **수산물의 가격 변동폭을 증가시키는 원인으로 옳지 않은 것은?**

① 계획생산의 어려움
② 어획물의 다양성
③ 강한 부패성
④ 정부 수매비축

ANSWER

43 $가격탄력성(E_P) = \frac{수요량변화율}{가격변화율} = \frac{5\%}{10\%} = 0.5$

∴ 비탄력적

※ 수요의 가격탄력성 크기

구분	수요의 가격탄력성
완전 비탄력적	$E_P = 0$
비탄력적	$0 < E_P < 1$
단위탄력적	$E_P = 1$
탄력적	$1 < E_P$
완전탄력적	$E_P = \infty$

44 ④

수매비축은 시장정책과 수급조절을 위한 제도이다.

43.④ 44.②

45 수입 대게의 각 유통단계별 가격(원/kg)을 나타낸 것이다. 도매상의 유통마진율(%)은? (단, 유통비용은 없다고 가정한다.)

• 수입업자 24,000원	• 도매상 40,000원	• 횟집 60,000원

① 30
② 40
③ 50
④ 60

46 수산물 할인 쿠폰이나 즉석 경품 등을 제공하는 판매촉진 활동의 장점에 관한 설명이 아닌 것은?

① 판매 홍보에 효과적이다.
② 잠재고객을 확보할 수 있다.
③ 브랜드의 고급화에 도움이 된다.
④ 소비자의 대량 구매 심리를 자극한다.

ANSWER

45 • 출하자 마진 = 출하자 수취 가격 − 생산자 수취 가격
= 40,000 − 24,000 = 16,000 ⋯ ㉠
• 도매시장 마진 = 도매시장 가격 − 출하자 수취 가격
= 40,000 − ㉠ = 24,000 ⋯ ㉡
• 유통마진(%) $= \frac{\text{소비자구입가격} - \text{생산자수취가격}}{\text{소비자구입가격}} \times 100$
$= \frac{24,000}{60,000} \times 100 = 40(\%)$

46 브랜드 고급화에는 명성가격전략 등의 마케팅이 사용된다.

45.③ 46.③

47 수산물 상표에 관한 설명으로 옳은 것을 모두 고른 것은?

> ㉠ 읽었을 때 불쾌한 느낌이 없어야 한다.
> ㉡ 수출품 상표는 해당국 언어로 발음할 수 있게 한다.
> ㉢ 긴 문장으로 오래 기억에 남게 한다.

① ㉠㉡ ② ㉠㉢
③ ㉡㉢ ④ ㉠㉡㉢

48 해양수산부는 수산물 소비확대를 위해 "어식백세 캠페인"의 일환으로 수산물 소비촉진 사업자를 공모하였다. 해당사업 판촉활동에 관한 것을 모두 고른 것은?

> ㉠ 홍보(Publicity)
> ㉡ 상표광고(Brand Advertising)
> ㉢ 기초광고(Generic Advertising)
> ㉣ 기업광고(Corporate Advertising)

① ㉠㉡ ② ㉠㉢
③ ㉡㉢ ④ ㉡㉣

ANSWER

47 등록된 상표는 다른 기업의 모방에서 법적으로 보호되며 상표권이라는 무형자산이 된다. 상표는 간결하게 기업의 또는 상품의 이미지나 개성을 상징화한다.

48 어식백세 … 해양수산부 산하기관인 한국수산회에서 진행하는 캠페인으로 "건강한 어식(魚食)을 통해 백세(百歲)까지 건강하자"는 메시지를 담고 있다.

47.① 48.②

49 수산물 정보를 체계적으로 수집하기 위한 것이 아닌 것은?

① 판매시점 정보시스템(POS System)
② 바코드(Bar Code)
③ 공급망관리(SCM)
④ 전자문서교환(EDI)

50 수산물 가격 및 수급안정을 목적으로 시행하는 유통정책이 아닌 것은?

① 수산업관측사업
② 어업보험제도
③ 정부비축사업
④ 자조금제도

ANSWER

49 ③ **공급망관리(SCM)** : 자재조달 협력회사와의 정보시스템 연계방식이다.
① **판매시점 정보시스템(POS System)** : 판매와 관련된 데이터를 관리하고 고객 정보를 수집하여 상품의 판매시기를 결정한다.
② **바코드(Bar Code)** : 주문처리 시 주문 정보의 정확성과 시스템 안전성에 도움이 된다. 또한 정보시스템 개발을 위한 기반이 된다.
④ **전자문서교환(EDI)** : 일정한 형태로 정형화된 내용의 거래나 행정관련 정보를 컴퓨터 통신회로를 통해 상호 전송하는 시스템이다.

50 어업보험제도는 유통제도가 아닌 어업노동자의 피해를 지원하는 사업이다.

49.③ 50.②

Ⅲ 수확 후 품질관리론

51 **수분활성도를 조절하여 저장성을 개선시킨 수산식품이 아닌 것은?**

① 마른오징어 ② 간고등어
③ 가쓰오부시 ④ 참치통조림

52 **어패류의 선도 판정법 중 화학적 방법이 아닌 것은?**

① 휘발성 염기 질소 측정법 ② 경도 측정법
③ 트리메틸아민 측정법 ④ pH 측정법

53 **초기 세균 농도가 105 CFU/g인 연육을 120℃에서 3분간 살균하였더니 102 CFU/g으로 감소하였다. 이때 D값은?**

① 1분 ② 2분
③ 3분 ④ 5분

ANSWER

51 ④ 가열 살균하여 식품 내 미생물 침입을 방지하여 변질 및 부패를 막아 장기저장이 가능하도록 한 통조림이다.
① 수산물을 그대로 혹은 적당히 처리하여 건조시킨 소건품이다.
② 원료를 소금에 절인 후 건조한 염건품이다.
③ 원료 어육을 자숙, 배건 및 일건 시킨 자배건품이다.

52 ① **휘발성 염기 질소 측정법** : 휘발성 염기 질소의 생성량 변화를 측정하여 판정한다. 어패류 선도 판정 방법으로 가장 많이 쓰이고 있으나 상어와 홍어는 암모니아와 트리메틸아민의 생성이 지나치게 함유되어 판정할 수 없다.
③ **트리메틸아민 측정법** : 트리메틸아민은 신선한 어육에는 거의 존재하지 않으며 사후 선도가 떨어지면 트리메틸아민 생성량을 기준으로 측정한다.
④ **pH 측정법** : 사후 pH가 증가하는 시점의 pH를 부패시기로 하여 판정의 기준으로 삼는다. 53

53 $$D = \frac{t}{\log N_0 - \log N} = \frac{t}{\log(\frac{N_0}{N})} = \frac{3}{\log(\frac{10^5}{10^2})} = 1(\text{min})$$

※ D값 = 임의의 온도에서 생균을 90% 사멸시키는 데 필요한 시간(min)

51.④ 52.② 53.①

54 **수산식품 가공처리 중 지질산화 억제를 위한 방법으로 옳지 않은 것은?**

① 냉동굴 제조 시 얼음막 처리
② 마른멸치 제조 시 BHT 처리
③ 어육포 포장 시 탈산소제 봉입 처리
④ 저염 오징어젓 제조 시 소브산 처리

55 **접촉식 동결법에 관한 설명으로 옳지 않은 것은?**

① 냉각된 금속판 사이에 원료를 넣고, 양면을 밀착하여 동결하는 방법이다.
② 신싱 동결법으로도 사용한다.
③ 급속 동결법 중의 하나이다.
④ 선망으로 어획된 참치통조림용 가다랑어의 동결에 적용하고 있다.

56 **연승(주낙)으로 어획한 갈치를 어상자에 담을 때 적절한 배열방법은?**

① 복립형 ② 산립형
③ 환상형 ④ 평편형

ANSWER

54 젖산, 솔비톨, 에탄올을 첨가하여 부패를 억제시킨다.

55 접촉식 동결법
㉠ 냉각된 냉매를 흘려 금속판을 냉각시킨다. 금속판 사이에 원료를 넣어 양면을 밀착하여 동결한다.
㉡ 대표적인 급속 동결법으로 수산물 동결에 유용하다.
㉢ 식품이 냉각된 금속판에 직접 접촉되어 속도가 빠르다.

56 ③ **환상형** : 갈치나 장어처럼 길이가 길 때 상자에 둥글게 입상하는 방법이다.
① **복립형** : 복부를 위로 보게 하는 방법이다.
② **산립형** : 잡어와 같은 작은 것들을 아무렇게 입상하는 방법이다.
④ **평편형** : 옆으로 가지런히 배열하는 방법이다.

54.④ 55.④ 56.③

57 **수산식품의 진공포장 처리에 관한 설명으로 옳지 않은 것은?**

① 호기성 미생물의 발육이 억제된다.
② 내용물의 지질산화가 억제된다.
③ 부피를 줄여 수송 및 보관이 용이하다.
④ 포장재는 기체투과성이 있어야 한다.

58 **수산물 표준규격에서 정하는 포장재료 및 포장재료의 시험방법 중 PP대(직물제포대) 시험항목에 해당하지 않는 것은?**

① 인장강도
② 직조밀도
③ 봉합실 흡수량
④ 섬도

59 **고등어의 동결저장 중 품온이 − 10℃일 때 동결률(%)은? (단, 고등어의 수분함량은 75%이고, 어는점은 − 2℃이다.)**

① 75%
② 80%
③ 85%
④ 90%

ANSWER

57 산소와 이산화탄소의 투과도가 낮은 필름으로 포장하여 미생물 성장을 억제시킨다.

58 인장강도, 신장도, 직조밀도, 완충성, 섬도 등이 해당한다.

59 동결률(%) = $(1 - \frac{-2}{-10}) \times 100 = 80(\%)$

57.④ 58.③ 59.②

60 **연제품의 탄력에 관한 설명으로 옳은 것은?**

① 경골어류는 연골어류보다 겔 형성력이 좋다.
② 적색육 어류가 백색육 어류보다 겔 형성력이 좋다.
③ 어육의 겔 형성력은 선도와 관계없다.
④ 단백질의 안정성은 냉수성 어류가 온수성 어류보다 크다.

61 **어육의 동결 중 나타나는 최대 빙결정 생성대에 관한 설명으로 옳지 않은 것은?**

① − 5 ~ 어는점(℃) 범위의 온도대이다.
② 얼음 결정이 가장 많이 생성된다.
③ 어육의 품온이 떨어지는 시간이 많이 걸리는 구간이나.
④ 냉동품의 품질은 최대 빙결정 생성대의 통과시간이 길수록 우수하다.

62 **한천에 관한 설명으로 옳은 것은?**

① 한천은 아가로펙틴과 아가로스의 혼합물이며, 아가로펙틴이 주성분이다.
② 아가로펙틴은 중성다당류이다.
③ 한천은 소화흡수가 잘되어 식품의 소재로 활용도가 높다.
④ 냉수에는 잘 녹지 않으나, 80℃ 이상의 뜨거운 물에는 잘 녹는다.

ANSWER

60 ①② 어육의 겔 형성력은 경골여류, 바다고기, 백색육 어류가 좋다.
③ 선도가 좋을수록 겔 형성력이 좋으며 어종, 수세, 소금 농도, 가열 조건 등은 겔 형성에 영향을 미친다.
④ 냉수성 어류보다 온수성 어류 단백질이 더 크다.
※ 겔 … 콜로이드 용액이 일정한 농도 이상으로 진해져서 튼튼한 그물 조직이 형성되어 굳어진 것으로 탄력을 지닌다.

61 냉동품의 품질은 최대 빙결정 생성대의 통과시간이 짧을수록 우수하다.
※ **최대 빙결정 생성대** … 빙결정이 가장 많이 만들어지는 온도대로 빙결점 − 5 ~ − 1℃ 온도구간이다.

62 ① 아가로스와 아가로펙틴의 혼합물이며 아가로스가 주 성분이다.
② 아가로스는 중성다당류이며 아가로펙틴은 산성다당류이다.
③ 한천은 소화나 흡수가 잘 되지 않아 다이어트 식품으로 이용되고 있다.

60.① 61.④ 62.④

63 **제품의 흑변 방지를 위하여 통조림 용기에 사용하는 내면 도료는?**

① 비닐수지 도료
② 유성수지 도료
③ V－에나멜 도료
④ 에폭시수지 도료

64 **마른간법과 비교한 물간법의 특징으로 옳은 것을 모두 고른 것은?**

㉠ 소금의 침투가 불균일하다.	㉡ 염장 중 지방산화가 적다.
㉢ 소금 사용량이 많다.	㉣ 제품의 수율이 낮다.
㉤ 소금의 침투속도가 빠르다.	

① ㉠㉡
② ㉡㉢
③ ㉢㉣
④ ㉣㉤

65 **국내에서 참치통조림의 원료로 가장 많이 사용되고 있는 어종은?**

① 가다랑어
② 날개다랑어
③ 참다랑어
④ 황다랑어

ANSWER

63 통조림 흑변을 예방하기 위해 C－에나멜 도료나 V－에나멜 도료를 사용한다.

64

마른간법	물간법
• 수산물에 직접 소금을 뿌려 염장하여 소금침투가 빠르다. • 소금의 침투가 불균일하다. • 사용되는 소금의 양은 원료 무게의 20 ~ 35% 정도이다.	• 식염을 녹인 소금물에 수산물을 담가서 염장하는 방법이다. • 소금의 양이 많이 필요하다. • 염장 중 공기와 접촉이 되지 않아 산화가 적다.

65 참치통조림은 주로 황다랑어, 가다랑어를 가공한 것으로 특히 가다랑어가 가장 많은 비중을 차지한다.

63.③ 64.② 65.①

66 게맛어묵(맛살류)의 제품 형태에 해당하지 않는 것은?

① 청크(chunk)
② 플레이크(flake)
③ 라운드(round)
④ 스틱(stick)

67 마른김의 제조를 위하여 산업계에서 주로 적용하고 있는 기계식 건조방법은?

① 냉풍건조
② 열풍건조
③ 동결건조
④ 천일건조

68 다음 수산발효식품 중 제조기간이 가장 긴 제품은?

① 멸치젓
② 멸치액젓
③ 명란젓
④ 가자미식해

ANSWER

66 게맛어묵(맛살류)는 동결 연육을 게살, 새우살, 또는 바닷가재살 등의 풍미를 가지도록 만든 제품이다. 막대모양의 스틱, 스틱을 자른 덩어리 모양의 청크, 청크를 더 잘게 자른 조각의 플레이크 등이 있다.

67 ② **열풍건조** : 수산물을 건조 장치에 넣어 뜨거운 바람으로 강제 순환시켜 건조시키는 방법이다.
① **냉풍건조** : 습도가 낮은 냉풍을 이용하여 수산물을 건조시킨다. 멸치나 오징어 등의 건조에 이용한다.
③ **동결건조** : 식품을 동결된 상태로 낮은 압력에서 빙결정을 승화시켜 건조하는 방법이다.
④ **천일건조** : 자연건조를 이용하는 방법이다.

68 육젓은 약 2 ~ 3개월 상온 발효시키며 액젓은 12개월 이상 발효시킨다.

66.③ 67.② 68.②

69 수산물의 원료 전처리 기계에 해당하는 것을 모두 고른 것은?

㉠ 선별기	㉡ 필렛가공기
㉢ 탈피기	㉣ 레토르트

① ㉠㉡ ② ㉠㉡㉢
③ ㉡㉢㉣ ④ ㉠㉡㉢㉣

70 어묵제조 공정에 필요한 기계장치를 순서대로 옳게 나열한 것은?

㉠ 채육기(어육채취기)	㉡ 육정선기
㉢ 사일런트커터	㉣ 성형기
㉤ 살균기	

① ㉠ → ㉡ → ㉢ → ㉣ → ㉤ ② ㉠ → ㉢ → ㉡ → ㉣ → ㉤
③ ㉡ → ㉠ → ㉢ → ㉣ → ㉤ ④ ㉡ → ㉠ → ㉢ → ㉤ → ㉣

71 다음과 같은 순서로 처리하는 건조기는?

- 생미역을 선반(tray) 위에 평평하게 담는다.
- 선반을 운반차(대차) 위에 쌓아 올린다.
- 열풍이 통과할 수 있는 적당한 간격으로 운반차를 건조기 안에 넣는다.
- 건조기 내부로 운반차를 차례로 통과시켜 생미역을 건조시킨다.

① 유동층식 건조기 ② 캐비넷식 건조기
③ 터널식 건조기 ④ 회전식 건조기

ANSWER

69 레토르트 … 익힌 식품을 가열하거나 살균할 때 사용하는 장치이다. 100℃ 이상을 유지하기 위해 고압증기를 사용하며 살균 후 품질 변화를 절감하기 위해 급랭한다.

70 어묵 제조 시 채육 공정을 거친 다음 육정선기로 껍질의 소편, 흑피 등을 제거한다. 사일런트 커터에서 초벌갈이, 두벌갈이, 세벌갈이를 한 후에 성형 공정을 거친다. 이때 기포가 들어가지 않도록 해야 한다. 이후 살균 공정을 거치며 연육에 부착되어 있는 곰팡이와 세균을 사멸시킨다.

71 터널식 건조기 … 원료를 실은 수레를 터널 모양의 건조기에서 이동시키며 열풍으로 건조한다. 열효율이 높고 속도가 빠르다.

69.② 70.① 71.③

72 조개류의 독성 물질이 아닌 것은?

① venerupin ② PSP
③ DSP ④ tetrodotoxin

73 HACCP의 CCP(중요관리점)로 결정되어지는 질문과 답변은?

① 확인된 위해요소를 관리하기 위한 선행요건프로그램이 있으며 잘 관리되고 있는가 - Yes
② 이후의 공정에서 확인된 위해를 제거하거나 발생가능성을 허용수준까지 감소시킬 수 있는가? - Yes
③ 이 공정이나 이후의 공정에서 확인된 위해의 관리를 위한 예방조치방법이 없으며, 이 공정에서 안전성을 위한 관리가 필요한가? - No
④ 이 공정은 이 위해의 발생가능성을 제거 또는 허용수준까지 감소시키는가? - Yes

74 식품공전상 수산물의 중금속 기준으로 옳은 것은?

① 납(오징어를 제외한 연체류) : 2.0 mg/kg 이하
② 카드뮴(오징어) : 2.0 mg/kg 이하
③ 메틸수은(다랑어류) : 2.0 mg/kg 이하
④ 카드뮴(미역) : 0.5 mg/kg 이하

75 HACCP의 제품설명서 작성 시 포함되지 않는 항목은?

① 완제품규격 ② 제품유형
③ 식품제조 현장작업자 ④ 유통기한

ANSWER

72 조개류 독성 물질에는 protogonyautoxin, venerupin,, PSP, (paralytic shellfish poison), DSP(diarrhettic Shellfish Poisoning), gonyautoxi,, saxitoxin 등이 있다. tetrodotoxin은 복어 독이다.

73 HACCP의 CCP(중요관리점)은 절차 7, 2원칙에 해당한다. 확인된 위해요소를 제거할 수 있는 공정을 찾고 결정한다.

72.④ 73.④

74 수산물 중금속 기준(2022년 6월 기준)

대상식품	납(mg/kg)	카드뮴(mg/kg)	수은(mg/kg)	메틸수은(mg/kg)
어류	0.5 이하	• 0.1 이하 (민물 및 회유 어류에 한한다) • 0.2 이하 (해양어류에 한한다)	0.5 이하 (아래 어류는 제외한다)	1.0 이하 (아래 어류에 한한다)
연체류	2.0 이하 (다만, 오징어는 1.0 이하, 내장을 포함한 낙지는 2.0 이하)	2.0 이하 (다만, 오징어는 1.5 이하, 내장을 포함한 낙지는 3.0 이하)	0.5 이하	–
갑각류	0.5 이하 (다만, 내장을 포함한 꽃게류는 2.0 이하)	1.0 이하 (다만, 내장을 포함한 꽃게류는 5.0 이하)	–	–
해조류	0.5 이하 [미역(미역귀 포함)에 한한다]	0.3 이하 [김(조미김 포함) 또는 미역(미역귀 포함)에 한한다]	–	–
냉동식용 어류머리	0.5 이하	–	0.5 이하 (아래 어류는 제외한다)	1.0 이하 (아래 어류에 한한다)
냉동식용 어류내장	0.5 이하 (다만, 두족류는 2.0 이하)	3.0 이하 (다만, 어류의 알은 1.0 이하, 두족류는 2.0 이하)	0.5 이하 (아래 어류는 제외한다)	1.0 이하 (아래 어류에 한한다)

※ 메틸수은 규격 적용 대상 해양어류 : 쏨뱅이류(적어포함, 연안성 제외), 금눈돔, 칠성상어, 얼룩상어, 악상어, 청상아리, 곱상어, 귀상어, 은상어, 청새리상어, 흑기흉상어, 다금바리, 체장메기(홍메기), 블랙오레오도리(Allocyttus niger), 남방달고기(Pseudocyttus maculatus), 오렌지라피(Hoplostethus atlanticus), 붉평치, 먹장어(연안성 제외), 흑점샛돔(은샛돔), 이빨고기, 은민대구(뉴질랜드계군에 한함), 은대구, 다랑어류, 돛새치, 청새치, 녹새치, 백새치, 황새치, 몽치다래, 물치다래

75 HACCP의 제품설명서 작성 내용

㉠ 제품명
㉡ 제품유형
㉢ 품목제조보고 연월일 및 보고자
㉣ 작성연월일 및 작성자
㉤ 성분배합비율
㉥ 제조(포장) 단위
㉦ 완제품 규격
㉧ 보관유통상 주의사항
㉨ 포장방법 및 재질
㉩ 표시사항
㉪ 제품의 용도
㉫ 섭취방법
㉬ 유통기한
㉭ 기타 사항

74.① 75.③

Ⅳ 수산일반

76 수산업 · 어촌 발전 기본법상 소금생산업이 해당하는 수산업의 종류는?

① 양식업 ② 어업
③ 수산물 가공업 ④ 수산물 유통업

77 수산업 · 어촌의 공익적 기능을 모두 고른 것은?

㉠ 해양영토 수호	㉡ 수산물 생산
㉢ 해양환경 보전	㉣ 어촌사회 유지

① ㉠㉡㉢ ② ㉠㉡㉣
③ ㉠㉢㉣ ④ ㉡㉢㉣

78 다음 중 3년간(2017 ~ 2019년) 우리나라 수산물 수급에 관한 설명으로 옳은 것은?

① 수입량이 수출량보다 많다.
② 수요량(국내소비 + 수출)보다 국내 생산량이 많다.
③ 국민 1인당 소비량이 대폭 감소하고 있다.
④ 수산물 자급율이 높아지고 있다.

ANSWER

76 어업이란 수산동식물을 포획(捕獲) · 채취(採取)하는 산업, 염전에서 바닷물을 자연 증발시켜 소금을 생산하는 산업을 말한다 〈수산업 · 어촌 발전 기본법(시행 2021. 3. 23.) 제3조(정의) 제1호〉.

77 수산업 · 어촌의 공익적 기능
㉠ 수산자원 보호
㉡ 해양영토 수호
㉢ 어촌사회 유지

78 2017 ~ 2019년 기준으로 국내 수산물 수출입을 보면, 지난 5년 평균 수출량은 62만 4천 톤에 수출액 22억 5천만 불이며, 수입량(소금 제외)은 148만 2천 톤에 51억 5천만 불이었다.

76.② 77.③ 78.①

79 **수산물에 관한 설명으로 옳지 않은 것은?**

① 수산물은 건강기능 성분을 대부분 포함하고 있다.
② 수산물은 부패하기 쉽다.
③ 우리나라 어선어업 생산량은 계속 증가하고 있다.
④ 수산물은 단백질 공급원이다.

80 **수산관계법령상 수산자원관리 수단이 아닌 것은?**

① 그물코 규격 제한
② 항해 안전 장비 제한
③ 포획 · 채취 금지 체장
④ 포획 · 채취 금지 기간

79 수산물 특성
㉠ 수산물은 부패하기 쉬운 비내구성 상품이다.
㉡ 단백질의 공급원이며 대부분의 수산물이 건강기능 성분을 포함한다.
㉢ 수역의 위치나 해양 기상 등의 영향을 많이 받는다.
㉣ 관리만 잘 하면 재생성이 가능한 자원이다.

80 ① 해양수산부장관 또는 시 · 도지사로부터 제3항 단서에 따라 2중 이상 자망의 사용승인을 받은 자가 사용 해역 · 사용기간 및 시기, 사용어구의 규모와 그물코의 규격 사항을 위반한 때에는 그 승인을 취소할 수 있다. 이 경우 승인이 취소된 자에 대하여는 취소한 날부터 1년 이내에 2중 이상 자망의 사용승인을 하여서는 아니 된다〈수산자원관리법(시행 2021. 2. 19.) 제23조(2중 이상 자망의 사용금지 등) 제5항〉.
③④ 수산자원의 포획 · 채취 금지 기간 · 구역 · 수심 · 체장 · 체중 등과 특정 어종의 암컷의 포획 · 채취금지의 세부내용은 대통령령으로 정한다〈수산자원관리법(시행 2021. 2. 19.) 제14조(포획 · 채취금지) 제5항〉.

79.③ 80.②

81 우리나라 수산업에 관한 설명으로 옳지 않은 것은?

① 우리나라 경제개발에 기여하였다.
② 한 · 중 · 일 어업협정으로 어장이 축소되었다.
③ 최근 양식산업에 IT 등 첨단기술이 융합되고 있다.
④ 수산업 인구가 점점 늘어날 전망이다.

82 다음 ( ) 안에 들어갈 단어를 순서대로 옳게 나열한 것은?

> 수산 생물 자원은 (㉠)으로 (㉡)을 하고 있기 때문에 적절히 관리를 하면 영구히 이용할 수 있는 특징을 갖고 있다.

	㉠	㉡		㉠	㉡
①	타율적	재생산	②	타율적	일회성생산
③	자율적	재생산	④	자율적	일회성생산

ANSWER

81 수산업은 자연적 제약을 많이 받는 편으로 불안정하고 불규칙한 특성을 가진다. 생산력이 저하되고 어민 후계자 줄어들어 이에 따른 진흥정책이 필요하다.

※ **한 · 일 어업협정** … 1998년 11월 28일에 체결되어 1999년 1월 22일에 발효되었다. 해양생물자원의 합리적인 보존 · 관리와 최적 이용도보, 양국 간의 전통적 어업 분야의 협력 관계 유지 · 발전, 유엔해양법협약의 기본 정신에 입각하여 새로운 어업 질서 확립을 기본 이념으로 삼고 한일 양국의 배타적경제수역을 협정 수역으로 결정하였다.

※ **한 · 중 어업협정** … 1999년에 체결하여 2001년 6월 30일에 발효되었다. 해양 생물자원의 보존과 합리적 이용, 정상적인 어업 질서 유지, 어업 분야 상호 협력 강화를 기본 이념으로 양국이 합의하는 범위 내의 양국 배타적경제수역을 협정 수역으로 하고 위반에 대한 단속의 연안국주의를 규정하였다.

82 수산 생물 자원은 자타율적으로 재생산을 하고 있기 때문에 적절히 관리를 하면 영구히 이용할 수 있는 특징을 갖고 있다.

81.④ 82.③

83 다음에서 설명하고 있는 수산생물의 종류는?

> • 대표적인 어종으로 새우, 게, 가재 등이 있다.
> • 대부분 암수 딴 몸이고, 알을 직접 물속에 방출하는 종류와 배 쪽에 부착시키는 종류 등이 있다.

① 연체류　② 해조류
③ 어류　④ 갑각류

84 다음에서 설명하는 것은?

> • 어획 대상종의 풍도를 나타내는 추정치
> • 어업에 투입된 어획노력량에 대한 어획량

① 단위 노력당 어획량(CPUE)
② 최대 지속적 생산량(MSY)
③ 최대 경제적 생산량(MEY)
④ 생물학적 허용 어획량(ABC)

ANSWER

83 ① **연체류** : 오징어, 낙지, 한치 등 몸이 연하거나 무른 무척추동물을 말한다.
② **해조류** : 바다에서 나는 조류(포자로 번식하는 식물)를 말한다.
③ **어류** : 척추동물문의 연골어강, 경골어강, 먹장어강, 두갑강, 조기강을 통틀어 이른다.

84 ① **단위 노력당 어획량**(CPUE) : 총어획량을 총어획 노력으로 나눈 것을 말하며 자원량 지수로서 사용된다.
② **최대 지속적 생산량**(MSY) : 물고기 등의 생물 자원을 마구 잡지 않고 어린 개체들의 성장을 고려하면서 자원량의 변동에 영향을 끼치지 않는 범위에서 잡아들일 때, 최대로 어획할 수 있는 양을 말한다.
③ **최대 경제적 생산량**(MEY) : 경제적으로 최대의 생산을 가져오는 것으로, 어획의 결과와 비용의 차이가 최대가 되는 어획량이다.
④ **생물학적 허용 어획량**(ABC) : 생물학적인 관점에서 추정된 어획 가능한 양을 말한다.

83.④ 84.①

85 **우리나라의 해역별 주요 어종 및 어업 종류가 옳게 연결된 것은?**

① 서해 – 도루묵 – 채낚기어업
② 남해 – 멸치 – 죽방렴어업
③ 동해 – 낙지 – 쌍끌이저인망어업
④ 서남해 – 대게 – 잠수기어업

86 **얕은 수심과 빠른 조류를 이용하는 안강망 어업과 꽃게 자망 어업 등이 주로 행해지고 있는 해역은?**

① 동해
② 남해
③ 서해
④ 제주

87 **초음파가 가지는 직진성, 등속성, 반사성 등을 이용하여 어군의 존재와 위치 등을 탐색하는 기기는?**

① 양망기
② 어구 조작용 기계 장치
③ 어구 관측 장치
④ 어군 탐지기

ANSWER

85 ② 남해는 수산 생물의 종류가 다양하고 자원이 풍부하다. 죽방렴을 남해안의 수심 20 ~ 25m가량 되는 곳에 참나무로 V형이 되도록 항목을 박고 그물감을 부착하여 조업한다. 주로 멸치, 전어 등이 어획된다.
① 동해 – 도루묵 – 트롤어업
③ 서해 – 오징어 – 쌍끌이저인망어업
④ 동해 – 대게 – 자망어업

86 서해에서는 안강망, 쌍끌이 기선저인망, 트롤, 꽃게 자망 등으로 어획한다.

87 ① **양망기** : 그물을 걷어 올리는 기계를 일컫는다.
② **어구 조작용 기계 장치** : 양승기, 양망기, 사이드 드럼, 트롤 윈치, 데릭 장치 등을 말한다.
③ **어구 관측 장치** : 전개 상태 감시 장치로 네트 리코더, 전개판 감시 장치, 네트존데선망 등을 말한다.

85.② 86.③ 87.④

88 우리나라 동해안 수심 800 ~ 2,000m에서 대형 통발 어구로 어획하는 어종은?

① 대하
② 꽃게
③ 붉은 대게
④ 오징어

89 수산자원관리에서 어획노력량 규제에 해당되지 않는 것은?

① 어구 제한
② 어선의 크기 제한
③ 출어 횟수 제한
④ 어획량 제한

90 양식생물과 양식방법의 연결이 옳지 않은 것은?

① 굴 – 수하식
② 멍게 – 흘림발식
③ 바지락 – 바닥식
④ 조피볼락 – 가두리식

ANSWER

88 붉은 대게는 동해안에서 근해 통발 어업으로 어획한다.

89 어획노력량 규제

㉠ 어업면허 또는 허가
㉡ 허가정수
㉢ 어선선복량
㉣ 어구실명제
㉤ 어구규모제한
㉥ 그물코규격제한
㉦ 포획금지기간 · 체장
㉧ 어구사용 금지기간

90 멍게는 수하식으로 양식한다.

88.③ 89.④ 90.②

91 알과 정액을 인공적으로 수정시켜 종자를 생산하는 양식 어류가 아닌 것은?

① 조피볼락 ② 감성돔
③ 넙치 ④ 무지개송어

92 폐쇄식 양식장에서 인위적으로 온도를 조절하기 위한 장치를 모두 고른 것은?

㉠ 순환펌프	㉡ 보일러
㉢ 냉각기	㉣ 공기주입장치

① ㉠㉡ ② ㉠㉣
③ ㉡㉢ ④ ㉢㉣

93 양식 사료 비용이 가장 적게 들어가는 양식장은?

① 사료계수 1.5를 유지하는 양식장
② 사료효율 55%를 유지하는 양식장
③ 사료계수 2.0을 유지하는 양식장
④ 사료효율 60%를 유지하는 양식장

ANSWER

91 조피볼락은 알이 아닌 새끼를 낳는 난태생 어류이다. 가두리 양식으로 진행하며 자어가 바로 산출되어 종묘 생산기간이 짧다.

92 폐쇄적 양식장 … 겨울 동안 저수온기가 길기 때문에 양식 어류의 생산력에 제한이 생긴다. 때문에 폐쇄적 양식장 시스템으로 생산력을 증대시킨다. 물리적요인(온도, 광선, 물), 화학적 요인(유기물 산화 및 분해 과정에서 소비되는 용존산소 공급), 생물적 요인(양식 생물, 미생물, 플랑크톤 등)이 환경 요인으로 작용한다.

93 사료 계수가 낮을수록 비용이 적게 들어간다. 현재 시판되고 있는 배합 사료의 사료 계수는 일반적으로 1.5이다.

91.① 92.③ 93.①

94 양식생물의 질병 중 병원체 감염이 아닌 것은?

① 넙치 백점병
② 잉어 등여윔병
③ 조피볼락 연쇄구균증
④ 참돔 이리도 바이러스

95 다음에서 설명하는 양식 어류의 먹이생물은?

• 녹조류의 미세 단세포 생물(3 ~ 8㎛) • 종자를 생산할 때 로티퍼의 먹이로 이용

① 니트로소모나스(Nitrosomonas)
② 코페포다(Copepoda)
③ 클로렐라(Chlorella)
④ 알테미아(Artemia)

96 양식 활어를 수송할 때 주의할 점이 아닌 것은?

① 산소의 공급
② 오물의 제거
③ 적당한 습도 유지
④ 적정 수온보다 높게 유지

ANSWER

94 잉어의 등여윔병은 산화 지방을 장기간 투여할 경우 발생한다.
※ 질병의 요소
㉠ **병인** : 병원성이 강한 병원체(기생충, 세균, 바이러스)의 수중서식으로 인해
㉡ **환경** : 수질 악화, 스트레스, 과식, 소화관 장애, 상처 등으로 인해
㉢ **숙주** : 어제의 저항력이 약해진 경우

95 ① **니트로소모나스**(Nitrosomonas) : 토양과 물에 서식한다. 폐수에 들어 있는 질소를 생물학적으로 없애는 데 쓴다.
② **코페포다**(Copepoda) : 동물성 플랑크톤으로 바다, 강, 호수 등 물이 있는 지역에서 볼 수 있다.
④ **알테미아**(Artemia) : 갑각류 유생의 먹이로 사용한다.

96 활어를 수송할 때에는 활어의 대사를 억제하기 위해 수온을 낮게 유지해야 한다. 수온이 높으면 대사량이 증가하여 품질이 떨어진다.

94.② 95.③ 96.④

97 우리나라 동해안 영일만 이북에서 생산되는 냉수성 양식 패류는?

① 참굴 ② 피조개

③ 바지락 ④ 참가리비

98 유엔 식량농업기구의 IUU(불법 · 비보고 · 비규제)어업 국제 행동계획에 관한 설명으로 옳지 않은 것은?

① 모든 국가는 의무적으로 따라야 한다.

② 불법어업 근절을 위한 국제기구 활동이다.

③ IUU어업에 대한 시민사회 관심이 늘어나고 있다.

④ 지속가능한 어업을 위해 필요한 조치이다.

ANSWER

97 참가리비는 수심 10 ~ 50m 정도의 동해안에만 서식한다. 자갈이나 패각질이 많고 미립질이 30% 이하인 곳에 서식한다. 최적 수온은 12℃이다.

98 IUU어업 … 2001년 이탈리아 로마의 FAO(국제연합식량농업기구) 수산위원회에서 105개국의 합의에 따라 정의되었으며 불법, 비보고, 비규제(Illegal, Unreported and Unregulated) 어업의 영어 약자이다. 불법(Illegal)은 무허가 혹은 국내외 관련 법규 및 의무를 위반한 경우 등, 비보고(Unreported)는 관련 국가 또는 지역수산기구에 보고하지 않거나 거짓 보고 하는 경우 등, 비규제(Unregulated)는 공해 또는 지역수산기구 관할 수역 내에서 국적 표시를 하지 않은 선박을 이용하여 어업을 하는 경우 등이 해당된다.

97.④ 98.①

99 **총허용어획량(TAC) 제도에 관한 설명으로 옳은 것은?**

① 양식수산물 생산량 조절에 활용되고 있다.
② 어종별로 연간 어획량을 제한한다.
③ 수산자원의 자연사망을 관리한다.
④ 우리나라 전통적인 수산자원관리 제도이다.

100 **수산업법상 어업 관리제도가 아닌 것은?**

① 자유어업
② 면허어업
③ 신고어업
④ 허가어업

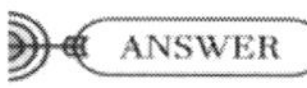

99 ①② 어종별 연간 잡을 수 있는 상한선을 정하고 범위 내에서 어획할 수 있도록 한다. 어획량 할당 등 어획 관리에 해당한다.
③ 최대지속생산량을 기초로 결정한다. 범위 내 어획량을 정하고 이상의 어획을 금지함으로써 관리를 도모하고자 함이다.
④ 생물학적 허용 어획량(ABC)은 일반적이고 전통적인 수산자원관리의 기준치가 된다.

100 어업관리제도
㉠ 신고어업
㉡ 면허어업 : 정치망어업, 마을어업
㉢ 허가어업 : 근해어업, 연안어업

99.② 100.①

Look Forward!

TO-DO LIST

/ 01	/ 02	/ 03
○ ○ ○ ○ ○ ○ ○	○ ○ ○ ○ ○ ○ ○	○ ○ ○ ○ ○ ○ ○
/ 04	/ 05	/ 06
○ ○ ○ ○ ○ ○ ○	○ ○ ○ ○ ○ ○ ○	○ ○ ○ ○ ○ ○ ○
/ 07	/ 08	/ 09
○ ○ ○ ○ ○ ○ ○	○ ○ ○ ○ ○ ○ ○	○ ○ ○ ○ ○ ○ ○

/ 10	/ 11	/ 12
○ ○ ○ ○ ○ ○ ○	○ ○ ○ ○ ○ ○ ○	○ ○ ○ ○ ○ ○ ○
/ 13	/ 14	/ 15
○ ○ ○ ○ ○ ○ ○	○ ○ ○ ○ ○ ○ ○	○ ○ ○ ○ ○ ○ ○

MEMO